U0662438

人工智能前沿实践丛书

大模型企业级应用与工程化实践

周　佳　周　双　卢雪妍
郑耀先　童　同　苏建伟　　著

清华大学出版社
北　京

内 容 简 介

　　本书是一本系统化解析大模型技术落地与行业融合的实战指南。本书从人工智能发展历程切入，梳理了大模型的技术演进与核心原理，结合市场头部模型（如 ChatGPT、DeepSeek、文心一言等）的对比分析，揭示其技术优势与商业价值。在应用开发层面，本书覆盖智能文档处理、协同办公、对话系统 3 大核心场景，详细阐述表格推理、文本纠错、公文写作、RAG 问答系统等关键技术方案，并通过企业级案例展示工程化落地的全部流程。硬件加速章节深入剖析 GPU 架构、分布式训练及推理优化，并提供模型压缩与部署的实战经验。智能体章节则展望未来，探讨多智能体协作在自然科学、医学等领域的应用潜力。

　　本书还包括伦理风险与性能挑战的辩证思考，为开发者提供从理论到实践、从技术到商业的完整知识体系，适合 AI 工程师、企业技术决策者阅读。

本书封面贴有清华大学出版社防伪标签，无标签者不得销售。

版权所有，侵权必究。举报：010-62782989，beiqinquan@tup.tsinghua.edu.cn。

图书在版编目（CIP）数据

大模型企业级应用与工程化实践 / 周佳等著.

北京：清华大学出版社，2025. 8. -- (人工智能前沿实践丛书).

ISBN 978-7-302-49359-4

　　Ⅰ. TP18

　　中国国家版本馆 CIP 数据核字第 2025NH9093 号

责任编辑：贾旭龙
封面设计：秦　丽
版式设计：楠竹文化
责任校对：范文芳
责任印制：杨　艳

出版发行：清华大学出版社
　　　　　　网　　　址：https://www.tup.com.cn，https://www.wqxuetang.com
　　　　　　地　　　址：北京清华大学学研大厦 A 座　　　　邮　　编：100084
　　　　　　社 总 机：010-83470000　　　　　　　　　　邮　　购：010-62786544
　　　　　　投稿与读者服务：010-62776969，c-service@tup.tsinghua.edu.cn
　　　　　　质量反馈：010-62772015，zhiliang@tup.tsinghua.edu.cn
印 装 者：三河市人民印务有限公司
经　　销：全国新华书店
开　　本：185mm×230mm　　　**印　　张：**18.5　　　**字　　数：**278 千字
版　　次：2025 年 9 月第 1 版　　　　　　　　　　**印　　次：**2025 年 9 月第 1 次印刷
定　　价：99.00 元

产品编号：108056-01

前 言

Preface

　　人工智能的第三次浪潮正以前所未有的速度重塑人类社会。从 AlphaGo 的惊艳亮相到 ChatGPT 的迅速发展，大模型技术凭借其突破性的泛化能力和多模态交互潜力，成为驱动这场变革的核心引擎。然而，当技术光环逐渐褪去，产业界面临的真实挑战愈发清晰：千亿参数的模型如何与垂直场景深度耦合？开源框架与私有化部署如何平衡？伦理风险与技术黑箱如何破解？本书立足于工程实践与商业落地的交汇点，试图为开发者、架构师和技术决策者绘制一张从技术原理到产业赋能的完整路线图。

　　回顾人工智能发展史，技术的突破往往伴随着产业形态的颠覆性重构。2017 年 Transformer 架构的提出，标志着大模型从"作坊式"的小规模训练迈向工业化生产的新纪元。GPT-3 的横空出世，不仅验证了"规模即智能"的理论假设，更催生了"模型即服务"（MaaS）的新商业模式。然而，当技术热潮退去，人们逐渐意识到：通用大模型的"通才"特性与垂直领域的"专才"需求之间存在巨大的鸿沟。

　　以金融领域为例，某头部银行曾尝试直接调用通用大模型构建智能投顾系统，却面临专业术语理解偏差、合规审查盲区等问题。最终，通过领域增量预训练（continual pre-training）并结合金融知识图谱的融合方案，才实现风险提示准确率从 68%到 92%的跃升。这一案例深刻揭示：大模型的产业化落地绝非简单的 API 调用，而是需要构建"数据-算法-工程"三位一体的系统工程。本书第 1 章系统梳理了大模型的技术演进脉络，并通过对 GPT-4、Claude 3、文心一言等头部模型的对比分析，帮助读者建立技术选型的评估框架。

本书内容

本书的核心目标是破解"技术理论丰富而工程指南匮乏"的行业困境。我们摒弃了传统图书"原理优先"的写作范式，采用"场景驱动-问题拆解-方案实施"的实战导向结构。

在智能文档处理领域中，表格数据的结构化解析长期困扰企业数字化转型。在某医疗集团的海量体检报告数字化项目中，传统 OCR（光学字符识别）方案对合并单元格、跨页表格的识别错误率高达 40%。本书提出基于大模型的表格推理框架：通过 LayoutLMv3 进行版面分析，采用 Dual-Stream Transformer 融合文本与坐标特征，最终在真实场景中将 F1 值提升至 89.7%。这种"端到端问题解决"的写作思路贯穿本书，读者可同步获得算法优化思路与工程调优经验。

在协同办公场景中，公文写作的智能化存在语义合规性难题。某政府机构试点大模型生成公文时，常出现政策引用过时、文体格式错误等问题。第 3 章提出的"思维链增强"方案，通过引入宪法、行政法规等外部知识库构建检索增强生成（RAG）管道，并设计两阶段微调策略：首先在 500 万条公文语料上进行领域适应训练，再采用 LoRA 技术针对特定部门进行轻量化适配。该方案使格式合规率从 71% 提升至 98%，验证了"通用能力+垂直优化"的技术路径的可行性。

在对话系统构建中，传统检索式问答（QA）系统面临知识更新滞后、长尾问题覆盖率低的瓶颈。第 4 章详细讨论了基于 RAG 的智能问答系统：从文档解析阶段的 PDF/EPUB 多格式支持，到文本分块中的语义边界检测算法，再到向量检索环节的 ColBERT 优化策略，每个环节均配有可复用的代码模块。更值得关注的是本章提出的 RAG 评估体系，通过构建查询难度分级标准（query hardness level）和知识覆盖度指标（KCR），为系统迭代提供量化依据。

在硬件加速层面，大模型的推理成本始终是商业化的关键。在某电商平台的商品推荐模型中，尽管 AUC 指标达到 0.82，但因 GPU 资源占用过高无法全量上线。对此，第 5 章提供的解决方案极具参考价值：首先采用 SmoothQuant 技术实现 FP16 到 INT8 的量化，再通过 vLLM 框架的 PagedAttention 机制优化显存利用率，最终在精度损失小于 0.5% 的前提下，将推理延迟从 230ms 降至 89ms。这些实践细节正是工程团队在技术文档中难以找到的

"隐形知识"。

本书在深入场景实践的同时，并未忽视技术体系的完整构建。第 5 章以 NVIDIA Ampere 架构为例，详解 GPU 如何通过 Tensor Core 实现混合精度计算加速，并结合 CUDA 编程模型演示矩阵乘法的核函数优化技巧。对于分布式训练，不仅对比数据并行、模型并行、流水线并行的适用场景，更通过 Megatron-LM 实战案例，展示如何通过 3D 并行策略训练千亿参数模型。

面向未来，第 6 章探讨的 AI 智能体技术正在打开新的想象空间。多智能体协作框架（MAS）在供应链优化场景中实现了动态博弈决策：通过将大模型作为"元决策器"（meta-controller），协调物流调度、库存管理、需求预测等子智能体。据此，某制造业客户成功将库存周转率提升 23%。而本章的前瞻性分析更具启发性：在蛋白质折叠预测任务中，大模型与 AlphaFold2 的融合方案将预测速度提升 4 倍且未损失精度，从而预示了"神经-符号"混合系统的巨大潜力。

致读者

To Readers

当我们将书稿交付出版社时，大模型领域又迎来了新的突破：GPT-4o 的多模态实时交互、Llama 3 的开放生态、Groq 的 LPU 芯片，等等。通常，技术演进的速度永远快于书籍的出版周期。但本书所传递的工程思维与方法论，将始终是指引实践者的北极星——因为真正重要的不是追逐最新模型，而是掌握"将技术转化为价值"的系统化能力。

除了封面署名的六位作者，中国移动大模型技术团队的其他成员也参与了本书的写作。其中，第 1 章由周佳、卢雪妍负责，第 2 章由付一韬、黄彩云、赵康辉负责，第 3 章由赵康辉、付一韬负责，第 4 章由黄彩云、赵康辉负责，第 5 章由郑耀先、周双、苏建伟负责，第 6 章由童同、张樱霏负责。本书的创作与出版离不开卢菁博士的帮助。鉴于作者水平有限，难免书中存在问题，欢迎读者向我们和出版社反馈。

谨以此书，献给所有在人工智能工程化道路上砥砺前行的探索者。愿我们既能仰望技术星空，也能深耕行业沃土，共同开启一个人机协同、智能普惠的新纪元。

目　录

Contents

第1章　大模型入门 ·· 1

　1.1　人工智能发展历程 ·· 1

　1.2　大模型崛起 ·· 3

　　1.2.1　大模型的技术概念 ·· 3

　　1.2.2　大模型诞生 ·· 5

　　1.2.3　迭代优化 ·· 6

　1.3　新的产品形态 ··· 8

　　1.3.1　个性化与定制化 ··· 9

　　1.3.2　跨模态交互 ·· 10

　　1.3.3　任务处理 ·· 11

　　1.3.4　决策智能化 ·· 12

　1.4　大模型产品分析 ··· 12

　　1.4.1　市场头部模型综述 ·· 12

　　1.4.2　发展概况 ·· 13

　　1.4.3　模型分类 ·· 14

　　1.4.4　市场情况 ·· 16

　　1.4.5　国内大模型介绍 ··· 18

1.5 大模型产品设计 ·· 27

    1.5.1 大模型应用场景概述 ··· 27

    1.5.2 大模型的部署及落地 ··· 29

    1.5.3 大模型入门产品设计 ··· 30

1.6 风险与挑战 ·· 33

    1.6.1 技术角度 ··· 33

    1.6.2 伦理角度 ··· 36

第2章 大模型在智能文档中的应用 ·································· 38

2.1 基于大模型的表格推理 ··· 38

    2.1.1 任务介绍 ··· 38

    2.1.2 技术方案 ··· 40

    2.1.3 实际应用 ··· 50

    2.1.4 小结 ··· 51

2.2 智能文本摘要 ··· 52

    2.2.1 介绍 ··· 52

    2.2.2 数据处理 ··· 52

    2.2.3 技术方案 ··· 53

2.3 基于大模型的文本纠错技术 ·· 60

    2.3.1 中文文本纠错的背景介绍 ······································· 61

    2.3.2 中文文本纠错的基本框架介绍 ································· 63

    2.3.3 文本纠错技术处理难点与技术挑战 ························· 80

第3章 大模型在协同办公领域应用 ·································· 82

3.1 办公领域的大模型设计 ··· 82

    3.1.1 办公领域的场景概览 ··· 82

    3.1.2 办公领域的挑战 ··· 83

    3.1.3 办公领域的未来方向 ··· 84

3.1.4　小结 ·· 86

3.2　办公领域的任务指令 ·· 87

3.2.1　整体技术架构 ··· 87

3.2.2　业务数据处理 ··· 90

3.2.3　意图识别 ··· 94

3.2.4　槽位提取 ··· 104

3.3　基于大模型的公文写作 ··· 112

3.3.1　通用模型写作 ··· 112

3.3.2　大模型挂载外部知识库 ··· 114

3.3.3　公文大模型微调 ·· 117

3.3.4　基于思维链的写作 ·· 120

3.3.5　小结 ··· 123

第4章　大模型在对话系统上应用 ·· 124

4.1　对话系统介绍 ·· 124

4.1.1　任务式对话 ··· 125

4.1.2　问答式对话 ··· 130

4.1.3　闲聊式对话 ··· 133

4.1.4　小结 ··· 135

4.2　基于RAG的智能问答系统 ·· 135

4.2.1　基于RAG的智能问答技术架构 ·· 138

4.2.2　文档解析 ··· 146

4.2.3　文本分块 ··· 148

4.2.4　向量化 ··· 160

4.2.5　检索 ··· 164

4.2.6　RAG技术的演进 ·· 165

4.2.7　RAG性能优化 ··· 169

4.2.8　使用知识图谱增强RAG ·· 186

　　　4.2.9　RAG 效果评估 ···················· 190

　　　4.2.10　智能体 ······················ 193

　　　4.2.11　开源方案 ······················ 195

　　　4.2.12　展望 ······················ 198

第5章　AI 硬件加速 ···················· 200

　5.1　GPU AI 计算加速 ···················· 200

　　　5.1.1　GPU 的工作原理 ···················· 201

　　　5.1.2　GPU AI 加速原理 ···················· 205

　　　5.1.3　NVIDIA GPU 硬件架构 ···················· 210

　　　5.1.4　CUDA 计算框架 ···················· 213

　　　5.1.5　NVIDA GPU 发展 ···················· 216

　5.2　大模型推理 ···················· 219

　　　5.2.1　大模型压缩技术 ···················· 220

　　　5.2.2　大模型推理框架 ···················· 224

　　　5.2.3　大模型推理算法 ···················· 229

　　　5.2.4　大模型推理部署的案例 ···················· 234

　5.3　大模型分布式训练 ···················· 237

　　　5.3.1　大模型分布式训练简介 ···················· 237

　　　5.3.2　大模型分布式训练的必要性 ···················· 238

　　　5.3.3　大模型分布式训练并行技术 ···················· 238

　　　5.3.4　如何便捷地进行分布式训练 ···················· 241

　　　5.3.5　案例分享 ···················· 242

第6章　AI 智能体和大模型未来发展 ···················· 247

　6.1　智能体入门 ···················· 247

　6.2　基于大模型的智能体 ···················· 251

　　　6.2.1　单智能体 ···················· 251

　　6.2.2　多智能体系统 ·· 262
　6.3　智能体的潜在应用 ··· 267
　　6.3.1　自然科学 ·· 267
　　6.3.2　社会科学 ·· 270
　　6.3.3　经济学 ·· 271
　　6.3.4　医学 ·· 273
　　6.3.5　计算机科学 ·· 273
　　6.3.6　机器人 ·· 276
　6.4　落地案例 ·· 277
　　6.4.1　系统填报助手 ·· 277
　　6.4.2　算法与场景编排助手 ··· 279
　6.5　小结 ··· 281

第1章
大模型入门

人工智能（AI）技术作为当今科技领域的热点之一，正在全球范围内引领一场前所未有的变革。人工智能涵盖多个子领域，包括机器学习、深度学习、自然语言处理、机器视觉、机器人学、专家系统、知识工程等。在当代社会，人工智能技术也已经在金融、交通、医疗、教育等多个领域得到了广泛应用。在金融领域，人工智能可以帮助用户识别风险、预测市场走势、提高投资决策的准确性。在交通领域，自动驾驶汽车、智能交通系统等应用正在改变我们的出行方式。在医疗领域，人工智能可以辅助医生进行疾病诊断、制订治疗方案、提高医疗服务的效率和质量。在教育领域，人工智能可以根据学生的学习情况提供个性化的教学方案，促进教育公平和提升教育质量。

1.1 人工智能发展历程

人工智能是源于人们对于大规模数据处理的需求，随着技术的发展，人工智能的发展可以大致划分为以下 4 个阶段。

1. 机器学习的基础阶段

机器学习起源于 20 世纪 50 年代。1949 年，赫布从神经心理学获得启发而提出了一种机器学习方式，现在被称为赫布型学习。

在早期的机器学习阶段，研究者主要关注符号推理和专家系统的开发。这些方法通过编写规则和知识库实现智能行为，但受限于规则的数量和复杂性，难以处理大规模和复杂的问题。

随着统计学的发展，一系列重要的机器学习算法和模型相继问世，如感知器模型、决策树算法、支持向量机等。在这一时期，统计学家也在研究损失函数最小化问题，其间优化理论做出了很大贡献。这些算法的出现大大提高了机器学习的性能和准确性，并在医疗、金融等领域中得到广泛应用。机器学习主要是使用数据手段分析大规模数据，这一阶段也为深度学习打下了基础，其中的很多算法（如线性回归等）也被应用于深度学习中。

2. 深度学习的崛起

进入 21 世纪，深度学习开始崭露头角。深度学习是一种模仿人脑神经网络结构和工作原理的机器学习方法。通过构建深度神经网络，深度学习能够自动学习数据的特征表示，从而避免了手工设计特征的烦琐过程。

这一阶段诞生了 CNN、RNN、ResNet、LSTM 等基础的深度神经网络，与机器学习相比，这些网络不仅提升了数据分析和预测的准确性，而且在图像识别、语音识别、自然语言处理等领域，深度学习模型也取得了显著的成果，并且拓宽了机器学习的应用领域。这些成果证明了深度学习在处理复杂数据和模式识别方面的强大能力。

3. 大模型的兴起

随着深度学习技术的发展和计算能力的提升，大模型开始受到越来越多的关注。大模型通常具有更深的网络结构、更大的参数规模和更强的计算能力，能够处理更加复杂和大规模的数据。

早期的大模型主要是基于统计学习的方法，如朴素贝叶斯分类器、决策树和逻辑回归等。然而，这些模型通常需要在小规模数据集上进行训练，因此性能受到一定的限制。

随后，随着深度学习技术的广泛应用和数据的爆炸式增长，大规模预训练模型成为大模型发展的重要方向。这些模型在大量的数据上进行预训练，可以学习更多的知识和特征，从而在各种任务上具有更好的性能。例如，ChatGPT、BERT 等模型在自然语言处理领域取得了巨大的成功。

4. 超大规模预训练模型的出现

近年来，随着数据资源的不断增加和计算资源的不断提升，超大规模预训练模型开始出现。这些模型具有数十亿甚至数万亿的参数规模，能够在海量数据上进行高效的训练和学习。

超大规模预训练模型的出现进一步推动了机器学习和人工智能技术的发展，使得 AI 系统能够在各种复杂场景下实现更高级别的智能和性能。

人工智能的发展历程是一个不断深化、技术不断进步的过程。在机器学习领域，通过训练模型使其具备自主学习和优化的能力，得以在海量数据中发掘隐藏的模式和规律；深度学习进一步推动了这一进程，通过构建深层次的神经网络，实现了对复杂数据的精确处理和分析，和机器学习相比普遍准确率更高；自然语言处理技术的不断进步，使得人工智能能够理解和生成人类语言，从而实现了与人类的智能交互；计算机视觉技术则让机器具备了像人一样识别、理解图像和视频的能力。

1.2　大模型崛起

1.2.1　大模型的技术概念

大模型的"大"需要从内在和外在两方面考虑。"内在"是指大模型本身的计算结构和参数量，现有的大模型是在深度学习的基础上构建的，拥有数十亿至数千亿个参数和复杂的计算结构。这样的设计是为了提高模型的认知能力，在这样强大的能力加持下，机器也能够处理更加复杂的任务。"外在"是指训练大模型的数据规模也要大，通过海量的训练数据学习复杂的模式和特征，这样一来大模型便具有更强大的泛化能力，可以对未知的数据做出准确的预测。

大模型的应用范围非常广泛，包括自然语言处理、计算机视觉、语音识别、推荐系统等领域。在自然语言处理领域，大模型可以用于处理更复杂的任务和提升性能，如机器翻译、语音识别、文本摘要、情感分析等。当下大模型最引人关注的方向还包括内容生成能力，不仅可以生成文本还可以生成图片，这样一来，大模型的应用范围也非常广。例如在对话方面，大模型能够理解用户意图，与用户进行文字交互；再如图像问答，大模型可以理解照片中的物体，并做出准确回答。现在大模型已经可以服务于智能制造、智能交通、金融、医疗保健等领域，未来还会扩展更多应用领域。

现在大模型的表现如此出众，我们也就希望大模型能够完成更多事情，为了应对更复杂的任务和更大规模的数据，各个大模型的参数数量、层数等指标也在不断增加。同时，大模型的发展方向也更倾向于多种数据模态，比如文生图、图生文、多模态信息检索等。这种多模态的表现方式更趋于人类的交互方式，让大模型从单一的文本表达方式转为视觉表达方式，也为大模型提供了更加多样的应用方向。如前所述，大模型"大"的不只是模型结构、参数量，训练好一个大模型更需要一个庞大的数据量，因此训练大模型需要的时间成本、算力成本也是非常大的。在小数据集上快速调整大模型，迁移学习和预训练模型成为常用的手段。现在研究者也在探索自监督学习和无监督学习，它们也是未来大模型发展的重要趋势。

大模型具有强大的上下文理解能力、语言生成能力和学习能力，以及高可迁移性，这些能力都是深度学习所不具备的。和传统模型相比，大模型不仅可以处理单模态任务，还可以处理多模态任务，例如图文理解、文生图、图生文等。同时大模型不需要梯度回传，也不需要特别的训练或者微调，只需要给大模型一个指令或者几个例子，甚至在零样本（zero-shot）的场景下，大模型也能很好地完成目标任务。大模型对比深度学习来说，泛化性和实用性都有了一个很大的提升。

1.2.2　大模型诞生

　　大模型是继传统深度学习模型变体之后,在深度学习方向上打开的一道新世界的大门。当前流行的大模型网络架构沿用当前 NLP 领域最热门、最有效的架构,即 Transformer 架构,如图 1.1 所示。相比于 RNN 等网络,Transformer 所特有的注意力机制可以加强模型的理解能力,将重点放在重要的词上,也可以处理更长的序列。这个模型弥补 RNN、CNN 等传统循环神经网络模型的一些缺陷,一个是并行计算,另一个则是长距离输入的上下文信息。

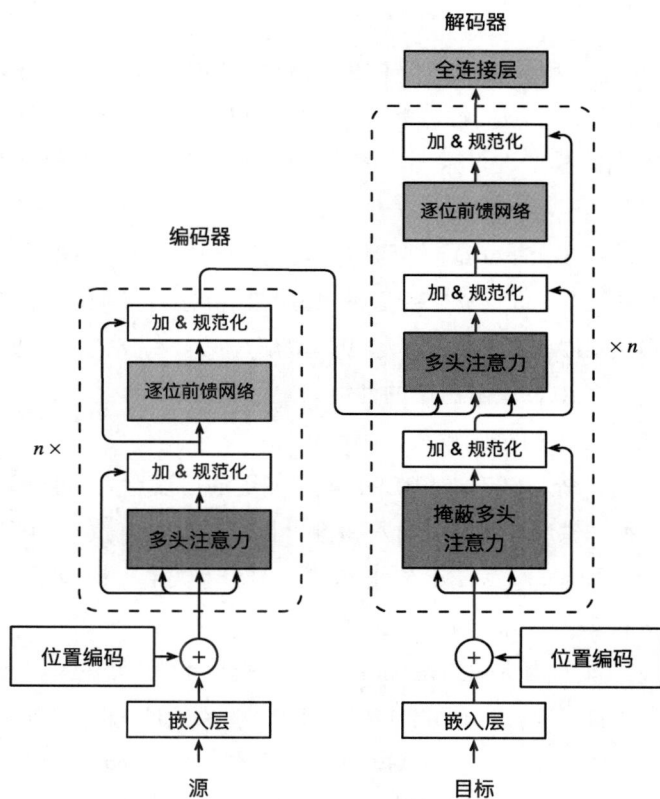

图 1.1　Transformer 模型结构

Transformer 模型最核心的两个关键点补足了 RNN、CNN 的不足，一个关键点是多层 encoder 和 decoder，另一个关键点是注意力机制。首先我们来看第一个关键点，encoder 将输入序列处理成为一个高维的向量，decoder 将这个高维向量解码成序列目标。这样的结构可以更好地让模型捕捉输入语义与上下文信息和特征。其次我们来看注意力机制，其作用是为每个输入序列的每个位置分配一个权重。注意力机制支持并行计算，因此可以大大提高训练和推理速度。这些优势都为将来的大语言模型奠定了基础。

1.2.3　迭代优化

在 Transformer 模型之后诞生的便是 BERT 模型。BERT 是基于 Transformer encoder 的深度双向模型，正因为引入了双向性，所以该模型可以同时接收输入序列左右两侧的信息，并且可以直接利用预训练模型进行微调，使模型更易迁移到任意场景，因为模型对垂域数据依赖已经减少。

在 BERT 之后，针对 Transformer 结构的掩蔽进行优化，又衍生出了一批自然语言处理模型，像是对输入序列 token 进行动态掩蔽的 RoBERT；对字、词粒度做掩蔽的 ERNIE；对序列增加掩蔽掉长度的 SPAN BERT 等，这些模型都曾在文本分类、情感分析、命名实体识别等自然语言处理的任务中表现出出色的性能。

大模型所占用的显存也相对比较大，因此也需要对模型做瘦身。除了传统的量化、剪枝、跨层参数共享等方法外，还有 ALBERT 模型使用的自注意力层且都采用相同的参数。

BERT 模型也并不是生成模型，但输入和输出长度必须是一致的。随后，一些用于翻译和文本生成的模型应运而生。之后，BART、GPT、T5 等大语言模型逐渐进入大家的视野，从此拉开了生成式大模型的序幕，如图 1.2 所示。

目前绝大多数的大模型都是在 Transformer 的基础上演变而来的。2021 年谷歌提出视觉 Transformer 模型（ViT），其架构如图 1.3 所示，将图片处理为块序列送入 Transformer 结构中进行分类操作。实验结果证明，ViT 模型在图像的一系列处理上（包括目标检测、语义分割、视频理解等）都有非常优秀的表现，如表 1.1 所示。

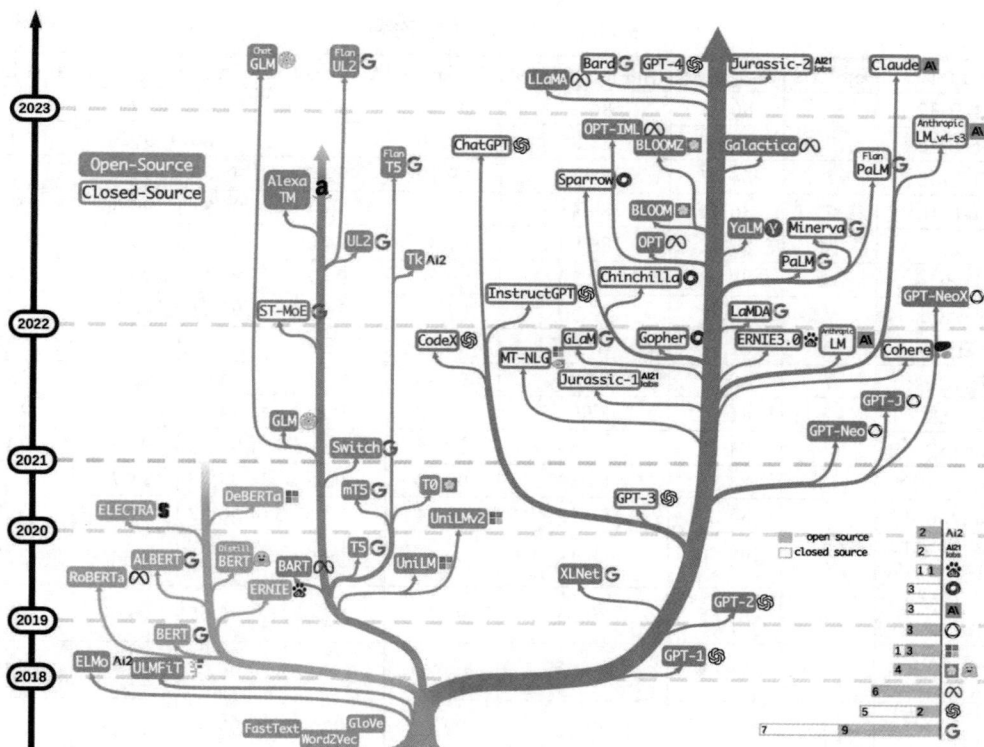

图 1.2　大模型的发展路径

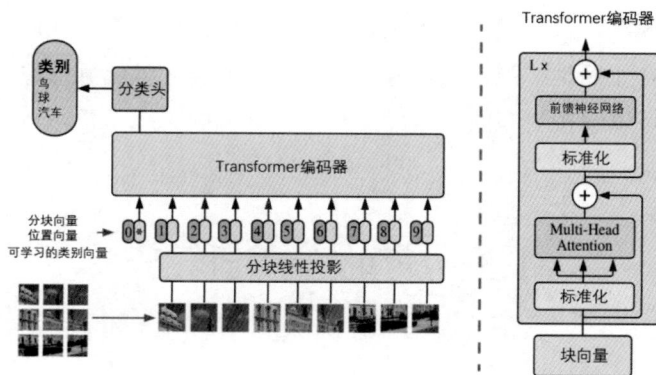

图 1.3　ViT 模型结构

7

表 1.1　ViT 模型结果分析

Model	Epochs	ImageNet	ImageNet Real	CIFAR-10	CIFAR-100	Pets	Flowers	exaFLOPs
ViT-B/32	7	80.73	86.27	98.61	90.49	93.40	99.27	164
ViT-B/16	7	84.15	88.85	99.00	91.87	95.80	99.56	743
ViT-L/32	7	84.37	88.28	99.19	92.52	95.83	99.45	574
ViT-L/16	7	86.30	89.43	99.38	93.46	96.81	99.66	2586
ViT-L/16	14	87.12	89.99	99.38	94.04	97.11	99.56	5172
ViT-H/14	14	88.08	90.36	99.50	94.71	97.11	99.71	12826
ResNet50 × 1	7	77.54	84.56	97.67	86.07	91.11	94.26	150
ResNet50 × 2	7	82.12	87.94	98.29	89.20	93.43	97.02	592
ResNet101 × 1	7	80.67	87.07	98.48	89.17	94.08	95.95	285
ResNet152 × 1	7	81.88	87.96	98.82	90.22	94.17	96.94	427
ResNet152 × 2	7	84.97	89.69	99.06	92.05	95.37	98.62	1681
ResNet152 × 2	14	85.56	89.89	99.24	91.92	95.75	98.75	3362
ResNet200 × 3	14	87.22	90.15	99.34	93.53	96.32	99.04	10212
R50 × 1+ViT-B/32	7	84.90	89.15	99.01	92.24	95.75	99.46	315
R50 × 1+ViT-B/16	7	85.58	89.65	99.14	92.63	96.65	99.40	855
R50 × 1+ViT-L/32	7	85.68	89.04	99.24	92.93	96.97	99.43	725
R50 × 1+ViT-L/16	7	86.60	89.72	99.18	93.64	97.03	99.40	2704

　　同一时期，多模态模型也进入了我们的视野中，如文生图模型、图生文模型、图文理解大模型等一系列模型，甚至是数字人生成模型、文生视频模型、代码生成模型。当然，ChatGPT 等模型也在不断地扩展功能，除了多轮对话问答之外，其对输入内容的理解能力也在不断加强并且可以承担更多的工作。

1.3　新的产品形态

　　当下大模型产品的发展主要是从大模型的能力提升、应用场景丰富两个方向进行的。

首先是能力提升，打造原生 AI 入口产品，科研院所及创业公司利用自身技术优势和产投研一体化能力，专注于开发原生 AI 对话型入口产品。例如，清华大学与智谱公司合作开发的 ChatGLM2 大模型，并在此基础上推出了生成式 AI 对话产品"智谱清言"，通过用户个人数据优化模型训练。这是在模型理解能力和生成能力上进行提升，主要是提供更加优质的底座大模型。另一个发展方向是在应用层面开拓更多的适配场景，大型科技公司华为凭借其行业解决方案的经验和积累，提出了"L0 基础大模型-L1→行业大模型-L2→细分场景大模型"的发展路径。华为发布的盘古大模型重点为政务、金融、制造、采矿等垂直行业应用提供服务。又如互联网大厂腾讯、百度、阿里等，它们在 AI 领域有深厚积累，并拥有丰富的自有业务场景。这些公司多采取原生 AI 入口产品+内部应用赋能+垂直行业应用全面布局战略。例如，百度基于文心大模型推出了文心一言对话产品作为 AI 入口，同时将大模型能力应用于百度搜索、信息流、智能驾驶、百度地图、小度智能屏等多个内部产品，实现全面赋能。

1.3.1　个性化与定制化

定制化大模型的概念涵盖了为企业独特需求而设计的人工智能模型，这一概念源于对传统通用模型在应对企业个性化挑战上的限制。定制化大模型的优势不仅在于其能够根据企业的独特特点进行调整，更在于其能够通过深度学习和自适应性算法实时调整，能够在特定场景下提供最好的服务，通过定制化大模型技术可以帮助企业快速开发出具有竞争力的产品和服务，以满足不断变化的市场需求并适应不断变化的业务环境。这使得企业能够更加灵活地应对市场需求和竞争压力，使其在短时间内实现更为精准的决策。

目前我们所熟知的产品（如 ChatGPT、豆包、文心一言、通义千问等大模型）都是通用场景下的，企业使用的时候往往需要根据业务需求调整回答内容。例如在办公场景下可以编写邮件、公文、标书等各种内容。在写作之后还可以根据公司情况让大模型对写作的内容进行整理等。如果是训练大模型，那么在训练数据、算力资源、时间成本上对企业来说都是很大的挑战。使用知识图谱和知识库等技术结合大模型提示工程可实现大模型垂域适配的调整，在保证效果的同时也保证了算力。

除了针对企业，不少大模型服务提供者也在为个人使用者提供定制化服务。OpenAI 已经开放了大模型的微调功能，用户可以上传自己的数据定制 GPT-3.5Turbo，每个人都能打造个人专属的 ChatGPT。据 OpenAI 透露，未来将推出微调 UI，实现面向大众用户的产品化功能。

1.3.2　跨模态交互

大模型现在不仅可以完成纯文本的对话，还可以结合多模态技术实现各个场景的应用。例如，结合 CV 技术的文生图和图生文模型，实现艺术创作和图像理解等。目前，通义千问、文心一言、GPT-4 等模型也可以在对话过程中提供纯文本的回答，还可以生成图片、文档，也可以针对输入的图片做解答，如图 1.4 所示。

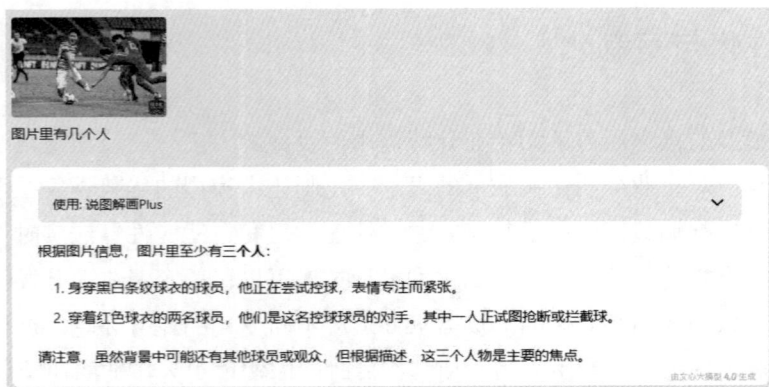

图 1.4　大模型图像分析

大模型也可以实现视频理解功能，不仅是对单一图片进行理解，还可以结合前后帧捕捉连续画面内容对视频内容进行解析。现在，大模型不仅可以逐帧对视频做内容解析，还可以生成视频，比如 opensora 开源框架已经可以实现视频的生成。

数字客服结合数字人、语音等能力将数字生命变成真人，可以结合客服等为用户提供解答等服务，如目前市场上的小冰数字人、商汤 SenseMars 等。

现在，随着生成式大模型的发展，大模型生成能力也有很大程度的提升。甚至很多图片人眼都无法辨别，这个时候 AI 可以提供判断，辅助人眼判断图像或者视频等是否为 AI 生成。

1.3.3　任务处理

任务型对话可以模拟人类，从而与人类形成连贯的对话，并可以理解用户的输入，比如文本、语音，甚至是图片，然后根据输入作出回答，如图 1.5 所示。完成的产品形态包括自然语言理解、对话管理、意图识别、自然语言生成几个模块。其中对话管理还包括了对话状态追踪和对话策略，实现根据上下文理解用户意图和指令，从而让回答更流畅自然。这可以有效地帮助用户完成一些特定任务，这主要是针对垂域业务，比如应用于办公场景下的会议预约、公文检索、查询通讯录等一系列操作。

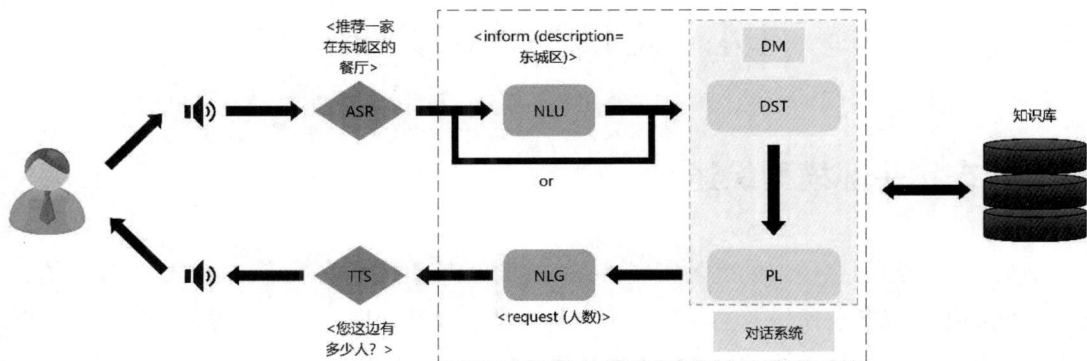

图 1.5　任务型对话

提升 AI 大模型的应用能力，也就是提升大模型对于任务的处理能力，这需要大模型具有更强的理解能力。大模型产品以生活助手、办公助理、趣味问答等功能作为切入点，为用户提供更聚焦、更精准的服务界面，从而提升用户输入的便捷性和输出结果的准确性。

1.3.4　决策智能化

很多人会把智能决策和智能预测两个概念混淆，其实两者之间还是有一定区别的。智能预测更多的是倾向于在海量的数据中找到规律，这个过程并不会对数据造成任何改变。但是智能决策则是在找到规律的基础之上将预测结果反馈到数据上，改变数据甚至是优化决策。大模型的诞生，可以通过其出色的理解能力、思维推理能力和多模态能力分析海量历史数据。

看起来决策智能化好像离我们很远，但其实日常生活中很多地方已经使用了大模型辅助决策理论。例如，在广告推荐场景下，可以通过分析用户的检索关键字、查看历史内容（包括文字、图片信息等向量），逐渐调整推荐的内容类型等；另外还有智能驾驶，其中典型代表是特斯拉基于 Transformer 构建的 BEV 感知方法；此外，在金融、政务等领域，大模型的辅助决策功能也是未来大模型应用的一个重要方向。

1.4　大模型产品分析

1.4.1　市场头部模型综述

随着深度神经网络技术的蓬勃发展，人工智能领域正式迈入了统计分类深度模型的新纪元。此类模型以其前所未有的泛化能力著称，能够灵活提取并应用多样化的特征值于广泛的实践场景中，显著弥补了传统模型的局限性。然而，2018—2019 年，双下降现象彻底重塑了人工智能的发展轨迹。传统数学理论曾预言，随着模型参数量的增加与模型复杂度的提升，过拟合现象会导致模型误差先减后增，促使研究者致力于寻找误差最低、精度最优的模型平衡点。

然而，随着人工智能算法与计算能力的飞跃式进步，研究者惊奇地发现，当模型规模持续无上限扩张时，其误差在初次攀升后竟能迎来第二次显著下降，且这一趋势随着模型体量的进一步增大而持续强化，即模型规模与准确率之间呈现出正相关性，预示着一个"大模型时代"的到来。

在所谓的"百模大战"时代，模型的种类日益丰富，参数规模不断攀升，行业应用范围也在不断拓宽，整体上，AI 模型正在重塑产业格局。参数量已成为区分大模型与小模型的关键指标之一。百度集团副总裁侯震宇指出，拥有 10 亿参数的模型即可被视为大模型，而当前的大模型参数量动辄达到上千亿。根据科技部 2023 年的统计数据显示，中国发布的 10 亿参数规模以上的大模型数量已达到 79 个，而美国的数量则超过了 100 个。这表明，大模型的时代已经到来，它在推动人工智能技术发展和产业变革中发挥着越来越重要的作用。

1.4.2　发展概况

在探讨大语言模型发展的技术脉络时，我们聚焦于 3 大主流技术路径，即 BERT 范式、GPT 范式以及融合两者的混合模式。目前，大多数主流的大语言模型倾向于采用 GPT 技术路线，而中国则更倾向于采用融合创新的混合模式。自 2019 年以来，BERT 模式似乎没有出现具有里程碑意义的新模型，而 GPT 技术路线却呈现出蓬勃发展的态势，引领着模型规模与性能的双重飞跃。

各类大语言模型依据其技术路线各有千秋，GPT 范式尤其擅长处理生成类任务，展现出卓越的表现力。

进一步细分，大语言模型可依据数据处理与知识表示两个维度进行分类。在数据处理层面，模型利用的数据源可分为通用数据与领域特定数据；而在知识表示上，模型则涵盖了语言知识与世界知识的融合。从任务类型视角审视，模型又可分为专注于单一任务或多任务处理的模型，以及侧重于理解类或生成类任务的模型。

具体而言，BERT 范式遵循两阶段训练策略（即双向语言模型预训练与针对特定任务的微调），这一特点使其特别适用于理解类任务及特定场景下的精细化处理，呈现出"专精而轻量"的优势；而 GPT 范式则通过简化为单阶段训练（单向语言模型预训练结合零样本提示技术），提供了对生成类任务及多任务处理的强大支持，展现出"全面而通用"的特质。

此外，T5 模式作为 BERT 与 GPT 方法的巧妙融合，同样采用两阶段训练（单向语言模型预训练与微调）方式，为不同应用场景提供了灵活的选择。当前研究指出，对于规模极端庞大且聚焦于单一领域理解类任务的模型而言，T5 模式或为更佳选择；而在生成类任务领域，GPT 模式则以其卓越的性能脱颖而出。

综上所述，当前参数规模突破千亿量级的大语言模型几乎无一例外地采用了 GPT 范式，这一趋势不仅反映了 GPT 技术路线的强大生命力和广泛的应用前景，也预示着未来大语言模型技术发展的主流方向。

2022 年 11 月，美国 AI 企业 OpenAI 隆重推出了其旗舰产品——AI 聊天机器人程序 ChatGPT，该程序根植于先进的大语言模型 GPT-3.5 的深厚基础之上，并巧妙地融合了指令微调技术与基于人类反馈的强化学习策略进行精心训练。这一创新举措迅速在业界引起轰动，在发布后的短短两个月内，ChatGPT 的月活跃用户突破 1 亿，成为史上用户增长速度最快的消费级应用程序。

自 ChatGPT 发布后的半年多时间里，中国本土的科技企业及研究机构积极响应，推出了近 80 款参数量达到十亿量级以上的大语言模型。这些厂商中，既有华为、阿里巴巴、腾讯等互联网巨头，也有 360、科大讯飞等在人工智能领域拥有深厚技术积累的企业，以及复旦大学等高校和研究机构。这一系列成就，不仅彰显了我国在 AI 大模型领域的强劲实力与创新能力，也预示着未来 AI 技术将更加深刻地融入并改变我们的工作和生活。

1.4.3　模型分类

大模型的分类依据其输入类型的不同，可细化为 NLP（自然语言处理）大模型、CV（计算机视觉）大模型以及多模态大模型 3 大类。随着技术的发展，大模型所支持的模态数量日益丰富，从最初仅支持文本、图片等单一模态下的单一任务，逐步过渡到能够支持多种模态下执行多种复杂任务的阶段。

NLP 大模型作为处理自然语言文本数据的核心力量，尤其是以 LLM（大语言模型）为代表的模型，如 OpenAI 的 GPT 系列，展现了卓越的语言理解和生成能力。这类模型不仅助力人类高效地完成问答、创作、文本处理等任务，还在快速发展的交互类场景中占据关键地位，其高度的商业化应用程度进一步印证了其市场价值和社会影响力。

CV 大模型专注于图像和视频数据的处理，凭借其强大的图像识别和视频分析能力，在智能安防、自动驾驶等众多领域展现出巨大潜力。例如，腾讯的 PCAM 大模型便是在这一领域内的杰出代表。尽管国内企业在此领域的研发与内部测试工作正深入进行，但总体而言，CV 大模型仍处于发展初期，未来增长空间广阔。

多模态大模型作为技术创新的前沿阵地，能够同时处理文本、图像、语音等多种类型的数据，实现跨模态搜索、跨模态生成等高级任务，如谷歌的 Vision Transformer 模型便是此类技术的典范。尽管多模态大模型目前尚处于雏形阶段，但其应用潜力已被广泛认可，然而，要实现更广泛、更深入的应用，还需解决一系列关键性的技术和挑战。

此外，根据大模型应用领域的不同，我们可以将其划分为 3 个层级，即 L0 层、L1 层和 L3 层。

- L0 层通用大模型：这一层级的大模型具备跨领域和多任务的通用性。它们依托于强大的计算能力和海量的开放数据资源，采用具有大量参数的深度学习算法，在大规模未标注数据上进行训练。通过这一过程，模型能够识别和学习数据中的模式和规律，从而获得强大的泛化能力。这种能力使得 L0 层模型在不经过或仅需少量微调的情况下，便能适应多种场景和任务，类似于 AI 完成了全面的"通识教育"。

- L1 层行业大模型：这一层级的大模型专注于特定行业或领域。它们通常使用与特定行业相关的数据进行预训练或微调，以优化模型在该领域的性能和准确性。这种专业化的训练使 L1 层模型能够深入理解特定行业的知识和需求，从而在该领域内提供更为精准和高效的服务，相当于 AI 成为该领域的"行业专家"。

- L3 层垂直大模型：这一层级的大模型针对特定的任务或场景进行优化。它们使用与特定任务紧密相关的数据进行预训练或微调，以提升模型在该任务上的表现和效果。L3 层模型的专业化训练使其能够针对特定场景提供定制化的解决方案，从而在特定任务上实现更高的性能和效率。

通过这种分层的模型设计，大语言模型能够更好地满足不同领域和任务的需求，实现从通用到专业领域的全方位覆盖，推动人工智能技术在各个领域的深入应用和发展。

1.4.4　市场情况

在全球范围内，中美两国在大型模型（large-scale models）领域展现出了引领行业发展的强劲势头。美国在算法模型研发领域凭借其深厚的积累与创新优势，稳居全球大模型数量的榜首位置。据中国科学技术信息研究所与科技部新一代人工智能发展研究中心联合编纂的《中国人工智能大模型地图研究报告》最新数据显示，截至 2023 年 5 月，美国已成功推出超过 100 个参数规模达到 10 亿级以上的大型模型，彰显了其在该领域的卓越实力。

与此同时，中国也不甘落后，积极响应全球大模型技术浪潮，自 2021 年起显著加快了研发步伐与成果产出。标志性事件包括 2021 年 6 月北京智源人工智能研究院发布的悟道 2.0 模型，其参数量高达 1.75 万亿，以及同年 11 月阿里巴巴推出的 M6 大模型，其参数量更是惊人地达到了 10 万亿级别，这些成就标志着中国在大型模型研发领域取得了重大突破。截至 2023 年 5 月，中国已累计发布 79 个大型模型，不仅在全球舞台上占据了举足轻重的地位，还展现出了中国在该领域的先发竞争优势。

然而，值得注意的是，鉴于数据安全、隐私保护合规性以及日益严格的科技监管环境等多重因素的考量，中美两国的大模型市场或将逐步演化出相对独立且各具特色的行业格局。这种趋势要求两国在推动技术创新与产业应用的同时，必须高度重视数据安全与隐私保护，确保技术发展与社会伦理、法律法规的和谐共生。

在海外大语言模型的竞争格局中，已经形成了一个明显的双龙头领先态势，同时伴随着 Meta 的开源策略和垂直领域的快速发展。这种格局不仅清晰，而且充满活力。随着通用大模型技术的日益成熟和可用性，基于这些模型的应用生态系统也开始蓬勃发展。

OpenAI 凭借其对尖端算法模型的深度整合及前瞻性的产品化策略，不仅使 GPT 在人机交互领域展现出超乎预期的卓越性能，更引领了基于 GPT 技术构建的丰富应用生态的崛起。微软公司旗下多款核心产品，包括但不限于 Bing 搜索引擎、Windows 操作系统、Office 办公软件套件、Edge 浏览器，以及 Power Platform 业务解决方案平台，均已成功融入 GPT 技术，显著提升了用户体验与智能化水平。此外，代码托管领域的领军者 GitHub，以及 AI 驱动的营销创意先锋 Jasper 等公司，也纷纷拥抱 GPT，共同推动了 AI 技术在各行业的深度渗透与创新应用。这一系列进展，不仅彰显了 GPT 技术的强大生命力，也为未来智能应用的无限可能奠定了坚实基础。

谷歌公司在人工智能领域的持续投入和创新，已经对全球人工智能产业产生了深远的影响。谷歌公司提出的 LeNet 卷积神经网络模型、Transformer 语言架构以及 BERT 大语言模型等，均为人工智能技术的发展做出了重要贡献。尽管如此，由于公司内部团队的变动和对产品化落地采取更为审慎的态度，谷歌公司在早期并未大规模推出面向消费者端（C端）的人工智能产品。

然而，在 AI 聊天机器人 ChatGPT 迅速流行的推动下，谷歌公司也加快了步伐，推出了自己的聊天机器人 Bard 及 PaLM2。这些产品不仅展示了谷歌公司在人工智能领域的最新进展，还计划与谷歌公司的协作与生产力工具 Workspace 进行集成，并与 Spotify、沃尔玛、UberEats 等外部应用进行融合，进一步拓展其在人工智能领域的应用范围。

与此同时，Meta 公司通过开源策略在人工智能领域迅速追赶。2023 年 7 月，Meta 公司发布了其最新的开源大模型 LLaMA2。该模型使用了 2 万亿 tokens 进行训练，显著提升了其上下文理解能力，使其能够处理更长的文本输入。这种提升不仅增强了模型的表现能力，还为更广泛的应用场景提供可能。Meta 公司的这一举措进一步证明了开源策略在推动人工智能技术发展和应用中的重要性和潜力。

此外，在海外市场的 AI 版图中，Anthropic、Cohere、Hugging Face 等领先企业凭借其独特的垂直领域专长与高度定制化的服务方案，正扮演着不可或缺的关键角色。这些企业不仅深耕于各自的专业领域，展现出鲜明的垂直类特色，还通过提供灵活多变的定制化服务，积极满足市场多元化、精细化的需求，共同推动着全球 AI 产业的繁荣与发展。

自 ChatGPT 在全球范围内赢得广泛用户赞誉并引发深切关注以来，中国顶尖科技企业（如阿里巴巴、百度、腾讯、华为、字节跳动等）、新兴的创新型公司（如百川智能、MiniMax 等）、深耕 AI 领域的传统企业（科大讯飞、商汤科技等），以及顶尖高校与研究院所（复旦大学、中国科学院等）均纷纷加速布局大模型技术的研发与投资。当前，国内大模型领域正处于研发与迭代的初期关键阶段，各模型间的性能差异及用户体验的易用性正接受着市场的严格考验与筛选。尽管竞争格局的全面明朗尚需时日，但值得注意的是，互联网巨头凭借其在 AI 领域的长期深耕与积累，已占据先发优势，有望在未来竞争中占据主导地位。

ChatGPT 3.5 的问世，象征着我们正不可逆转地迈向一个由人工智能技术主导的未来。

尽管这一宏观趋势日益明显，但其在微观层面的日常生活中的应用和普及，仍是一条充满挑战的长路。2024 年 2 月 15 日，OpenAI 推出了革命性的"文本生成视频"工具 Sora，其展示的先进功能再次令世界瞩目。在美国，人工智能领域的迅猛发展也吸引了华尔街的广泛关注和投资，仅在 2023 年，美国 AI 相关企业便成功筹集了高达 679 亿美元的资金。作为 OpenAI 的重要投资者和关键技术合作伙伴，微软公司在 2023 年的股价表现尤为抢眼，全年涨幅达到了 55%。

相较于美国企业在人工智能领域的频繁曝光与舆论热议，中国企业在该领域的进展虽鲜少占据新闻头条，但实则暗流涌动，竞争态势已悄然形成。这一现象背后，实则源于两国 AI 技术发展路径的差异：美国多由金融资本引领，追求高估值与技术前沿的突破，其光芒四射往往能迅速吸引公众眼球；而中国则更多地遵循消费市场导向，侧重于技术的快速市场化应用与迭代优化，虽不显张扬，却能在每一步发展中收获市场的实际反馈，有效规避了泡沫风险，展现出稳健前行的姿态。

进一步剖析，大语言模型作为 AI 技术的一个重要分支，其能力犹如一位博览群书的学者，擅长处理已知信息或网络上的既有内容，但在创造力与实践应用方面尚显不足。在工业领域，我们更为迫切地需要 AI 扮演执行者的角色，不仅能够理解指令，更能高效、精准地完成各项任务，这对于推动产业升级与智能化转型具有不可估量的价值。因此，在探索 AI 技术发展的道路上，如何平衡技术创新与市场应用，让 AI 真正"行动起来"，成为我们共同面临的课题。

1.4.5　国内大模型介绍

大模型凭借其卓越的语言理解与生成能力，在众多领域（如文本创作、智能问答、知识检索及商业文案生成）展现出了非凡的潜力与广阔的应用前景。然而，就商业应用层面而言，大模型目前仍处于萌芽阶段，主要通过 API、PaaS 及 MaaS 三种模式逐步推进其市场渗透。全球范围内，大模型产业的实际落地正处于积极探索期，亟须与下游行业企业携手，共同构建可持续的商业模式。在此过程中，一个不容忽视的事实是，下游企业对大模型的理解尚显不足，且缺乏足够的资源支撑以实现有效的融合与应用。

针对这一现状，大模型的商业化落地路径可细化为多种策略：一是通过提供 API 接口，实现按需调用的付费模式，灵活满足多样化需求；二是大厂可采用 PaaS 模式，不仅提供大模型本身，还涵盖开发工具、云平台及全方位服务，助力下游企业轻松接入与部署；更进一步，则是 MaaS 模式，即直接提供预训练好的、高度定制化的模型服务，以更低的门槛和更高的效率，推动大模型在各行各业中的深度应用与价值释放。

下面以 NLP 大模型为核心，简单介绍几个国内热门大模型。

1. DeepSeek——深度求索

DeepSeek 大模型是由中国人工智能公司深度求索自主研发的新一代通用人工智能大模型，其研发团队由 NLP、多模态、分布式计算等领域的顶尖科学家组成。该模型基于 Transformer 架构创新，在算法设计、训练效率和工程实践上均实现突破，致力于推动 AGI 技术的普惠化发展。

DeepSeek 采用混合专家模型（mixture of expert，MoE）架构，创新性地提出动态路由优化算法，使模型在保持 1750 亿个参数规模的同时，推理成本较传统稠密模型降低 80%。其独特的层级注意力机制（hierarchical attention）实现了对长文本（最高支持 128K tokens）的精准语义理解，在代码生成、法律文书分析等场景中表现出色。训练层面首创的"渐进式知识蒸馏"方案，使模型在预训练阶段可同步吸收领域知识，较传统的两阶段训练效率提升 3 倍。

区别于单一文本模型，DeepSeek-7B 版本已实现图文跨模态理解，在 OCR 信息提取、流程图解析等任务中准确率达 92.7%（据权威测评 MMBench 测评）。其视觉-语言对齐模块采用对比学习优化策略，显著提升细粒度语义关联能力，在医疗影像报告生成等专业场景的幻觉率低于 2%。

在金融领域，模型通过微调构建的 DeepSeek-Finance 版本，具备财报自动分析、风险预警等能力，在上海证券交易所实测中的事件推理准确率达 89.3%。在教育场景中，其数学推导模块整合符号计算引擎，可分步解析大学数学竞赛题，解题流程的可解释性超过 GPT-4。企业级用户可通过 API 调用获得支持千亿级参数的私有化部署方案，推理延迟稳定在

200ms 以内。

作为国内首个完整开源 MoE 架构的团队，DeepSeek 已发布 7B/67B 参数模型（Apache 2.0 协议），配套提供 200 万字高质量的多轮对话数据集。其创新设计的"可插拔伦理模块"支持用户自定义内容审查规则，在中文内容安全评测 C-Eval 中合规率达 99.6%。开发者社区已涌现 300+个基于该模型的垂直领域应用，涵盖智能编程助手、工业质检知识库等创新方向。

当前 DeepSeek 在中文权威测评 SuperCLUE 中综合得分位列国产模型第一，其英文 MMLU 测评准确率突破 85%，展现出强大的通用能力。随着其"算力-算法-数据"三位一体技术体系的持续迭代，该模型正在重塑企业智能化转型的技术范式。

2. 百度公司——文心一言

百度公司于 2023 年 3 月 16 日正式推出了知识增强型大语言模型——文心一言，该模型根植于深厚的深度学习平台与文心知识增强大模型基础之上，历经海量数据与广泛知识的深度融合与持续学习而铸就。文心一言展现出了卓越的跨模态、跨语言深度语义理解与生成能力，能够流畅地与人类进行对话互动，精准回答各类问题，并有效辅助创作过程，极大地提升了用户获取信息、汲取知识与激发灵感的效率与便捷性。

目前，百度公司已推出文心大模型的多个版本，包括 3.5、4.0 及性能更为强劲的 4.0 Turbo，旨在通过这些模型在搜索、信息流推荐、广告投放、智能写作及对话系统等多个关键场景中实现智能化转型，为用户带来更加精准且个性化的服务体验。

文心一言不仅擅长自然语言处理、文本生成及语音合成等核心任务，还创新性地将大数据预训练与多元化知识源深度融合，借助持续学习机制，不断从海量文本数据中汲取词汇、结构、语义等新知识，推动模型效果持续优化与进化。此外，基于文心大模型的强大基座，百度公司还提供了包括对话 PLATO-XL、搜索 ERNIE-Search、跨语言 ERNIE-M、代码 ERNIE-Code 在内的多个独立应用场景大模型，以及视觉模型、跨模态模型、生物计算模型等多元化选择方案，以满足不同领域与场景下的特定需求。

为了让用户能够更加便捷地体验与应用文心一言，百度公司构建了一整套完善的配套产品体系，包括官网体验入口、APP、文心智能体平台（AgentBuilder）以及千帆大模型平台（ModelBuilder），并持续拓展产品链条，以提供更全面的服务。特别是在 2024 年 3 月 27 日举办的"AI Cloud Day：大模型应用产品发布会"上，百度智能云在北京首钢园隆重宣布，将大模型能力全面融入 7 大产品之中，如百度智能云曦灵数字人平台、客悦智能客服平台及 Comate 代码助手等，覆盖了企业营销、客户服务、知识管理、数据洞察及代码编程等多个通用场景。这些产品不仅支持公有云与私有云两种灵活的使用方式，还为企业量身打造了"应用产品全家桶"，旨在全方位助力企业业务增长与运营效率的提升。

个人与企业客户均可通过百度智能云的千帆大模型平台轻松接入并享受这些先进的大模型应用服务。

3. 智谱 AI——GLM

追溯 GLM 的发展轨迹，其发布历程彰显出前瞻性的布局。智谱 AI 自 2020 年底便投身于 GLM 预训练架构的研发，并于次年 9 月成功推出了拥有自主知识产权的开源百亿参数大模型 GLM-10B。在 2022 年 8 月，智谱 AI 再接再厉，发布了性能卓越的高精度迁移大模型 GLM-130B，其效果直逼 GPT-3 175B，引发了全球超过 70 个国家、1000 余家研究机构的广泛关注与应用需求。同年内，智谱 AI 还发布了编程大模型 CodeGeex 的两个重要版本，进一步丰富了其产品线。此外，2022 年推出的 P-tuningV2，经过时间的沉淀与迭代，已成为业界广泛采用的开源微调框架之一。

2023 年，智谱 AI 继续引领创新，3 月份开源了中英文双语对话模型 ChatGLM-6B，该模型以其出色的性能，在单张消费级显卡上即可实现高效推理，尽管参数规模有限，但其实际效果却令人印象深刻，成为众多大模型开发者部署于本地的中文大模型首选方案。随后，在 2024 年 1 月，智谱 AI 又推出了新一代基座大模型 GLM-4，标志着其在大模型研发领域的又一重大突破。

GLM 大模型作为智谱 AI 的杰出代表作，凭借其卓越的中文处理能力、开源的友好特性以及对多种硬件平台的广泛支持，成为业内外关注的焦点。其基于 Transformer 架构的自主研发核心，深刻体现了智谱 AI 在算法创新领域的深厚底蕴与前瞻视野。不仅如此，GLM 大模型还展现出跨模态处理的潜力，能够解析图像等复杂数据类型，极大地拓宽了 AI 技术的应用边界。而与之配套的产品矩阵，如 ALL Tools、CogVLM3 及 CodeGeeX3 等，共同构建了一个全面而强大的大模型生态系统。

智谱 AI 的产品线丰富多样，除了上述提及的 ChatGLM、GLM-4、GLM-130B 等大模型外，还包括代码大模型 CodeGeeX、文生图模型 CogView 等，满足了不同领域与场景下的多样化需求。基于这些强大的大模型能力，智谱 AI 已成功应用于智能驾驶、智能投顾、财报分析、公积金咨询、智能医疗、旅行规划等多个行业领域，为用户与企业提供了高效、便捷的智能化解决方案。

特别值得一提的是，2023 年 8 月，智谱 AI 的生成式 AI 助手"智谱清言"正式上线。该产品基于智谱 AI 的基座大模型深度开发，通过海量文本与代码数据的预训练，结合先进的监督微调技术，实现了通用问答、多轮对话、创意写作、代码生成、虚拟对话、AI 绘图、文档与图片解读等多项功能，展现了强大的智能交互能力。为了更好地体验 GLM 系列大模型的魅力，智谱 AI 还推出了 bigmodel.cn 大模型开放平台，该平台已全面接入最新的 GLM 大模型家族，并新增了一键微调、All Tools API 调用等便捷功能，为用户提供了更加高效、灵活的大模型使用体验。

4. 阿里云——通义千问

阿里云于 2023 年 4 月 7 日宣布，其自主研发的大语言模型"通义千问"正式开启用户测试体验。事实上，阿里巴巴的达摩院在此领域已深耕多年，早在 2019 年便启动了大模型的研发工作，并在 2022 年 9 月推出了"通义"大模型系列。该系列模型具备多轮对话、文案创作、逻辑推理、多模态理解及多语言支持等功能，能够与人类进行深入的交互，并展现出卓越的文案创作能力，如续写小说、编写邮件等。

到了 2023 年 8 月，通义千问加入开源行列，首次开源了 Qwen-7B 模型，并沿着"全模态、全尺寸"的开源路线，陆续推出了包括语言大模型、多模态大模型、混合专家模型、代码大模型在内的数十款模型。2024 年 5 月 9 日，阿里云正式发布了性能全面超越 GPT-4 Turbo 的通义千问 2.5，成为业界公认的最强中文大模型。同时，通义千问的 1100 亿参数开源模型在多个基准测评中取得了最佳成绩，超越了 Llama 3-70B，成为开源领域中的佼佼者。

为满足不同场景下用户的需求，通义千问推出了参数规模从 5 亿到 1100 亿不等的 8 款大语言模型。小尺寸模型如 0.5B、1.8B、4B、7B、14B 等，便于在手机、PC 等端侧设备上部署；而大尺寸模型如 72B、110B 则支持企业级和科研级的应用需求；中等尺寸的 32B 模型则在性能、效率和内存占用之间寻求最佳平衡点。此外，通义千问还开源了视觉理解模型 Qwen-VL、音频理解模型 Qwen-Audio、代码模型 CodeQwen1.5-7B 和混合专家模型 Qwen1.5-MoE，后者结合了多种神经网络结构，以提升处理复杂任务时的性能。

除了语言模型，通义千问还包括了用于处理视觉和音频数据的 Qwen-VL 和 Qwen-Audio 模型，进一步扩展了其在多模态应用中的能力。阿里云的通义千问大模型已广泛应用于营销、客服、编码等多个场景，并与手机、计算机、芯片、座舱等智能终端深度融合。

在应用产品方面，通义 APP（原名通义千问 APP）集成了通义大模型的全栈能力，在移动端、Web 端、小程序端为所有用户提供免费服务。该应用集文生图、智能编码、文档解析、音视频理解、视觉生成等多种能力于一体，旨在成为每个人的全能 AI 助手。2023 年 10 月，阿里云推出了百炼大模型平台，使开发者能够通过"拖""拉""拽"等交互形式，在 5 分钟内开发一款大模型应用，几小时内"炼"出一个专属模型，从而将精力更专注于应用创新。

5. 科大讯飞股份有限公司——星火认知大模型

2023 年 5 月 6 日，科大讯飞股份有限公司（以下简称科大讯飞）正式推出了其创新的讯飞星火认知大模型，并持续进行迭代更新。至 2024 年 6 月 27 日，该模型已成功推出 V4.0 版本。讯飞星火认知大模型集成了科大讯飞的先进技术，具备 7 大核心能力：文本生成、语言理解、知识问答、逻辑推理、数学处理、编程能力以及多模态交互。

星火大模型的 API 矩阵提供了丰富的接口选项，为企业构建定制化的大模型产品提供了强有力的支持。该矩阵包括 Spark 4.0 Ultra、Spark 3.5 Max、Spark Pro 和 Spark Lite 等多种类型的接口，其中 Lite 版本已全面免费开放，以促进更广泛的应用和创新。

在世界移动通信大会（MWC）上，科大讯飞展出了 5 大创新产品：星火智能陪练、星火评标助手、星火合同助手、星火生成式智慧驾舱以及 iCase 会话智能。这些产品将讯飞星火 V4.0 模型与企业业务需求紧密结合，展现了从基础模型升级到应用落地的连贯发展策略。

基于讯飞星火 V4.0 模型的强大能力，科大讯飞推出了一系列更智能、更个性化的 AI 助手。首批上线的 14 个智能体，针对不同专业领域的应用进行了特别优化。升级版的讯飞晓医 APP 和讯飞 AI 学习机，以及星火智能批阅机——能在 30 秒内高效完成 15 份学生作业的批改，都是该模型实用性的体现。星火语音大模型也实现了重大升级，支持 74 种语言和方言的无缝对话，并有效解决了高干扰环境下的语音识别问题。

此外，科大讯飞还推出了星火企业智能体平台，并展示了星火商机助手、星火评标助手等典型应用案例，进一步拓展了大模型的应用范围和效能。

讯飞星火大模型还提供了包括官网体验入口、移动应用、智能体平台、API 接入以及开源模型接入和微调服务在内的全面接入方案，使用户和开发者能够轻松利用这些先进的技术资源。

6. 腾讯科技（深圳）有限公司——混元大模型

2023 年 9 月 7 日，腾讯科技（深圳）有限公司（以下简称腾讯）在全球数字生态大会上隆重推出了其自研的腾讯混元大模型，并通过腾讯云平台向外界开放。作为腾讯全链路研发的通用大语言模型，混元大模型拥有超过千亿级别的参数规模，其预训练语料库涵盖了超过 2 万亿的 tokens，展现了卓越的中文理解、创作能力、逻辑推理能力以及稳健的任务执行能力。该模型体系包括混元生文与混元多模态两大核心模块，其中，混元生文已迭代推出 6 个版本，涵盖 hunyuan-pro、hunyuan-standard、hunyuan-role 等，以满足不同场景下的需求。

腾讯混元大模型已成功融入公司内部超过 400 项业务与场景之中，并通过腾讯云，向广大企业及个人开发者全面开放。众多广为人知的"国民级"应用，如企业微信、腾讯文档、腾讯会议等，均已深度融合 AI 技术，实现了功能的智能化升级。此外，腾讯云旗下的 SaaS 产品，如企业知识学习平台腾讯乐享、电子合同管理工具腾讯电子签等，也同样受益于 AI 的赋能，使得用户体验得到了显著提升。

腾讯混元大模型秉持实用主义原则，深度应用于公司多个业务与产品的实际场景中。以腾讯会议为例，基于混元大模型打造的 AI 小助手，仅需用户发出简单的自然语言指令，即可高效完成会议信息提取、内容分析等复杂任务，并在会议结束后自动生成智能总结纪要。在文档处理领域，混元大模型支持数十种文本创作场景，已在腾讯文档的智能助手功能中得到实际应用。同时，该模型还具备一键生成标准格式文本、精通数百种 Excel 公式、支持自然语言生成函数以及基于表格内容自动生成图表等能力。在广告业务场景中，腾讯混元大模型能够智能化创作广告素材，精准匹配行业与地域特色，满足个性化需求，实现文字、图片、视频等元素的自然融合。

基于混元大模型的强大能力，腾讯推出了面向 C 端用户的元宝 APP，旨在通过更便捷的操作体验，为用户带来全新的智能服务。此外，腾讯还构建了元器平台，该平台提供一站式智能体创作与分发服务，用户可轻松创建个性化的智能体，并充分利用平台提供的丰富插件与知识库资源，实现智能应用的快速开发与部署。

7. 月之暗面——Kimi

自 2023 年 10 月正式面世以来，Kimi 凭借其卓越的长文本处理能力在众多模型中脱颖而出，成为业界瞩目的焦点。2024 年 3 月，Kimi 再次迎来重大升级，其上下文窗口实现了 10 倍扩容，现可支持高达 200 万字的超长无损输入，这一里程碑式的成就，不仅刷新了当前全球最长上下文窗口的记录，也彰显了其技术实力的深厚底蕴。

Kimi 源自成立仅一年的前沿人工智能初创企业——月之暗面，该企业凭借其深厚的研发实力和前瞻性的技术视野，成功打造出这款集数据处理、分析于一体的智能工具。Kimi 能够迅速捕捉并理解用户的问题，依托其广泛的知识库，覆盖科技、文化、历史、教育等多个领域，精准满足用户多样化的信息需求。同时，它还具备高效的文件处理能力以及互联网访问能力，为用户带来更加便捷、全面的智能体验。

Kimi 的核心功能涵盖 6 大方面，即长文总结与生成、联网搜索、数据处理、代码编写、用户交互以及翻译服务。这些功能相互融合，共同构建了一个强大而灵活的智能助手体系。在专业领域，Kimi 已展现出其非凡的应用潜力，如助力专业学术论文的翻译与深度理解、辅助法律问题的精准分析以及加速 API 开发文档的快速掌握等，均为用户带来了前所未有的工作效率提升。尤为值得一提的是，Kimi 还是全球范围内首个支持一次性输入 20 万汉字的智能助手产品，这一特性极大地提升了其在处理复杂文本和多语言内容时的效率和准确性。

通过这些先进的功能和广泛的应用场景，Kimi 不仅为用户提供了强大的辅助工具，也为人工智能领域的技术进步和应用创新树立了新的标杆。

8. 字节跳动公司——豆包大模型

2024 年 5 月 15 日，字节跳动公司在火山引擎原动力大会上正式推出了豆包大模型。该模型经过字节跳动公司内部超过 50 个业务场景的深入实践与验证，以其高性价比及每日支撑千亿级 tokens 处理能力为显著特点，被精准定位为多功能的 AI 助手，旨在全方位助力用户在生活、学习、工作等多个领域的需求。

豆包大模型构建了一个多模态的模型矩阵，目前涵盖通用模型 Pro、通用模型 Lite、语音识别模型、语音合成模型、文生图模型等在内的 9 款模型，每一款模型均针对不同应用场景进行了深度优化。其应用场景极为广泛，包括但不限于智能客服系统的优化、内容创作的辅助、智能教育平台的赋能、个性化智能助手的实现，以及智慧娱乐体验的提升等。此外，豆包大模型的多模态特性还使其能够灵活适配互联网、零售消费、金融、汽车、教育、科研等多个行业领域，展现出强大的跨界应用潜力。

基于豆包大模型，字节跳动公司成功打造了多款创新应用，如 AI 对话助手"豆包"、面向开发者的 AI 应用开发平台"扣子"，以及互动娱乐应用"猫箱"等，同时还推出了星绘、即梦等专业的 AI 创作工具。这些应用与工具不仅丰富了字节跳动公司的产品生态，还通过将大模型深度融入抖音、番茄小说、飞书、巨量引擎等 50 余个核心业务中，显著提升了运营效率并优化了用户体验。

值得注意的是，"扣子"专业版现已无缝集成于火山引擎的大模型服务平台"火山方舟"之中，为企业用户提供企业级 SLA 保障及一系列高级功能特性。火山引擎作为字节跳动公司旗下的云服务平台，其总裁谭待详细介绍了豆包大模型的全貌，包括豆包通用模型 Pro、豆包通用模型 Lite、豆包·角色扮演模型、豆包·语音合成模型、豆包·声音复刻模型、豆包·语音识别模型、豆包·文生图模型以及豆包·FunctionCall 模型等，展现了其全面而深入的 AI 技术能力。

1.5　大模型产品设计

大模型作为新时代生产力的杰出代表，正以前所未有的力量引领着传统产业的深刻转型与新兴产业的蓬勃兴起，为社会经济的高质量发展源源不断地注入强劲新动能。曾经被视为人类专属领域的诸多任务与挑战，正逐渐被大模型的浪潮所席卷，并展现出前所未有的智能化潜力。

自 2023 年初以来，以 AIGC 为催化剂的年度科技盛宴持续升温，高潮不断。从 ChatGPT 横空出世，一举引爆全球关于人工智能通用化应用的热烈讨论，到大模型技术迅速普及，形成群雄逐鹿、百舸争流的壮观景象，这一进程不仅见证了技术的飞跃，也预示着一个新时代的到来。

如果说各大科技企业竞相推出大模型产品，竞相展示技术实力，共同编织了这场"百模大战"的壮阔的上半场，那么随着技术的日益成熟与应用的不断深化，大模型发展的下半场将聚焦于更为精细化的垂直领域应用与价值转化的深度挖掘。在这一阶段，大模型将不再仅仅停留于技术展示层面，而是将深入各行各业，通过定制化解决方案，实现技术与产业的深度融合，推动社会生产力的全面升级。

具体而言，大模型将凭借其强大的数据处理、模式识别与智能决策能力，在医疗健康、智能制造、智慧城市、金融服务等多个关键领域发挥不可替代的作用，助力解决行业痛点，提升服务效率与质量，创造更加丰富的社会价值与经济价值。这一过程，不仅将深刻改变我们的生产生活方式，也将为全球经济社会的可持续发展注入新的活力与希望。

1.5.1　大模型应用场景概述

作为机器与用户交互的桥梁，智能对话系统广泛应用于客服与助手领域。相较于传统基于问答对或固定规则的对话模式，大模型以其卓越的上下文理解能力和自然流畅的回答，为用户带来了接近真人的对话体验。针对垂直领域的知识需求，通过知识库的灵活挂载，系统能够辅助学习并深化理解。在对话等待期间，系统还能进行轻松闲聊，增强用户交互的愉悦感。这一场景广泛适用于智能客服、语音助手、智能陪练、虚拟社交、售前咨询、售后运维及游戏 NPC 等多种场合。

在智能写作领域，大模型通过接收特定提示词，能够自动生成多样化的文本内容，涵盖电子邮件、短信、文章、新闻报道、营销文案及社交媒体文案等。相较于传统基于规则和模板的拼接方式，大模型展现了更高的灵活性和创新性，为用户提供了更加丰富多变的创作体验。作为大模型率先成熟的商业模式之一，智能写作已广泛应用于广告文案创作、会议纪要整理、直播脚本生成等领域，并能结合大纲制订、内容润色及多模态能力，进一步拓展至 PPT 文档等复杂内容的自动生成。

信息识别与抽取致力于从长文本中精准抽取并总结关键信息，以结构化形式输出。相比传统 NLP 技术，大模型在泛化能力上实现了显著提升，支持零样本学习，显著降低了开发成本，加速了应用落地进程。信息抽取技术广泛应用于用户需求分析、意图识别、文章辅助阅读、舆情监测、用户画像构建等多个场景，为企业决策与个性化服务提供了有力支持。

大模型在代码生成领域展现出巨大潜力，不仅提高了开发效率，还减轻了程序员编写代码的负担。通过智能分析现有代码，大模型能提出重构或优化建议，并根据用户描述自动生成脚本、数据库查询语句等，助力自动化流程的构建与应用程序性能的监控。这一技术可应用于代码审查、测试用例生成、智能 RPA（机器人流程自动化）、AI 建站、NL2SQL（自然语言到 SQL 查询语言）等多个场景，极大地推动了软件开发的智能化进程。

传统信息检索系统主要依赖文字或语义匹配，返回结果多为原文片段或结构化卡片，难以满足复杂查询需求。而大模型则通过深度理解文章内容，结合用户查询意图生成针对性回答，为用户提供了全新的智能信息检索体验。该技术广泛应用于知识搜索、文档检索、视频搜索、商品搜索、简历筛选等多个领域，极大地提升了信息获取的便捷性和准确性。

大模型的理解能力还为其在作文评分、文本润色、缩写扩写等领域的应用提供了可能。此外，大模型还能解决数学问题、批改作业、审查合同等，展现出广泛的应用前景和巨大的潜力。随着技术的不断进步和应用场景的持续拓展，大模型将在更多领域发挥重要作用。

1.5.2　大模型的部署及落地

大模型行业应用的实现路径主要有两种，一种实现路径是加大对用大模型的研发投入，提升 AI Agent 能力，直接服务各行业；另一种实现路径是融合行业专业知识，基于通用大模型打造垂类行业模型。站在通用大模型的"巨人的肩膀"上，垂类行业大模型通过知识录入或二次训练，可实现更精准的行业应用。

1. 模型选择

当前市场上，大模型厂商众多，每家厂商都可提供不同规模和特性的大模型。值得注意的是，模型规模并非其效能的决定性指标，通过精确的场景适配和细致的工程优化，即使是参数量较为适中的模型也能展现出卓越的性能。此外，在特定应用场景中，单一模型往往不足以满足所有需求；通过整合不同模型的优势，实现它们的协同互补，可以显著提升工作效能，创造出更佳的应用成果。

在选择合适的模型时，通常需要综合考量多种因素，主要可从以下两个方面进行评估。

首先，需要明确自身对数据安全的重视程度，判断是否需要模型服务的私有化部署，或是简单的 API 调用即可满足需求。同时，考察厂商是否提供场景模型微调服务，以及其在目标应用场景中的实践经验与模型评测效果是否达标。

在选定厂商范围后，还需要对自身条件进行细致评估，包括算力成本、资源配备及预算限制。在确保资源充足的前提下，进一步分析模型性能（响应时间、对话效率等）、功能范围（如模型推理能力、Agent 集成等）以及部署环境的特定要求（如私有化部署、本地部署、信创兼容性等），以确认最适合自身需求的模型规格。

2. 方案选择

运用大模型的过程中，涉及多个关键环节需要细致考量，如 Prompt 设计的有效性、是否实施微调、训练数据的标注策略、训练轮次的设定以及参数的调整等。

为实现高质量的 Prompt 编写，首要任务是明确需求。一个优秀的 Prompt 应能精确界定产品需求，我们可以通过绘制功能流程图，清晰界定大模型调用的输入与输出界面。对于知识问答类功能，还需要紧密结合产品定位，预先准备大模型推理所必需的业务知识库。

此外，鉴于不同大模型对指令内容的敏感度各异，需要依据模型特性定制化设计 Prompt，以实现最佳适配。

完成 Prompt 设计后，构建评测集成为关键步骤。对此，建议采用人工构建方式，结合业务目标精心挑选覆盖各难度级别的场景数据，作为 Prompt 调优的基准。评测数据的分布最好能够尽量贴近实际业务场景，确保类型全面且评测标准逻辑一致。值得注意的是，评测集的大小并非决定性因素，关键在于其代表性和针对性。

并非所有场景均需要进行模型微调，对于依赖通识能力的场景，往往无须微调即可满足需求。然而，在垂直行业、高专业度要求及知识密集型场景中，微调则成为提升效果的关键。微调的核心在于对齐标准、行业术语等，而更广泛、精确的行业知识可通过知识库关联的方式有效注入。

微调的方法多样，具体技术细节将在后续部分进行详细介绍。在微调完成后，应采用大规模测评数据集进行全面评估，依据交付标准细致分析错误案例（bad case），分类归纳其类型与成因，以指导后续微调方向。针对错误案例，可构建专门的微调数据集，并按一定比例混入线上其他类型数据，以防止微调过程中的梯度爆炸及知识遗忘问题。完成新一轮微调后，应重新构建评测集，对比首次与二次评测结果，评估微调成效及新一轮错误案例情况，通过多轮迭代直至达到上线标准。

1.5.3 大模型入门产品设计

大模型技术的潜在应用场景极为广泛，它们能够适应多种不同的业务需求。本节内容将从一些普遍适用的领域出发，简要介绍几种易于实施且设计成熟的大模型应用实例。

通过精心设计，这些应用不仅能够充分利用大模型的强大能力，还能够为用户提供实际价值和解决方案。我们将探讨这些应用如何通过创新的方式，将大模型技术融入实际工作流程之中，以实现效率提升和体验优化。

大模型对话类产品通常作为用户探索与体验模型性能的窗口，多见于面向消费者的（toC）应用中，产品更加侧重于通用模型或功能的实现。鉴于其面向广大公众的特性，这类产品对资源的高效利用及合规性管理提出了较高的要求。

当前，主流的大型模型服务提供商普遍配备了此类产品，它们不仅覆盖了 PC 端网页，还延伸至移动 APP，共同构成了用户认知与体验模型能力的综合门户。这些产品的结构设计虽各有特色，但核心功能板块大致相似，主要包括两大方面：一方面是通用大模型的问答功能，旨在满足用户多样化的信息查询需求；另一方面是智能体功能，通过模拟人类交互方式，提供更加个性化、智能化的服务体验。

大模型问答功能模块设计如下。

- 欢迎语设计：该元素位于对话框顶部，旨在用户首次进入或长时间未登录后重新访问时触发。其内容通常包含亲切的问候语及自我介绍，旨在营造友好氛围并引导用户进一步探索。

- 问题推荐展示：紧随欢迎语下方，展示一组精心挑选的 3 至 5 个问题列表，旨在作为引导性提示，激发用户兴趣。这些问题可以是趣味性强、效果显著的提问，或是特色功能的引导性询问，用户可通过单击操作直接发起询问。

- 输入交互区域：为用户输入问题提供便捷界面，同时可以根据技术能力接入语音输入、文件及图片上传等多样化输入方式，以提升用户体验的灵活性和便捷性。

- 问答交互流程：问答环节以用户提问、模型即时响应的一问一答形式呈现。后端能力对接大模型接口。为实现高效流畅的用户体验，一般推荐使用流式输出。此外，模型回答结果中可嵌入点赞、点踩、分享及播报等互动功能，以增强用户参与感和满意度。

其他辅助功能如下。

- 新对话开启：此功能通常在最近一次对话结束后的特定时间范围内有效，允许用户主动清空当前对话上下文，为新的对话轮次做准备。

- 历史记录管理：当前主流实现方式分为两类：一类是时间线式记录，所有对话按时间顺序串行保存，用户可通过下拉界面在顶部逐步加载历史内容；另一类是主题式并行存储，每个主题独立成组，便于用户回溯历史记录或在该主题下继续提问。

通过这些精心设计的模块，大模型问答功能不仅能够满足用户的基本需求，还能够提供更加丰富和个性化的交互体验。

智能体功能模块是大模型技术中用于提供个性化用户体验的关键组件。市场上的智能体创建功能主要集中于两个核心方面：角色设定和知识库的构建。用户可以自定义智能体的名称和角色描述，同时，系统可提供基于用户输入的"一句话描述"自动生成角色设定的功能，以增强用户体验。

- 角色个性化设定：此环节涵盖名称自定义与角色（或人物设定）的详细描述，均由用户直接输入完成。此外，根据系统能力，还可引入智能服务，允许用户通过简短的"一句话描述"自动生成初步设定，以增强用户体验的便捷性。

- 知识库构建与上传：旨在赋予智能体特定领域内的专业能力，通过用户上传专业知识文档或待分析材料实现。用户端提交文档后，后端系统对接文档解析引擎，自动创建索引，确保智能体能够准确理解并应用这些知识。

- 智能体广场：此模块的成功构建依赖于持续的内容积累与运营。初期，可依据模型现有能力，创建一系列富有创意、特色鲜明的智能体作为示范，以吸引用户关注。随后，通过持续的运营推广与用户自发创建，不断丰富智能体广场的内容生态，实现可持续发展。

智能体模型能力模块如下。

- 对话能力：在考量成本和资源的基础上，我们可以选择集成高效的大模型服务接口或自主部署开源大模型服务。本场景中的对话通常为用户的休闲交流，对于深入的专业知识需求较低。如系统智能体所言，若存在特定领域的知识数据，我们可以通过智能体提供专业化的服务。

- 审核能力：对于面向公众的服务，合规性是至关重要的。模型生成的内容需要经过严格的审核流程，包括语义分析、敏感词过滤等，以确保内容不涉及政治敏感、色情、暴力、恐怖主义、欺诈等违规内容。

- 实时信源能力：大模型在处理时效性问题时可能存在局限。为解决这一问题，我们可以通过整合外部实时数据源，如最新日期、天气更新、即时检索结果等，强化模型的回答能力。结合意图识别技术，智能地调用相关信源，确保提供的信息既准确又及时。

通过这些功能及模型能力的整合与优化，我们可以构建一个智能又可靠的系统，满足用户的日常需求，同时确保服务的合规性和信息的实时性。

1.6　风险与挑战

大模型的发展也面临着一些挑战，如算力资源、存储资源、网络通信瓶颈等问题，以及如何在中低速应用场景下保证访问和生成内容的适宜性和可控性。尽管如此，随着技术的不断进步和应用场景的逐步成熟，大模型正在逐渐实现产业化落地，并为人类社会的发展带来更多的机遇和挑战。

1.6.1　技术角度

1. 算力资源

大模型的出现并非偶然，它是各领域长期理论研究和应用创新迭代的产物，其中包括算力芯片、云计算等相关领域的长期积累，缺一不可。这些先进的算力资源为大模型提供了必要的算力底座，支撑着大模型进行数以千亿计的数据样本处理和模型参数训练，已经成为发展和应用大模型技术的首要前提。

在国家"十四五"规划中，国内智能算力规模年复合增长率将超过 50%。产业界预测，到 2030 年全球智能算力将达到 105 ZFLOPS，将是 2023 年年初的 500 倍，增长速度远超通用算力的增长速度。为了在这轮智能化浪潮中处于领先地位，支撑以大模型为代表的新一轮智能产业的发展，各地纷纷投资建设智能计算（智算）中心。

根据国家信息中心与浪潮信息联合发布的《智能计算中心创新发展指南》，截至2023 年 1 月，我国已有超过 30 个城市正在积极投入智算中心建设。此外，华为在其全面智能化战略中明确指出，将为大模型发展持续打造坚实的算力底座，实现百模千态，为千行万业赋能。

越来越多的垂域大模型的出现也将带来算力瓶颈的转移，越来越多的企业将会更需要量身定制的大模型，但是大模型耗费的算力也是非常大的。因此如何分配算力资源将来也会是一个很大的社会问题。

2. 数据问题

大模型在数据方面最大的两个问题，一个是数据量，另一个是数据安全。例如普遍应用于企业的办公大模型需要用到的数据是公司内部的数据，包括公司内部的制度、公文、业务等数据。这些数据来源多种多样，并且涉及公司机密，不能公开，无论是数据质量或者是数据安全方面都是不小的挑战。

训练大模型需要高质量、大规模、多样的数据。高质量数据集能够提高模型精度与可解释性；海量大规模的数据集可以使预训练模型的效果越来越好；数据集的丰富度可以提升模型的泛化能力，让模型能够适应更多的场景。

数据集通常有几种获取方式，一种是公开数据集，如图像数据集 ImageNet、MNIST 等，这些数据一般是由研究机构，或者公司开放的，在特定领域内广泛使用和共享。庞大的数据也就意味着算力也是非常重要的资源。在算力资源、高质量数据资源日趋宝贵的今天，我们再也不能陷入重复训练浪费算力资源的陷阱，大模型走向开源+共训模式将更符合未来的高质量发展需求。

另一种是合作数据集，如企业和高校或研究机构合作，但是通常这类数据集不会公开分享，只能通过合作关系获得。还有就是通过用户使用标注的数据集，如办公场景是我们经常使用的场景，公司内部管理、业务流程协助都需要使用公司的自有数据。这些数据来源广泛，并且数据结构也很难统一，往往只适用于行业内部场景。这种数据前期通常由公司自行标注，后期在使用的过程中，使用程序进行标注。

数据安全问题主要体现在两方面，即数据泄露问题和数据权限控制问题。

现在大多数企业会选择使用行业大模型，那么大模型的数据就一定会包含公司内部的数据，这些数据是构成行业大模型的语料基础，而且是公司的隐私需要被保护起来的。只通过设置 IaaS 层隔离的方式是不能把数据放到公网上的。但如果通过本地化部署的方式将大模型部署到服务提供者的服务器上，对于服务提供者来说算力又是一个非常大的成本挑战。

另一方面，数据控制需要保证特定的数据只有特定的用户来访问，这样可以有效地保证企业数据不外泄，尤其是在有外部合作的情况下。此外，还需要建立完备的访问权限，如读写改等权限分别存储，也可以有效防止企业的核心数据被擅自篡改的情况。对于训练模型的数据也需要进行清洗、脱敏等操作以有效保护企业隐私。但是有时候企业用户也很可能主动或被动地在向大模型提问的过程中将企业数据泄露给大模型。

3. 实用性

大模型的实用性也是大家关心的问题。毕竟一个大模型从训练到消耗的算力资源、存储资源、时间成本都是非常大的，那么它到底可以做什么呢？目前大家更倾向去使用纯文本类的大语言模型进行单纯的文本类任务。例如 LLM 任务型对话通常用于解决多场景问题，包括网店客服、办公助手；或者使用大模型生成日常工作总结、邮件等完成事务性工作；又或者是摘要提取，例如英文的论文在翻译成中文的同时还可以提取出论文中的要点。大模型也可以帮助我们完成简单的代码编辑，包括多种语言，如 Python、Java，甚至是 SQL 语句也可以完成。

视觉能力的大模型也逐渐从最早生成图片取悦我们变成了扩图神器，又或者是自动修复的工具。例如我们在拍照时场景较为局促，那么可以使用扩图将整个画面变得更为完整，使构图更完美；或者是一些老照片可以通过 AI 手段进行修复，去除其中的斑点；又或者为老照片填色，还原了很多历史场景。

现在还有越来越多的办公产品也结合了大模型和小模型。如公文生成、PPT 生成等，从而增强了大模型的应用范围。未来还会有更多的功能将被挖掘出来。

4. 可解释性

大语言模型在自然语言处理任务上的惊艳表现引起了社会广泛的关注。与此同时，如何解释大模型在跨任务中令人惊艳的表现是学术界面临的迫切挑战之一。相比于传统的机器学习或者深度学习模型，超大的模型架构和海量的学习资料使得大模型具备了强大的推理泛化能力。大语言模型提供可解释性的几个主要难点包括：

- 模型复杂性高：区别于 LLM 时代之前的深度学习模型或者传统的统计机器学习模型，LLM 模型规模巨大，包含数十亿个参数，其内部表示和推理过程非常复杂，很难针对其具体的输出给出解释。

- 数据依赖性强：LLM 在训练过程中依赖大规模文本语料，这些训练数据中的偏见、错误等都可能影响模型，但很难完整判断训练数据的质量对模型的影响。例如在最近的调查中，我们可以看到文生图的模型在"亚洲男人和他的白人妻子"这个提示词下生成图片的效果欠佳，这就是因为训练数据中普遍存在的偏见问题造成的。
- 黑箱性质：我们通常把 LLM 看作黑箱模型，即使是对于开源的模型来说，如 Llama-2，我们也很难显式地判断它的内部推理链和决策过程，只能根据输入输出进行分析，这给可解释性带来困难。
- 输出不确定性：LLM 的输出常常存在不确定性，对同一输入可能产生不同输出，这也增加了可解释性的难度。
- 评估指标不足：目前对话系统的自动评估指标还不足以完整反映模型的可解释性，需要更多考虑人类理解的评估指标。像是生成内容和提示词的相关性，这属于相当主观的判断标准。例如要生成一个 mouse 的图片，可能出现鼠标的图片，也可能出现老鼠的图片，并不能说哪个是准确的。

5. 网络攻击

在大模型大规模扩展的同时，网络犯罪的数量也在逐渐攀升。派拓网络发布的 2024 年亚太地区网络安全趋势预测指出，"自 2022 年 10 月 ChatGPT 上线以来，全世界都担心它可能会导致网络犯罪泛滥。尽管 ChatGPT 有防止恶意应用的措施，但只需要一些有创意的提示，就能让 ChatGPT 大批量生成听上去'极像人类'、近乎无懈可击的网络钓鱼邮件。我们已经看到攻击者利用生成式 AI，以深度伪造和语音技术等新手段从银行骗取巨额钱财。使用生成式 AI 的企业需要警惕模型中毒、数据泄露、提示注入攻击等漏洞。随着生成式 AI 在合法用例中的使用日益增加，攻击者将不断找出各种新漏洞并加以利用。"

1.6.2 伦理角度

1. 生成内容合法合规

生成式大模型生成的内容一般是随机生成的且不可人为控制，因此存在一些生成内容违法或违规问题。例如历史问题回答不真实或者政治问题存在偏见等，或者是生成的内容包含涉黄涉暴等违法内容，这些都会对社会造成不良影响，让使用者感到不适。这通常是因为通用大模型数据集的质量参差不齐，或者是缺乏某一类的知识等，而造成幻觉问题。

根据中国人工智能学会 CAAI 的定义，生成式大模型的伦理内涵分为三层，一是人类在开发和使用人工智能相关技术、产品和系统时的道德准则及行为规范；二是人工智能体本身所具有的符合伦理准则的道德编程或价值嵌入方法；三是人工智能体通过自我学习推理而形成的伦理规范。

目前我国已经针对大模型生成内容进行了监管，2023 年 5 月，北京市人民政府办公厅印发了《北京市促进通用人工智能创新发展的若干措施》，2023 年 7 月七部门联合公布了《生成式人工智能服务管理暂行办法》，自 2023 年 8 月 15 日起施行。大模型全面增强了人工智能的功能性，对全社会、全行业进行新的赋能，之后随着模型的使用规模增加，新的监管条例也在不断完善中。

现在商用的大模型底座模型或者是使用大模型的算法模型都需要在国家互联网信息办公室进行备案，备案过程中也会对模型做安全审核等工作。通常安全检查也会使用一些诱导性的词语，以考察大模型是否会生成有违伦理道德的内容。随着安全风险案例的出现，我们的大模型伦理安全也将会逐步完善。

2. 职业发展

随着大模型的出现和不断的发展，可以预见一些工作岗位将面临挑战甚至消失，同时也会涌现出许多新的工作岗位。传统的劳动密集型工作岗位，如客服、翻译，可能有一部分将会被任务型问答机器人所取代。机器人可以实现 7×24 小时的实时问答服务，并且准确度和即时性远超过人工客服。但是大模型在另一方面也创造出了新的就业机会，数据科学家、大模型开发工程师都会成为未来大模型发展的主力军。此外，随着对大模型潜力的不断挖掘，以大模型为底座模型进行其他功能的二次开发将会是人才市场的下一个机会。对于其他领域的非技术型人才来说，人机协作也许会是以后的职业发展方向。让大模型代替人力进行重复、烦琐的工作，可以有效提高工作效率。

大模型的出现势必会造成很大的影响，这也将引领一次新的工业革命，推动生产力的再一次提升。

2 chapter

第 2 章
大模型在智能文档中的应用

2.1　基于大模型的表格推理

在 NLP 领域，表格推理任务是一项非常重要的任务，它要求模型能够根据给定的表格数据，完成用户提出的问题及要求。表格推理的研究大致经过了基于规则、基于简单神经网络以及基于预训练模型几个阶段。随着大模型的出现，研究者试图利用大模型强大的语义理解和推理能力完成表格推理这一任务。本章将对表格推理任务进行详细说明，主要包括表格推理任务介绍、技术方案以及实际应用几个部分。

2.1.1　任务介绍

表格推理任务与普通的文本推理任务不同，鉴于表格数据的复杂性，表格推理任务需要结合自由文本和结构化表格数据提取更深层次的语义信息，从而推理出用户问题的答案。

首先，我们来看一个表格推理任务的例子，示例如表 2.1 所示。

表 2.1　表格推理任务示例一

城　市	温度（℃）	湿度（%）	天气状况
城市 A	28	60	晴天
城市 B	20	48	多云
城市 C	32	70	雷雨
城市 D	23	80	阴天

用户问题是：哪个城市的温度最低

为了回答这个问题，模型需要按照以下步骤进行语义理解及推理。

（1）定位信息，根据用户问题需要关注表格中"温度"一列，这一列包含了后续推理的关键信息。

（2）获取数值，根据用户问题需要获取温度数值，由"温度"这一列可以得到城市 A 的温度是 28℃，城市 B 的温度是 20℃，城市 C 的温度是 32℃，城市 D 的温度是 23℃。

（3）确定答案，通过上述数值进行比较后，发现城市 C 的温度最高，为 32℃。

这个例子展示了基于表格数据的推理过程，即定位信息、获取数值并确定答案。在实际应用中，表格推理任务可能更加复杂，涉及多个列的比较、条件筛选和逻辑推理等，但基本的推理过程是相似的。

根据实际应用场景，我们通常将表格推理任务分为表格问答、事实验证、表格转文本、文本转 SQL 等 4 类。下面对这四个子任务进行逐一说明。

● 表格问答（tabel question answering）：这个子任务要求模型根据用户提出的问题，从表格中查找相关信息并给出答案。问题可能涉及表格中的特定数据、数据之间的关系，或者需要基于表格内容进行的推理。上面给出的示例就是典型的表格问答子任务。

● 事实验证（fact verification）：在事实验证这个子任务中，模型需要判断某个关于表格内容的事实或陈述是否正确。这通常涉及对表格中数据的比较、计算和逻辑推理。

● 表格转文本（table to text）：这种子任务要求模型将表格内容转换为自然语言文本。模型需要理解表格的结构和语义，并生成清晰、连贯的文本描述，以便用户更容易理解表格信息。该任务通常是上述两个任务的前置任务。

● 文本转 SQL（text to SQL）：与表格转文本子任务相反，文本转 SQL 任务要求模型根据自然语言描述生成 SQL 查询语句。这要求模型能够解析自然语言中的意图，并将其转换为能够在数据库中执行的 SQL 语句。

此外，根据具体的应用场景和需求，表格推理任务可能还包括其他子任务，如表格补全、表格分类、表格摘要等，这些任务都需要模型具备对表格数据的深入理解和推理能力，以便更好地满足用户的需求。

2.1.2　技术方案

过去的表格推理研究大致经过了基于规则、基于简单神经网络以及基于预训练大模型 3 个阶段，我们将其称为前大模型时代。随着大语言模型在各个 NLP 任务上都表现出令人惊叹的效果，许多工作将大语言模型应用到表格推理任务上，其性能超过了前大模型时代的方法，成为目前的主流方法。下面我们将对表格推理任务的整个技术路线进行详细说明。

1. 基于规则的表格推理任务

基于规则的表格推理任务是指根据预定义的规则或逻辑对表格数据进行推理和解析。这种推理方式不依赖于大规模数据集的训练，而是直接利用规则提取、转换或生成表格相关的信息。下面我们基于一个示例介绍一些基于规则的表格推理任务常见的技术手段和应用场景。

假设有一个销售数据表格，如表 2.2 所示，其中包含销售日期、销售金额和产品类别等字段。

表 2.2　表格推理任务示例二

销售日期	销售金额	产品类别
2023 年 01 月 02 日	5000	A
2023-01-02	3k	B
2023/01/03	2000	A
20230109	10000	B

技术手段包括规则引擎、正则表达式、条件逻辑和业务规则，分别解释如下。

- 规则引擎：使用专门的规则引擎处理表格数据，这些引擎可以根据预定义的规则进行数据的推理和转换。规则引擎通常与条件逻辑联合使用，例如：如果某一项销售金额超过了某个阈值，则将该记录标记为"大额订单"。
- 正则表达式：对于数据验证和数据提取任务，正则表达式可以用来匹配和解析表格中的特定格式数据。比如表 2.2 中的销售日期，日期格式并不统一，我们可以提前制订正则，如\d{4}-\d{0,1}-\d{0,1}等，进行相关时间的匹配。
- 条件逻辑：通过编写条件语句，根据表格中的某些字段值决定执行哪种推理或转换操作。示例同规则引擎。
- 业务规则：根据具体业务领域的知识和要求，制订针对表格数据的推理规则。例如：如果销售日期在某个特定时间段内，我们则将该记录表记录为"促销活动"。

应用场景包括数据验证、数据转换、数据分类和数据聚合，解释如下。

- 数据验证：检查表格中的数据是否符合特定的格式或范围要求，例如确保表 2.2 中销售日期格式正确、数值在指定范围内。
- 数据转换：根据规则将表格中的数据进行单位转换、货币转换或其他形式的转换。例如，我们将示例中的 3k 转换为 3000。
- 数据分类：根据预定义的分类规则，将表格中的数据进行分类或标记。例如是否为当日，是否为"促销活动"等。
- 数据聚合：按照特定规则对表格中的数据进行汇总或聚合，例如计算总和、平均值，计算某件商品在一个月内的销售总额等。

基于规则的推理任务在实际应用中具有一定的优势，因为它们通常具有可解释性高、推理过程明确的特点。然而，这种方法也受限于规则的完整性和准确性，如果规则制订不全面或存在错误，可能会导致推理结果不准确。因此，在实际应用中，需要仔细设计和验证规则，以确保推理结果的正确性和可靠性。

2. 基于模型的表格推理任务

基于模型的表格推理任务可分为基于神经网络的表格推理任务和基于预训练模型的表

格推理任务两部分，它们在表格处理领域中都扮演着重要的角色。

基于神经网络的表格推理任务主要依赖于神经网络模型从原始表格数据中提取特征并进行推理。这种方法通常需要大量的标注数据进行训练，并且其性能往往受到数据质量和数量的限制。神经网络模型可以学习表格中的复杂模式和关系，但通常需要较长的训练时间和较高的计算资源。

基于预训练模型的表格推理任务则利用了预训练模型在大量无标注数据上学习到的通用知识和表示能力。这些预训练模型通常在大规模语料库上进行训练，并学习到了丰富的语言知识和上下文信息。在表格推理任务中，预训练模型可以作为特征提取器或编码器，将表格数据转换为有用的表示形式，以供后续的推理任务使用。这种方法可以显著提高表格推理的准确性和效率，并且可以减少对标注数据的依赖。

常见的表格推理模型包括 TAPAS 和 TABERT。

TAPAS 是 2020 年谷歌公司研发的一个针对表格问答的模型，它基于 BERT 模型通过对输入数据的改造及训练对表格数据进行问答，这种方式很好地保留了表格中潜在的数据特征，并且取得了不错的效果。该论文对表格推理任务的改造主要分为向量输入、预训练模型和微调三部分，下面我们分别对其进行介绍。

图 2.1 中给出了 TAPAS 向量输入的示意图，它一共给出了 6 种 embedding。下面我们对各个 embedding 进行详细说明。

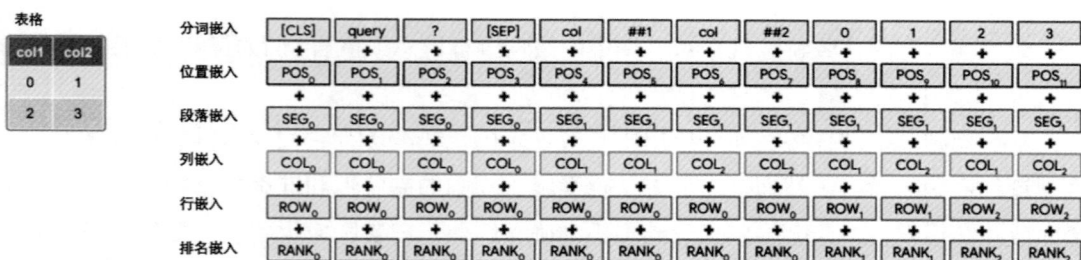

表格		分词嵌入	[CLS]	query	?	[SEP]	col	##1	col	##2	0	1	2	3
col1	col2	位置嵌入	POS_0	POS_1	POS_2	POS_3	POS_4	POS_5	POS_6	POS_7	POS_8	POS_9	POS_{10}	POS_{11}
0	1	段落嵌入	SEG_0	SEG_0	SEG_0	SEG_0	SEG_1	SEG_1	SEG_1	SEG_1	SEG_1	SEG_1	SEG_1	SEG_1
2	3	列嵌入	COL_0	COL_0	COL_0	COL_0	COL_1	COL_1	COL_2	COL_2	COL_1	COL_2	COL_1	COL_2
		行嵌入	ROW_0	ROW_0	ROW_0	ROW_0	ROW_0	ROW_0	ROW_0	ROW_0	ROW_1	ROW_1	ROW_2	ROW_2
		排名嵌入	$RANK_0$	$RANK_0$	$RANK_0$	$RANK_0$	$RANK_0$	$RANK_0$	$RANK_0$	$RANK_0$	$RANK_1$	$RANK_1$	$RANK_2$	$RANK_2$

图 2.1　TAPAS 中 embedding 构造示例图

分词嵌入是模型输入基本单元，通常是一个单词、词组、标点符号等内容。其中[CLS]、[SEP]是特殊的 token，[CLS]表示一句话的开头，[SEP]表示不同语句的拼接。query 表示用户输入的问题，##1 和##2 代表不同列名。

位置嵌入是 token 所在的位置信息，比如 query 的位置是 POS1，列名的位置是 POS5 和 POS7 等。这个 embeddings 存在的目的是让模型学习到文本及表格的位置关系，从而更好地针对表格推理用户问题。

段落嵌入用于区分用户问题和表信息，其中用户 query 的索引为 0，表格的索引为 1。

列嵌入针对表信息进行列索引，其中用户 query 的索引为 0，table 的不同列分别使用 1、2、3 等进行索引。

行嵌入针对表信息进行行索引，其中用户 query 的索引为 0，table 的不同行分别使用 1、2、3 等进行索引。

排名嵌入用于排序，如果表格中某些列是可排序的，如日期、标量数据等，则使用自然数 $1\sim n$ 进行排序，不可排序的数据格式则使用 0。

TAPAS 预训练过程相对简单，它的预训练过程仿照 BERT 的 MLM（masked language model），MLM 是指将某句话中的某个 token 进行掩盖，然后模型训练时去预测被掩盖的这个 token 是什么，从而达到训练的目的。但 TAPAS 的 MLM 与 BERT 的 MLM 还有一些细微的区别，即如果掩盖的 token 是某一个单词的一部分，则会将整个单词全部掩盖，例如单词 philammon，通过分词器后会变成 3 个 token: phil ##am ##mon，但 TAPAS 在实现 MLM 时就会将 philammon 整个单词掩盖。

另外，在预训练过程中，如果输入长度是 128。那么对长的文本信息，TAPAS 选择随机从原相关文本中选取 $8\sim16$ 个 wordpieces；对于表格数据，如果信息很长，则先只用表格头和内容中的头一个单词，然后持续增加单词直到达到长度的临界值。使用这样的方式，对每一个表格数据便可以生成 10 个不同的训练样本。

图 2.2 中是 TAPAS 的架构图，可以看到它的基本架构还是 BERT，但需要注意，TAPAS 模型的输出分为两部分。一部分是通过聚合计算（None，Count，Sum，Average 等）获得结果，使用的是[CLS]的隐藏输出；另一部分是通过表格每一个单元格的隐藏层输出，在这部分会进行两项任务，一是使用列的所有 token 隐藏层的平均 embedding 进行 softmax 以判断是否选取该列，二是对所有单元格进行相同的操作以判断是否选择该单元格。

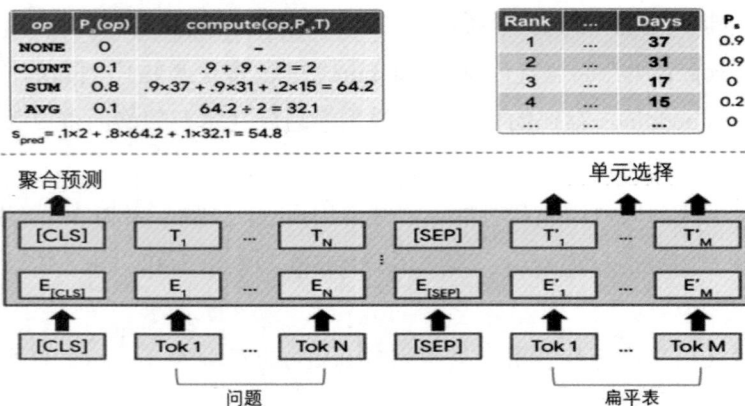

图 2.2　TAPAS 模型架构图

在整个微调过程中，TAPAS 共分三种情况进行答案的获取。

- cell selection：表格中存在答案的原文，并且只出现了一次，重复出现的原文被过滤掉。这种情况下则可以通过计算单元格隐藏层并输出被选择的单元格。
- scalar answer：表格中没有答案的原文，但通过聚合计算可以得到答案。如上述使用[CLS]获取结果的方式。
- ambigous answer：表格中存在答案，同时聚合计算也可以得到该答案。这部分属于答案混淆部分，这里采用的解决方案是让模型自行去判断，如果聚合计算的结果是Count，Sum，Average 等，则进行聚合操作；如果聚合操作的结果是 None，则在表格中直接进行选择。

TAPAS 模型已经在从维基百科内容中提取的大约 600 万个表格上进行了预训练，通过这种方式训练的预训练模型也在一定程度上避免了语义分析器产生计算中间逻辑表示的额外开销。

TABERT 是 2020 年 Meta 公司研发的一个联合自然语言描述和表格数据进行预训练的模型，如图 2.3 所示。

如 TABERT 的模型架构图所示，首先模型给出了一个特定的自然语言描述 u 和表格 T，模型从表格中选取与自然语言描述最相关的几行数据作为数据库内容的快照，见图 2.3（A）；

然后将表格的每一行内容进行线性化平摊，线性化后的结果可见图 2.3（B）最下方的内容；之后，线性化后的表格内容每一行都与自然语言描述 u 拼接在一起形成新的字符串，然后输入 transformer 中，结果按行输出单词向量和列值向量；随后将编码后的所有行送入垂直自注意力层中，见图 2.3（C），目的是让信息在不同列中传播，一个列值可以通过计算同一列值垂直排列向量的自注意力得到；最后经过池化层得到单词和列的表示，见图 2.3（C）的最上方。

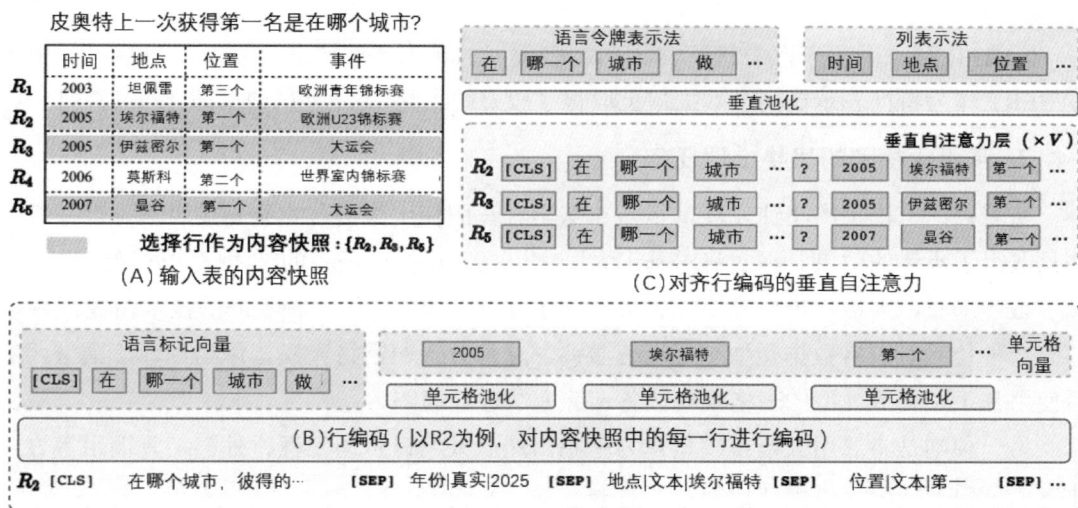

图 2.3　TABERT 模型架构图

TABERT 通过使用不同的目标学习上下文和结构化表的表示，该训练针对自然语言和表格设计了不同的学习方法，下面我们分别对其进行介绍。

对于自然语言上下文，使用与 BERT 相同的 MLM 目标，在句子中掩盖 15% 的 token 进行训练。

对于列的表格，TABERT 设计了两个学习目标。

● 掩盖列预测（masked column prediction，MCP）：训练目标是使模型能够恢复被掩盖的列名和数据类型。具体来说就是从输入表中随机选取 20% 的列，在每一行的线性化过程中掩盖掉它们的名称和数据类型。给定一列的表示，训练模型使用多标签分类目标预测其名称和类型。直观来说，MCP 使模型能够从上下文中恢复列的信息。

- 单元值恢复（cell value recovery，CVR）：目标是确保单元值信息能够在增加垂直注意力层之后能够得以保留。具体而言，在 MCP 目标中，列 c_i 被遮掩之后（单元值未被遮蔽），CVR 通过这一列某一单元值的向量表示 s 恢复这一单元值的原始值。由于一个单元值可能包含多个 token，TABERT 使用了基于范围（span）的预测目标，即使用位置向量 e_k 和单元的表示 s 作为一个两层网络的输入，预测一个单元值的 token。

TABER 是一个用于联合理解文本和表格数据的预训练编码器。实验结果显示，使用 TABERT 作为特征表示在两个数据集上取得了较好的结果，这也为未来的工作开辟了道路。

3. 基于大模型的表格推理任务

随着大语言模型的飞速发展，很多专家学者试图使用大语言模型完成表格推理任务，并且取得了不错的效果。下面将对基于大语言模型表格推理任务的技术路线做详细说明。

整体来看，大语言模型应用在表格理解任务方面通常分为两种不同的技术路线。

一种是针对表格数据类型进行训练微调，这种方式通常将大模型作为预训练模型，然后使用基于预训练模型的表格推理任务训练方法进行训练。

另一种则是将通用大语言模型作为基底，然后采用提示词工程、外部工具调用等方式让大语言模型完成表格推理任务。

下面我们针对上述两种技术路线进行详细讲述。

有监督微调是指采用有标注数据微调大语言模型，从而增强大语言模型的表格推理能力。一些开源大模型直接用于表格推理往往性能较弱，所以研究人员研究如何使用有监督微调提升模型的表格推理能力。

TabLLM 利用大语言模型的先验知识编码能力和少样本学习能力，提出一种新的框架，可实现对表格数据进行高效的零样本和少样本分类。该框架主要进行了以下几个步骤。

- 表格数据的序列化：为了使大语言模型处理表格数据，通常需要将表格转换为自然语言文本表示。序列化过程将列名与特征值（其中特征值代表每一行的数据，为多维向量）输入一个序列化函数中，从而创建出输入的文本表示。序列化的方式有很多，比如图 2.4 中的手动模板、通过大模型对列-值对进行拼接输出、通过大模型对所有特征进行指令拼接等。

● 字符串与任务拼接：然后将上一步拼接的字符串与特定任务的提示结合在一起。例如图 2.4 中，如果任务是预测一个人的收入是否超过 50k，那么指令可能是"这个人赚的钱超过 50000 美元吗？是或否？"

● 大语言模型分类：为了得到预测，我们从大语言模型中获取每个预设 token 的输出概率，如上述的"是"或"否"，并且将这些 token 映射到类标签上，如 0、1。其中使用的大语言模型可任意替换性能及效果好的模型，没有特定限制。

1.带有 k 个标记行的表格数据

年龄	教育	获得	收入
39	学士	2174	≤50k
36	高中毕业	0	>50k
64	12th	0	≤50k
29	硕士	1086	>50k
42	硕士	594	

2.使用不同的方法将特征名称和值序列化为自然语言字符串

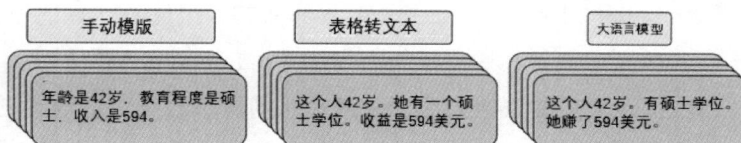

3.添加任务特定提示

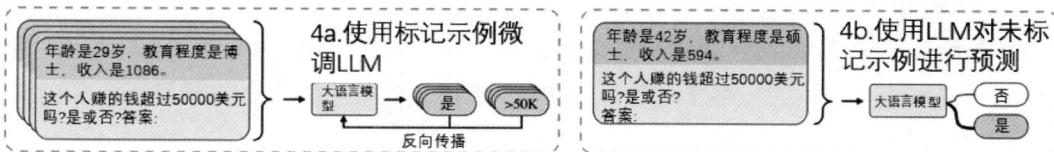

图 2.4　TABLLM 模型架构图

尽管这个方法很简单，但通过使用自然语言列名和特征值的信息，它通常能够有效地进行表格数据的零样本分类。同时，该框架还研究了 9 种序列化技术提升效果，发现使用简单的手动模板和 T0 LLM 实例化（将一行拆分为列-值对的两个元组，分别向 LLM 发送并结合提示进行输出的组合。）的 TabLLM 可以在零样本和少样本设置中超过最先进的预训练模型和树集合。

我们可以看出基于大模型的有监督微调与基于预训练模型的有监督微调方法基本一致，除了基座模型更换外，都是将表格信息转化为自然语言信息。

在表格推理任务中，人们通常使用指令设计技术解决推理问题。通过引导大语言模型解决多个分解的子问题，从而达到依据提示机制解决复杂推理问题并最终得到答案的目的，其中可能涉及调用不同外部工具辅助决策的步骤。下面我们详细介绍几种该技术路径下常见的几种方法。

GPT4Table 是文本推理方式中的代表性方法，它主要是提出了一种 self-augmentation 的提示技巧，能够进一步提升理解效果。该研究团队将表格数据的结构理解能力分为了两类：区分表格数据及解析表格数据、搜索和检索单元格中的值。围绕这两种能力，文中设计并对比了一系列提示方法进行表格推理任务，相关技巧如下。

- 不同分隔符的差异：在提示中使用 HTML 语言表示数据，通常能取得比简单分隔符表示数据更好的效果。
- 1-shot 相比于 0-shot 更好：1-shot 的效果比 0-shot 的效果提升明显，尤其是对于一些高度依赖结构解析能力的任务，1-shot 能够带来巨大的提升。
- 提示顺序的影响：添加外部信息的提示放在表格数据之前效果更好。
- 提示类型的影响：对于大多数任务，有关于分块标记和格式解释的提示通常会造成搜索/检索相关能力的损失。

此外也提出了使用 self-augmented 提示的技巧，该技巧主要分为两步。首先让大语言模型输出一些对表格数据的理解作为额外的知识。然后，将这些额外的知识加入之前的提示词中，用于后续生成最终的答案。

相较于文本推理，基于符号推理的研究及尝试更具多样性。单轮推理会提示大语言模型一次性调用工具（如生成代码、生成 SQL 语句等），并在执行完成后给出问题的答案。所谓的单轮符号推理方法，并不是指只生成并运行一次代码，而是指利用大语言模型生成代码时，期望只生成一份代码就能够完整回答用户的问题，而不需要通过一步一步地引导。当代码出现错误或者大模型判定未能正确回答问题时，仍可能进行一些重试操作试图正确回答问题。

如图 2.5 所示，这段提示就通过使用 ReAct 的思想指导大语言模型生成一段 Python 代码，并最后得到答案。但是，符号推理存在的最大挑战便是生成错误的代码，这可能会导致代码本身无法运行或者得到错误的结果等。

```
You are working with a pandas dataframe in Python. The name of the dataframe is `df`. Your task is
    to use `python_repl_ast` to answer the question posed to you.

Tool description:
- `python_repl_ast`: A Python shell. Use this to execute python commands. Input should be a valid
    python command. When using this tool, sometimes the output is abbreviated - ensure it does not
    appear abbreviated before using it in your answer.

Guidelines:
- **Aggregated Rows**: Be cautious of rows that aggregate data such as 'total', 'sum', or 'average'.
    Ensure these rows do not influence your results inappropriately.
- **Data Verification**: Before concluding the final answer, always verify that your observations
    align with the original table and question.

Strictly follow the given format to respond:

Question: the input question you must answer
Thought: you should always think about what to do to interact with `python_repl_ast`
Action: can **ONLY** be `python_repl_ast`
Action Input: the input code to the action
Observation: the result of the action
... (this Thought/Action/Action Input/Observation can repeat N times)
Thought: after verifying the table, observations, and the question, I am confident in the final
    answer
Final Answer: the final answer to the original input question (AnswerName1, AnswerName2...)

Notes for final answer:
- Ensure the final answer format is only "Final Answer: AnswerName1, AnswerName2..." form, no other
    form.
- Ensure the final answer is a number or entity names, as short as possible, without any explanation.
- Ensure to have a concluding thought that verifies the table, observations and the question before
    giving the final answer.

You are provided with a table regarding "[TITLE]". This is the result of `print(df.to_markdown())`:

[TABLE]

**Note**: All cells in the table should be considered as `object` data type, regardless of their
    appearance.

Begin!
Question: [QUESTION]
```

图 2.5　使用 ReAct 思想指导大模型生成代码

其他如 PandasAI 和 OpenAgents 等数据分析工具，也都是基于 ReAct 的思想通过使用提示选择核实工具进行代码生成和结果回答的。

与单轮符号推理不同，多轮符号推理会递进地一步步调用工具，对表格数据进行转换，并将最后一轮的结果作为最终的答案输出。多轮推理采用的是类似于思维链（chain of think，CoT）的思想，这种方式寄希望于大语言模型强大的逻辑推理能力，让大语言模型每次只完成一个小的功能，从而一步一步地完成问题。关于详细的推理步骤，可以事先进行全局规划，然后按照计划执行；也可以每个步骤单独根据当前的局部信息动态生成下一步的计划。

TaskWeaver 是微软开源的代理框架，用于无缝规划和执行数据分析任务。这种创新框架通过代码片段解释用户请求，并以函数的形式有效协调各种插件，以有状态的方式执行数据分析任务。该框架会事先利用 LLM 进行任务和计划拆分，然后针对每个子任务生成不同的代码去执行并得到中间结果，最终得到答案。

Chain-of-Table 提出针对一个表格问答问题，可以在每步动态地根据当前表格内容、已选择的操作历史、用户的问题，动态地确定下一步应该采用什么样的操作，从而一步步地递进对表格进行处理，并得到最终的答案。这种递进推理的方式可大大增强表格问答的效果。整体来看，随着需要推理步数的增加，问题的复杂度也大大增加，各种方法的效果都会有所下降。但 Chain-of-Table 似乎比其他的常规方法更加稳健，即便是在操作步数适当增加的情况下，其性能下降也比较小。这意味着 Chain-of-Table 可能更加有利于处理实际世界中复杂多变的表格推理问题，因为它可以在问题难度升高时，保持较为稳定的性能表现。

与 Chain-of-Table 类似，ReAcTable 框架也是以迭代的方式逐步对表数据进行变换，每一步输入当前表数据及用户查询，采用 ReAct 的思想，让 LLM 有一个观察-思考-行动的过程，判断选择使用 SQL 工具、Python 工具进行数据转换或者是直接给出回答。

基于上述对表格推理任务中不同技术的说明，可以发现尽管大语言模型带来了很大的研究上的转变，但很多前大模型时代的技术依然可以沿用到大语言模型中，比如有监督微调。但除了前大模型时代的技术，大模型的涌现也带来了独属于大模型时代的技术，比如指令工程的方法。目前的表格推理任务，主要还是关注一些通用的能力，如表格结构理解、简单的数据定位等问题，但面对一些需要复杂推理的问题，有监督微调及 CoT 方法仍无法满足实际要求，想要真正在实际场景取得比较好的效果，还需要进一步提升大模型的推理能力。

2.1.3　实际应用

表格推理任务在智能文档产品中有很多可以应用的地方，比如生成表格公式、基于表格回答问题、基于表格绘图。

生成表格公式是表格推理在智能文档产品中的一个重要应用。通过智能算法和数据分析，系统能够自动根据表格中的数据生成相应的公式。这些公式能够准确反映表格中数据的关系和规律，帮助用户更深入地理解数据，并做出更明智的决策。在实际应用中，生成表格公式的功能可以大大简化用户的操作过程，提高工作效率。例如，在财务报告中，系统可以自动生成计算总收入、总支出和净利润等关键指标的公式，用户无须手动计算，即可快速获取所需信息。

基于表格回答问题是表格推理在智能文档产品中的另一个重要应用。通过大模型系统能够解析用户的问题，并从表格中提取相关信息回答问题。这种应用方式使得用户可以通过自然语言与文档进行交互，更加便捷地获取所需信息。在实际应用中，基于表格回答问题的功能可以大大提高用户的查询效率。用户只需输入自然语言的问题，系统即可快速从表格中找到答案并返回给用户。这对于那些需要频繁查询表格数据的用户来说，无疑是一个极大的便利。

基于表格绘图是表格推理在智能文档产品中的又一个重要应用。通过数据可视化技术，系统能够将表格中的数据以图形化的方式展示出来，帮助用户更直观地理解数据的变化趋势和分布情况。在实际应用中，基于表格绘图的功能可以为用户提供丰富的可视化选项，如柱形图、折线图、饼图等。用户可以根据需要选择合适的图表类型展示数据，从而更好地分析和理解数据。此外，系统还可以提供交互功能，允许用户对图表进行缩放、拖曳和筛选等操作，以便更深入地探索数据。

2.1.4　小结

前述内容主要对表格推理任务进行了详细介绍，我们从规则构造、神经网络和预训练模型到大语言模型，分别介绍了解决该任务不同技术方案下的方法及思路，同时也给出了目前表格推理任务的实际落地情况及后续发展方向。最后，我们分析了目前及未来表格推理任务比较好的几个发展方向，而如何真正解决好这几个方向的实际落地问题，是表格推理任务需要持续关注和优化的方向。

2.2　智能文本摘要

2.2.1　介绍

智能文本摘要是自然语言处理（NLP）领域的一个重要研究方向，旨在从长文本中自动提取关键信息并生成简洁、凝练的摘要。这项技术对于处理大量文本数据、快速获取信息要点、提高阅读效率等方面具有重要意义。在办公领域，文本摘要技术的应用面临着一系列特定的挑战和需求，特别是在处理长文档、确保通用性和忠实度以及训练数据不足的情况下。

- 长文档处理：办公领域中的文档往往篇幅较长，包含大量的细节和复杂的结构。文本摘要系统需要能够有效处理长文档，提取出核心信息，同时保持摘要的连贯性和完整性。这通常需要先进的算法识别文档中的关键句子和段落，以及理解文档的层次结构。
- 通用性：办公文档的类型多样，包括报告、会议记录、电子邮件、合同等，每种文档都有其特定的语言风格和结构。文本摘要系统应具有较高的通用性，能够适应不同类型的文档，并根据不同文档的特点生成相应的摘要。
- 忠实度：忠实度是指摘要内容与原文保持高度一致，不丢失关键信息，也不添加未经证实的数据，特别是在专业术语、实体上面不能有修改。在办公领域，摘要的忠实度尤为重要，因为错误的信息可能会导致决策失误。
- 训练数据少：高质量的文本摘要系统通常需要大量的标注数据来训练，获取大量标注的训练数据可能存在困难，特别是对于特定类型的文档。因此，文本摘要系统需要能够在有限的训练数据下仍能学习到有效的摘要生成策略。

2.2.2　数据处理

在智能文本摘要领域，训练数据的获取是该领域研究和应用的一个重要环节，数据来源的质量和多样性对于训练高效的模型至关重要。以下是一些常见的训练数据获取方式。

1. 公开数据集

互联网上有许多公开可用的数据集，这些数据集包含了大量的文本。例如，一些新闻文章、学术论文、小说等。这些公开数据可以作为文本摘要的训练数据来源。使用公开数据的优势在于可以利用现有的资源，避免从零开始收集数据的工作。然而，需要注意数据的质量和适用性，确保数据与目标任务相关并且具有代表性。

2. 人工标注

人工标注是创建高质量训练数据集的基础。在这个过程中，专业的标注人员会阅读原始文本，并根据预定的标准和指导原则撰写摘要。这种方法可以提供高质量、准确的标注数据，但需要耗费大量的人力和时间。

3. 大模型生成

随着深度学习技术的发展，一些大语言模型（如 GPT 系列）可以生成文本。这些模型通过在大量文本上进行无监督学习，学习语言的统计规律和语义表示。通过利用大模型生成的文本，可以作为一种数据来源。例如，可以使用大模型生成大量的文本摘要，并将其与人工标注的摘要进行对比和评估。这种方法可以快速获取大量的模拟数据，但需要对生成的摘要进行质量评估和筛选。

在选择文本摘要训练数据时，需要考虑数据的质量、数量、多样性和相关性。同时，要确保数据的合法性和合规性，遵循相关的法律和规定。此外，对数据进行适当的预处理和清洗，以提高数据的质量和可用性，也是非常重要的一步。不断探索和优化数据来源，将有助于提高文本摘要模型的性能和准确性。

2.2.3　技术方案

1. 技术路线

智能文本摘要主要分为两种类型：抽取式摘要（extractive summarization）和生成式摘

要（abstractive summarization）。每种方法都有其独特的技术实现和应用场景。以下是对这两类方法及其代表性模型的介绍。

抽取式摘要的目标是从原始文本中选择一些最重要的句子或短语，并将它们组合成摘要。这种方法不改变原文的表述，直接从原文中"抽取"信息，该方法的关键在于如何确定句子的重要性。常见的技术包括基于词频的方法、基于图模型的方法（如 TextRank）以及基于预训练语言模型（如 BERT）的方法。抽取式摘要的优点是生成的摘要准确保留了原文的信息，但缺点是可能不够流畅，因为句子直接拼接可能缺乏连贯性。

TextRank 是一种基于图的抽取式摘要算法，它是 PageRank 算法在文本处理领域的应用。PageRank 是由谷歌公司开发的一个算法，用于根据网页的链接结构评估网页的重要性。TextRank 沿用了这一思想，将文本中的每个句子视为图中的一个节点，通过计算这些节点的重要性确定哪些句子应该包含在摘要中。

图 2.6 为 TextRank 的工作流程，首先，算法将文本分割成句子，每个句子成为一个节点。然后，对句子进行向量表示，计算句子之间的相似性。基于句子之间的相似性建立一个相似矩阵，作为转移概率矩阵。接下来，将转移概率矩阵转换为以句子为节点、相似度得分为边的图结构，使用 PageRank 算法计算每个句子节点的得分。最后，根据计算出的得分对句子进行排序，选取 topk 句子作为摘要。

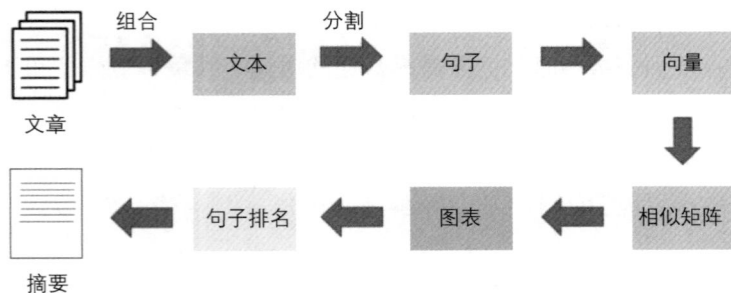

图 2.6　TextRank 工作流程

Textrank 是一种无监督的方法，它具有无须训练数据、适应任何文本、简单高效等优点，但也会受到句子相似度计算、参数不易确定、缺乏灵活性等问题的影响。总的来说，

TextRank 是一种有效的抽取式摘要方法，尤其适用于结构化和信息密集型的文本。通过适当的调整和优化，它可以在多种文本摘要任务中发挥重要作用。

BERTSum 是一种基于 BERT 的抽取式摘要模型。它的结构比较简单，基本是将 BERT 引入到文本摘要任务中，模型主要由句子编码层和摘要判断层组成。其中，句子编码层通过 BERT 模型获取文本中每个句子的句向量，摘要判断层对句子进行打分，判断是否为摘要句。

图 2.7 为 BERTSum 的模型结构，它对 BERT 模型的修改如下。

将文本中的每个句子前后均插入[CLS]和[SEP]，并将每个句子前的[CLS]token 经由模型后的输出向量，作为该句子的句向量表征。采用 Segment Embeddings 区分文本中的多个句子，将奇数句子和偶数句子的 Segment Embeddings 分别设置为 EA 和 EB。模型通过三种不同的结构（线性层、Transformer 层、LSTM 层）对每个句子设置一个二分类标签（0 或 1），0 代表该句不属于摘要，1 代表该句属于摘要。最终选取 Top N 个句子作为摘要。

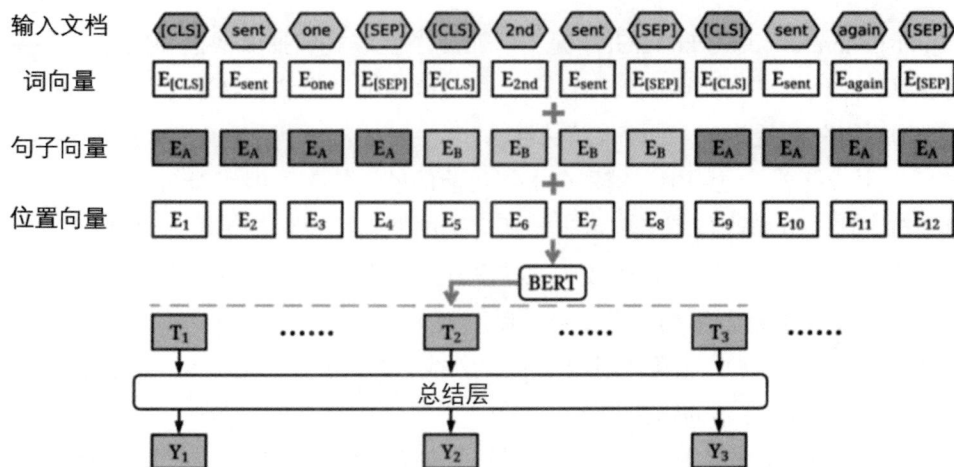

图 2.7　BERTSum 模型结构

BERTSum 是抽取式摘要领域的一个重要进展，它通过结合 BERT 的强大能力和简单有效的模型结构，在多个文本摘要任务上取得了显著的性能提升。

总的来说，TextRank 和 BERTSum 各有优势和局限。TextRank 是一种无监督的算法，对任何文本都具有较好的适应性，算法简单高效且易于实现。而且，句子相似度计算的准确性以及参数的选择对结果都有着较大的影响。所以，TextRank 更适合于资源有限、对实时性要求较高的场景。而 BERTSum 是一种基于深度学习的监督学习方法，利用 BERT 的强大语言理解能力，提高了摘要的质量，在多个文本摘要任务上表现出色，且性能显著。但它需要大量的训练数据和计算资源，而且模型相对复杂，对参数调整和训练过程有较高要求。所以，BERTSum 适用于对摘要质量有更高要求、拥有足够计算资源和数据支持的场景。在实际业务场景中，选择哪种模型取决于具体的任务需求和可用资源。

生成式摘要则更加复杂，它不仅需要理解原文的内容，还需要能够用自己的话来表达原文的主要意思。这种方法类似于人类编写摘要的过程，需要较高的语言生成能力。生成式摘要通常依赖于深度学习技术，尤其是循环神经网络（RNN）和其变体，如长短期记忆网络（LSTM）和门控循环单元（GRU）。近年来，基于注意力机制的模型，如 Transformer 架构，已经成为生成式摘要的主流方法。这些模型能够更好地捕捉文本中的长距离依赖关系，并生成更加流畅、准确的摘要。

pointer-generator networks（PGN）是一种结合了生成式和抽取式摘要优点的模型，该模型的核心思想是结合序列到序列（seq2seq）模型的生成能力和指针网络（pointer network）的复制能力，以生成更准确、更流畅的摘要。

PGN 在生成摘要的过程中，模型会根据当前的解码状态和编码器的上下文向量计算一个概率分布，这个分布既包括了词汇表中所有词的概率，也包括了输入序列中每个词的概率。通过这种方式，模型可以在生成新词和复制原文中的词之间做出选择。

图 2.8 为 PGN 的模型结构，主要包括以下几个部分。

● 编码器（encoder）：通常使用双向 LSTM 或 GRU 处理输入文本，并生成一个上下文向量表示整个文本的语义信息。

● 解码器（decoder）：基于注意力机制的单向 LSTM 或 GRU，用于生成摘要。解码器的每一步都会根据当前的状态和编码器的上下文向量生成新的词。

● 指针网络（pointer network）：在解码器中，指针网络的作用是决定模型是在词汇表中生成新词，还是直接从输入文本中复制现有词。这是通过一个二分类问题实现的，即对于每个时间步，模型需要决定是使用生成模式还是指针模式。

● 覆盖机制（coverage mechanism）：为了解决生成式摘要中常见的重复问题，PGN 引入了覆盖机制。该机制通过记录已经被生成的词的注意力分数，减少对这些词的再次关注，从而避免重复。

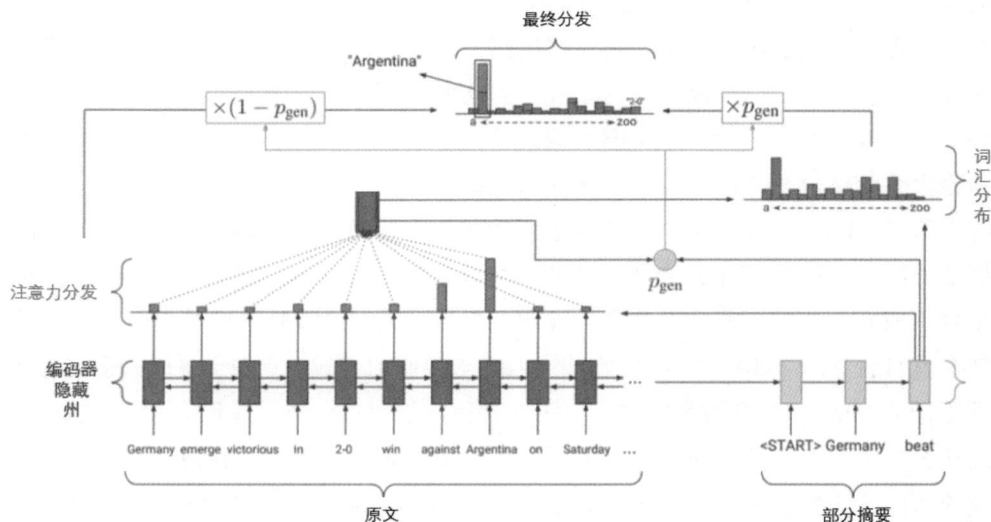

图 2.8　PGN 模型结构

　　PGN 通过结合生成式和抽取式摘要的优点，提供了一种有效的生成式摘要解决方案。它不仅能够生成新的词汇和短语，还能够直接复制原文中的关键信息，同时通过覆盖机制减少了重复内容的生成。这种模型在处理长文本摘要任务时表现出色，是生成式摘要领域的一个重要进展。

　　PEGASUS（pre-training with extracted gap-sentence for abstractive summarization）是一种由谷歌公司开发的先进的预训练语言模型，专门用于生成式摘要任务。该模型的设计基于一个核心理念：如果预训练的目标与最终的下游任务高度相关，那么通过微调（finetuning）过程，模型将能够更快且更有效地达到优秀的性能。为了实现这一目标，PEGASUS 采用了一种独特的自监督预训练任务，名为 gap sentence generation（GSG），这是专门为文本摘要任务量身定制的。

在 GSG 任务中，模型的输入文本中会随机遮盖一些完整的句子，并将这些被遮盖的句子（称为 gap-sentences）用特殊的标记[MASK1]代替。预训练过程中，模型的目标是预测出这些被遮盖的句子。通过这种方式，模型学习如何理解文本的上下文，并生成与上下文相连贯的句子，这与实际的文本摘要任务非常相似。

这种预训练方法的优势在于，它能够让模型在大规模的文本数据上学习到与摘要相关的语言表示和生成能力。当模型在真实世界的摘要任务上进行微调时，由于预训练任务与下游任务的高度一致性，模型能够更快地适应并生成高质量的摘要。PEGASUS 模型的这种设计和预训练策略，使其在生成式摘要领域具有显著的潜力和应用价值。

综上所述，PGN 和 PEGASUS 都是强大的文本摘要模型，它们各自采用了不同的方法提高摘要的质量。PGN 模型结合了生成式和抽取式摘要的优点，它基于序列到序列模型有效地结合生成新词和复制原文中的词，并通过覆盖机制减少重复内容的生成，以生成更准确、更流畅的摘要。PEGASUS 模型通过预训练与微调的方式，专注于生成式摘要任务，基于预训练任务 GSG 模型学习理解文本上下文并生成连贯的句子。由于预训练目标与下游任务高度相关，使得模型能够快速有效地适应并生成高质量的摘要，并通过微调过程，模型能够快速适应真实世界的摘要任务。在实际应用中，选择哪种模型取决于具体的任务需求、可用资源以及期望的性能。

2. 办公领域的智能摘要技术

如前所述，在办公领域中智能文本摘要存在长文档处理、通用性、忠实度和训练数据少等挑战。面对这些挑战，无论采用前面介绍的抽取式摘要模型还是生成式模型都无法较好地解决。对此，可以采用一个综合的方案，结合抽取式摘要、生成式摘要以及后处理的特点设计一个智能文本摘要系统，以提高摘要的质量并适应不同的应用场景。

图 2.9 为智能文本摘要系统，该系统首先使用抽取式摘要从长文本中提取关键句子，然后利用生成式摘要生成连贯的摘要段落，最后通过后处理优化摘要的质量。

接下来针对各个模块进行具体介绍。

（1）抽取式摘要。抽取式摘要的目标是从原始文本中直接选择最重要的句子或段落。这种方法的优点在于能够保持原文的准确性和忠实度，因为它不涉及重新表述或改写原文内容，而且抽取关键句之后既可以保证原文的主要信息不变，还能减少后续生成式摘要的输入文本长度，从而进一步提升生成摘要的效果。

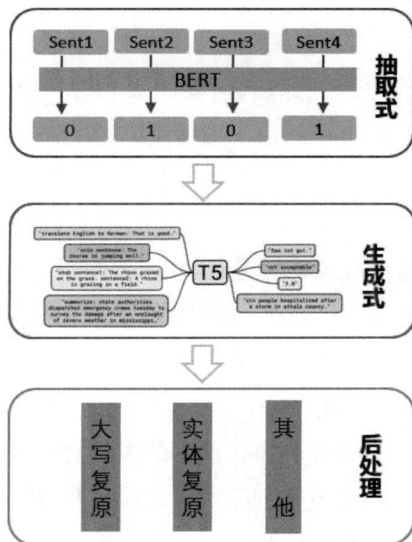

图 2.9　智能文本摘要系统

对于抽取式摘要的模型构建，可采用 BERTSum 模型结构。首先对每个句子进行 BERT 模型的向量表征；然后采用标注模型判断句子是否保留，其中标注模型可使用线性层、LSTM、Transformer 等进行二分类标注；最后，在标注的关键句中选择符合生成式摘要输入长度的 Top N 个句子作为抽取式摘要的输出结果。

（2）生成式摘要。生成式摘要是整个系统中最为关键的模块，它需要模型理解原文内容并生成新的句子表达原文的主要信息，以便生成更流畅、更自然的摘要。虽然抽取式摘要可以精简原始文本的长度减少生成式模型的输入，但由于办公领域往往文本都很长，提取的关键信息也会很长，所以在选取生成式模型的时候也需要选择那些支持长文本输入的模型，例如 T5 模型和 LLM 类模型。

T5（text-to-text transfer transformer）是谷歌公司发布的预训练模型，它使用了标准的 Encoder-Decoder 模型，并且构建了无监督/有监督的文本生成预训练任务，它的本质实际上是把不同的 NLP 任务都通过某种方式转化成一个文本生成的任务。在中文领域中，追一科技发布了一个 T5-PEGASUS 模型，它是基于 mT5 模型的参数并结合 PEGASUS 方式进行二次预训练。所以，这是专门为摘要定制的中文预训练模型，并且由于 T5 是采用相对位置编码，因此模型也可以接收更长的文本输入。

（3）后处理。摘要的后处理是对生成式摘要结果的进一步优化，以提高摘要的连贯性、可读性和信息完整性。如果采用 T5-PEGASUS 模型作为生成式模型，则会存在模型对大小写不敏感的问题，所以这时需要依据原文对生成的摘要进行后处理。另外，为了保证生成摘要的忠实度，生成式摘要中的实体与原文不一致时需要替换为原文中的实体。除此之外，还可以针对实际业务场景设定相对应的后处理功能。

在实际应用中，这种综合方案可以充分利用有限的训练数据，通过预训练和微调适应不同的文本类型和领域，同时保持摘要的准确性和流畅性。通过不断迭代和优化，该系统可以在文本摘要领域取得更好的性能和更广泛的应用。

在自然语言处理领域中，智能文本摘要技术的发展已经形成了两种主要的方法：抽取式摘要和生成式摘要。这两种方法各自适应不同的应用场景，并具有独特的技术特点和优势。抽取式摘要的目标是从原始文本中选取一些最重要的句子或短语，直接构成摘要内容，主要技术包括 TextRank 和 BERTSum。生成式摘要则需要模型理解原文内容，并生成新的内容表达原文的主要信息。这种方法类似于人类编写摘要的过程，需要模型具备强大的语言生成能力，主要技术包括 pointer-generator networks 和 PEGASUS。

针对办公领域的智能文本摘要挑战，如长文档处理、通用性、忠实度和训练数据不足等，可以采用一个综合方案，结合抽取式摘要、生成式摘要和摘要后处理的步骤，以提高摘要的质量和适应性。

2.3　基于大模型的文本纠错技术

基于大模型的文本纠错技术是一种利用深度学习模型，特别是大型预训练语言模型，识别和纠正文本中的错误的方法。这些模型通过在大规模文本数据上进行预训练，学习了丰富的语言知识，可以有效地处理各种自然语言处理任务，包括文本纠错。

2.3.1　中文文本纠错的背景介绍

中文文本纠错是指对中文文本中存在的错误进行检测和修正的过程。在中文自然语言处理（NLP）相关的落地场景中都会涉及文本纠错技术，例如：音频通话记录经过自动语音识别（ASR）转写成文本之后，存在一些转译错误；光学字符识别（OCR）系统识别图片中的文字并进行提取，会存在字符识别错误；在搜索引擎或自动问答系统中，用户在查询过程中的输入错误，往往会导致系统无法理解用户的真实意图，而且如果未得到及时纠正，将会进一步传播至后续处理环节，对后续任务的效果产生不良影响。因此，文本纠错技术的重要性不言而喻，它对于提升中文 NLP 应用的整体性能和质量具有至关重要的作用。

文本语义纠错的使用场景非常广泛，基本上只要涉及写作就存在文本纠错的需求。在新闻中我们也时常看到因为文字审核不到位造成问题的出现，包括某上市公司在公开文书上把"临时大会"写成为"临死大会"，某政府机关在官方文件中将"公共安全"误写为"公攻安全"，这些错误不仅引起了公众的广泛关注和讨论，还可能对相关机构的公信力造成损害。文本纠错的辅助工具能给文字工作人员带来较大的便利，对审核方面的风险也大幅降低。

按照错误的级别，可以将现有的中文文本错误划分为三类，如表 2.3 所示，分别是拼写错误，语法错误以及语义错误，这三类错误可以看成中文文本纠错的三个子任务。

表 2.3　常见的中文错误类型

错误类型		错误示例
拼写错误	同音字	配副眼睛→配副眼镜
	模糊音	胡建→福建
	形近字	go 语音→go 语言
	混拼音	zhihui→智慧
语法错误	字词缺失	自然语处理→自然语言处理
	字词冗余	自然而语言处理→自然语言处理

续表

错误类型		错误示例
语法错误	字词乱序	首个开发的应用→开发的首个应用
	搭配不当	想象难以→难以想象
	结构混乱	靠的是……取得的→靠的是……是……取得的
语义错误	知识错误	中国的首都是南京→中国的首都是北京
	表意不明	本月15日前去汇报→本月15日去汇报
	逻辑错误	防止此类事故不再发生→防止这类事故再发生

中文拼写纠错任务一般称作 Chinese spelling check（CSC），这个任务通常不涉及添加/删除字词，只涉及替换，表现为同音字、模糊音、音近、形近等拼写错误，所以一般输入输出的句子是等长的。由于任务形式较为简单，CSC 任务的研究历史比较悠久，主要依托 SIGHAN13/14/15[①]这几个评测任务的数据集展开。目前，CSC 任务一般被建模成字级别序列标注任务，利用 BERT 类模型解决，输出端就是对应的正确字符。CSC 任务的主要进展集中在两个方向：①数据：如何自动生成大规模真实的拼写错误数据，这方面的研究进展包括利用 ASR/OCR 模型生成音近/形近错误，利用混淆集知识进行数据增强等；②模型：如何缩小 BERT 的 MLM 预训练任务与 CSC 任务不匹配的问题，这方面的研究进展包括利用字音字形等多模态知识作为增强特征或者进一步预训练 BERT，或是利用对比学习等迫使 BERT 纠错结果符合拼写错误形式而非常见字。此外还有一些其他研究，例如解决上下文存在的错误对纠错的影响。

中文语法纠错任务一般称作 Chinese grammatical error correction（CGEC），相较于 CSC，CGEC 需要增添/删除字词，表现为字词缺失、字词冗余、字词使用不当、语序不当、结构混乱等语法错误，通常是非等长纠正。目前 CGEC 包含两套思路：①检错-排序-召回，由于更可控所以工业界用得比较多；②端到端纠错。端到端纠错现有两种方式，分别是序列到序列（sequence-to-sequence）模型，如 Transformer，还有序列到编辑（sequence-to-edit）模型。两类模型各有利弊，前者直接复用现有的神经机器翻译模型，将病句"翻译"成正确的句子，由于其自回归生成的特点，因而擅长解决调序等错误；后者则是借鉴非自回归

[①] 参考 SIGHAN Bake-off 2013: http://ir.itc.ntnu.edu.tw/lre/sighan7csc.html、SIGHAN Bake-off 2014: http://ir.itc.ntnu.edu.tw/lre/sighan7csc.html、SIGHAN Bake-off 2015: http://ir.itc.ntnu.edu.tw/lre/sighan7csc.html。

翻译的思路，通过预测"保留""删除""删除""替换"等编辑操作进行纠错，速度很快，效果也非常好。同 CSC 类似，CGEC 的研究主要集中在：①数据，如何生成更真实的语法错误数据，这方面的研究大都还是基于传统的随机增删改方式。由于语法错误的复杂性，融入外部语言学知识进行数据增强或许是更好的解决方案。近期也有一些研究利用翻译模型之间的性能差异生成纠错语料，也是很好的方案。②模型。CGEC 模型一般采用 T5、Bart 类模型解决，端对端输出纠错结果。CGEC 模型对于简单的语法错误已经解决得非常好了，如何融入汉语丰富的词义/语法知识解决剩余的"硬骨头"可能是后续工作的一个方向。

中文语义错误（Chinese semantic error）具体表现为知识错误、表意不明、逻辑错误等错误，T5、Bart 之类的 seq2seq 模型即便经过训练，对此类错误的纠正能力也是很弱的，像 ChatGPT、Llama、ChatGLM、通义千问之类的大语言模型具备了丰富的语言学知识（如句法）、知识先验以及逻辑推理能力，对这些复杂错误具备一定的 zero-shot 修改能力。

2.3.2　中文文本纠错的基本框架介绍

1. 传统纠错方案的解决思路

传统纠错方案主要依赖于规则和词典匹配，常用的方法可以归纳为错别字词典、编辑距离、语言模型等。构建错别字词典的人工成本较高，适用于错别字有限的部分垂直领域；编辑距离采用类似字符串模糊匹配的方法，通过对照正确样本可以纠正部分常见错别字和语病，但是通用性不足。此外，还可依据语言模型检测错别字位置，通过拼音音似特征、笔画五笔编辑距离特征及语言模型困惑度特征纠正错别字。中文纠错分为两步，第一步是错误检测，第二步是错误纠正：

（1）错误检测先通过结巴中文分词器切词，由于句子中含有错别字，所以切词结果往往会有切分错误的情况，这样可以从字粒度和词粒度两方面检测错误，整合这两种粒度的疑似错误结果，形成疑似错误位置候选集。

（2）错误纠正遍历所有的疑似错误位置，并使用音似、形似词典替换错误位置的词，然后通过语言模型计算句子困惑度，对所有候选集结果比较并排序，得到最优纠正词。

语言模型的方法可以分为传统的 N-gram LM 和 DNN LM。N-gram 语言模型（N-gram LM）和深度神经网络语言模型（DNN LM）是自然语言处理中用于预测文本序列的两种不同类型的语言模型。N-gram 语言模型是一种基于统计的方法，它通过计算连续 N 个项目（如字母、音节或单词）在语料库中共同出现的概率预测文本。DNN 语言模型使用深度学习技术，特别是循环神经网络（RNN）或其变体（如 LSTM 或 GRU），预测文本序列中的下一个词。N-gram LM 和 DNN LM 可以以字或词为纠错粒度。其中"字粒度"的语义信息相对较弱，因此误判率会高于"词粒度"的纠错；"词粒度"则较依赖于分词模型的准确率。为了降低误判率，往往在模型的输出层加入 CRF 层校对，通过学习转移概率和全局最优路径避免不合理的错别字输出。

2018 年之后，预训练语言模型开始流行，研究人员很快把 BERT 类的模型迁移到了文本纠错中，并取得了新的最优效果。

2. 中文拼写纠错

中文拼写纠错（Chinese spelling correction，CSC）是指识别和纠正中文文本中的拼写错误的技术。在进行中文拼写纠错时，输入输出的句子是等长的，一般称作 Chinese spelling check（CSC），这个任务无法解决多字、少字、添加字词、删除字词方面的问题，只涉及错别字。目前，CSC 任务一般被建模成字级别序列标注任务，利用 BERT 类模型解决，输出端就是对应的正确字符。

（1）模型策略。Soft-Masked BERT[①]模型如图 2.10 所示，整个模型包括检错网络和改错网络。

检错网络是一个简单的 Bi-GRU+MLP 网络，输出每个 token 是错字的概率。

改错网络是 BERT 模型，创新点在于 BERT 的输入是原始 token 的 embbeding 和 [MASK]的 embbeding 的加权平均值，权重就是检错网络的概率，这也就是所谓的 Soft-MASK，即 $e_i = p_i * e_{mask} + (1 - p_i) * e_i$。极端情况下，如果检错网络输出的错误概率较高，那么 BERT 的输入就是 MASK 的 embedding，如果输出的错误概率较低，那么 BERT 的输入

---

① 论文：*Spelling Error Correction with Soft-Masked BERT*（https://arxiv.org/pdf/2005.07421.pdf）。代码：https://github.com/hiyoung123/SoftMaskedBERT。

就是原始 token 的 embedding。在训练方式上采用 Multi-Task Learning 的方式进行，$L = \lambda \cdot L_c + (1-\lambda) \cdot L_d$，这里取值为 0.8 最佳，即更侧重于改错网络的学习。

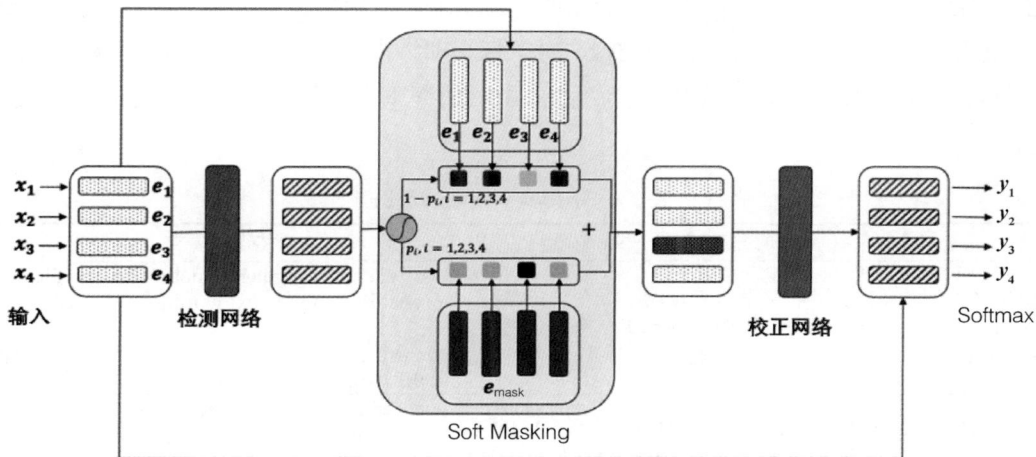

图 2.10　Soft-Masked BERT 模型

　　该模型只能处理输入序列和输出序列等长度的纠错场景，无法处理少字、多字等输入和输出长度不相等的情况，对于复杂的句法错误以及语义中的知识性错误、逻辑性错误、表意不明不能有效进行处理，具有一定局限性。

　　PyCorrector①是目前中文最佳的纠错开源项目，包括基于规则和深度学习的两类方法，并且在持续地更新与维护。在 PyCorrector 的中文拼写纠错任务中，MacBERT 是效果最佳的，这里 MacBERT 是一个与 BERT 结构完全一致的语言模型，在预训练中使用"相近"的单词替换原文中的单词而非直接使用[MASK]，进而缩小训练前和微调阶段之间的差距。不过该模型只能处理输入输出等长的纠错任务，与 Soft-MASK BERT 一样，具有一定局限性。

　　MacBERT 全称为 MLM as correction BERT，其中 MLM 指的是 masked language model。

　　MacBERT 的模型在网络结构上可以选择任意 BERT 类模型，其主要特征在于预训练时不同的 MLM task 设计。

---

① 项目地址：https://github.com/shibing624/pycorrector。

　　MacBERT 使用全词屏蔽（whole-word masking，wwm）及 N-gram 屏蔽策略选择候选 token 进行屏蔽。BERT 类模型通常使用[MASK]屏蔽原词，而 MacBERT 使用第三方的同义词工具为目标词生成近义词并用于屏蔽原词，特别地，当原词没有近义词时，则使用随机 N-gram 屏蔽原词；与 BERT 类模型类似，对于每个训练样本，输入中80%的词被替换成近义词（原为[MASK]），10%的词替换为类似，10%的词不变。不同掩码策略的示例如表2.4所示。

表 2.4　不同掩码策略的示例

	中　文	英　文
原始句子 + CWS + BERT Tokenizer	使用语言模型来预测下一个词的概率。 使用语言模型来预测下一个词的概率。 使用语言模型来预测下一个词的概率。	we use a language model to predict the probability of the next word. - we use a language model to pre ##di ##ct the pro ##ba ##bility of the next word.
原始掩码 + WWM ++ N-gram Masking +++ Mac Masking	使用语言[M]型来[M]测下一个词的概率。 使用语言[M][M]来[MJ[M]下一个词的概率。 使用[M][M][M][M]来[M[M]下一个词的概率。 使用语法建模来预见下一个词的概率。	we use a language [M] to [M] ##di ##ct the pro [M] ##bility of the next word we use a language [M] to |M] [M] [M] the [M] [M] [M] of the next word . we use a [M] [M] to [M] [M] [M] the [M] [M] [M][M] [M] next word . we use a text system to ca ##le ##ulate the po ##si ##bility of the next word.

　　在模型网络结构上，MacBERT 在原生 BERT 模型上进行了修改，追加了一个全连接层作为错误检测，即检测，MacBERT4CSC 训练时用检测层和校正层的损失加权得到最终的损失，预测时用 BERT MLM 的校正权重即可，如图 2.11 所示。

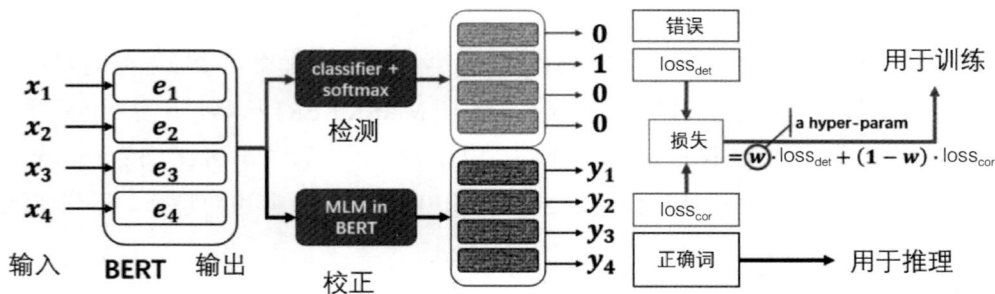

图 2.11　追加全连接层检测

使用以下命令安装依赖。

```
pip install -U pycorrector
```

PyCorrector 调用预测代码如下。

```
from pycorrector import MacBERTCorrector
m = MacBERTCorrector("shibing624/macbert4csc-base-chinese")
print(m.correct_batch(['今天新情很好', '你找到你最喜欢的工作，我也很高心。']))
```

transformers 调用预测代码如下。

```
import torch
from transformers import BERTTokenizerFast, BERTForMaskedLM
device = torch.device("cuda" if torch.cuda.is_available() else "cpu")

Tokenizer=BERTTokenizerFast.from_pretrained("shibing624/macbert4csc-
base-chinese")
Model=BERTForMaskedLM.from_pretrained("shibing624/macbert4csc-base-
chinese")
model.to(device)

texts = ["今天新情很好", "你找到你最喜欢的工作，我也很高心。"]
with torch.no_grad():
outputs = model(**tokenizer(texts, padding=True, return_tensors='pt')
.to(device))

result = []
for ids, text in zip(outputs.logits, texts):
_text = tokenizer.decode(torch.argmax(ids, dim=-1), skip_special_tokens=
True).replace(' ', '')
    corrected_text = _text[:len(text)]
    print(text, ' => ', corrected_text)
    result.append(corrected_text)
print(result)
```

预测结果如下。

```
['今天心情很好', '你找到你最喜欢的工作，我也很高兴。']
```

（2）模型效果优化策略。拼写纠错模型遇到的问题以及解决措施如下。

● 问题：BERT 的官方词表中缺失了一些常见的中文标点和汉字，这可能导致一些常见词无法生成，从而影响纠错的准确率。

解决措施：建议挑选常用标点、汉字（主要来自中文 Gigaword 和维基百科）对词表进行补全。

● 问题：在解码方面模型可能会出现不恰当的修改，甚至会改变句子原义。

解决措施：针对上述问题，建议在模型解码时引入字音字形信息和混淆集信息作为约束，使得模型在每个位置不但要考虑候选字生成的概率，而且要考虑是否和原字匹配。具体做法是：模型最终选取结果的依据是 BERT 输出得分和字符相似度得分的加权和。

3. 中文语法纠错

中文语法纠错输入输出的句子是非等长的，任务一般称作 Chinese grammatical error correction（CGEC），相较于 CSC，CGEC 需要增添/删除字词。目前，CGEC 有两套实现思路：序列到编辑（sequence-to-edit，Seq2Edit）和序列到序列（sequence-to-sequence，Seq2Seq）两类模型。

（1）序列到编辑纠错模型（sequence-to-edit，Seq2Edit）。基于 Seq2Edit 的语法纠错模型已经被广泛应用在中英文语法纠错任务中，特点是速度快（非自回归），修改精度高。

GECToR[①]模型本质上是一个序列标注模型，编码层由预训练的 BERT 型 transformer 组成，上面堆叠两个线性层，顶部有 softmax 层。模型输出的标签包含了基本变换和 g-变换两种类型。其中基本变换包含保留（keep）、删除（delete）、添加（append）和替换（replace）。g-变换主要面向英文，针对英文的语法变化总结出了 5 大类（大小写、单词合并、单词拆分、单复数和时态）和 29 个小类的状态变换。

GECToR 的解码空间是插入、删除、替换等编辑操作。通过并行预测编辑并将其应用

---

① 论文：https://aclanthology.org/2020.bea-1.16.pdf。代码：https://github.com/grammarly/gector。

于原句子，GECToR 模型能够完成长度可变的语法纠错。该模型把语法纠错看作非自回归的序列标注任务，对一个源句子序列使用编码器进行编码，然后在每个字符处使用分类器预测最可能的编辑动作。

如图 2.12 所示，该模型使用迭代式进行纠正。首先，模型为输入句子 X 预测一组字级别的编辑序列 E，进而把编辑序列 E 作用于输入句子 X 得到预测结果 Y，再把 Y 当作输入重新送入模型，重复这个过程直到达到最大迭代次数或者模型输出的句子与输入句子一致。

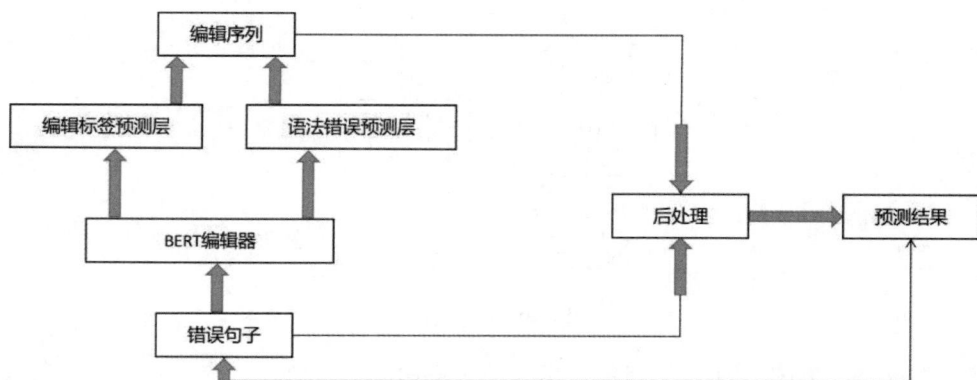

图 2.12　模型使用迭代式进行纠正

GECToR 的另外两个亮点是引入了不同的预训练 Transformer 解码器（包括 XLNet、RoBERTa、ALBERT、BERT 和 GPT-2）并进行了比较，以及采用了三阶段的训练方式。第一阶段使用了大量（9 百万）实验合成的、包含语法错误+语法正确的句子对进行预训练，第二阶段使用了少量的公开纠错数据集的句子对进行优化-微调，第三阶段使用了语法错误+正确和语法正确+正确的句子对进行优化-微调。实验证明，第三阶段的优化-微调有效果提升。在预测阶段，GECToR 也是采用了多轮预测的方案。

（2）序列到序列模型（sequence-to-sequence，Seq2Seq）。尽管用 BERT 模型进行文本纠错已经可以取得不错的效果，但是仅通过 BERT 模型来进行文本纠错仍存在一些缺陷。在 BERT 模型中，每个输出的 token 之间是相互独立的，也就是说，上一个步骤中输出的错误纠正并不会影响到当前步骤的错误纠正。为解决这个问题，可以引入生成模型进行文本纠错。如图 2.13 所示，在生成模型中，输出是从左向右逐个生成的，左边的输出信息可以传递到右边的输出中，因此可以解决上述的缺陷。

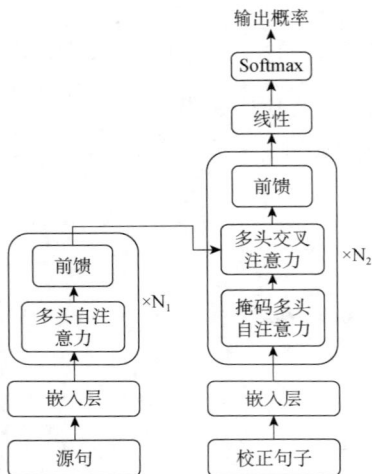

图 2.13　文本纠错

基于 Seq2Seq 的模型采用了目前最常用的 Transformer 结构，目标是直接将病句"翻译"为正确句子。Seq2Seq 模型由于能够充分利用语言模型知识、修改灵活，因而在中文纠错任务上表现得尤为优异。

Chinese-BART-Large 模型[①]：采用基于 Transformer 的 Seq2Seq 方法建模文本纠错任务。在模型训练上，使用中文 BART 作为预训练模型，然后在 Lang8 和 HSK 训练数据上进行优化-微调。在不引入额外资源的情况下，本模型在 NLPCC18 测试集上达到了 SOTA。

使用以下命令安装依赖。

```
pip install -U modelscope
```

模型调用预测代码如下。

```
from modelscope.pipelines import pipeline
from modelscope.utils.constant import Tasks        #初始化纠错
```

①　项目地址 https://modelscope.cn/models/iic/nlp_bart_text-error-correction_chinese/summary。

```
pipeline model_id = 'damo/nlp_bart_text-error-correction_chinese'
pipeline = pipeline(Tasks.text_error_correction, model=model_id, model_
revision='v1.0.1')                                    #单条调用
input = '这洋的话，下一年的福气来到自己身上。'
result = pipeline(input)
print(result['output'])                               #批量调用
inputs = ['这洋的话，下一年的福气来到自己身上。', '在拥挤时间，为了让人们尊守交通规
则，派至少两个交警或者交通管理者。', '随着中国经济突飞猛近，建造工业与日俱增']
batch_out = pipeline(inputs, batch_size=2)
for result in batch_out:
print(result['output'])
```

预测结果如下。

['这样的话，下一年的福气来到自己身上。', '在拥挤时间，为了让人们遵守交通规则，派至少两
个交警或者交通管理者。', '随着中国经济突飞猛进，建造工业与日俱增']

（3）模型集成策略。Seq2Edit 和 Seq2Seq 模型针对不同类型的错误有着各自的长处，
因此集成二者能够取得非常优异的效果，可采用编辑级别投票的方式（自适应阈值的编辑
级别集成方式）对二者进行集成（模型集成[①]的代码已经开源，可供参考），如图 2.14 所示。

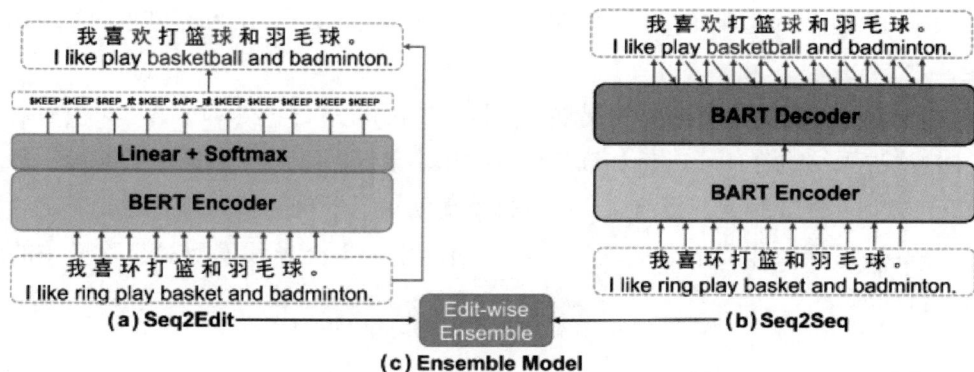

图 2.14　Seq2Edit 和 Seq2Seq 模型集成

---

① 项目地址：https://github.com/HillZhang1999/MuCGEC。

具体的流程如下。

- 采用编辑抽取工具①，将所有纠错编辑以及错误类型抽取出来。
- 对于每种类型的编辑，设置一个阈值，如果做出编辑的模型个数超过该阈值，则保留此编辑。
- 将保留的编辑重新映射到原句中，得到纠错结果。

在实际的业务场景中，可集成多个 Seq2Seq 和 Seq2Edit 模型，每个模型通过替换随机种子得到。针对一些模型本身纠错精确度较高的错误类型，如拼写错误和词序错误，可通过降低集成的阈值提升召回度；而对于一些精确度较低的错误类型，如词语缺失类错误，可通过提升集成的阈值提升召回度。NAACL22 的一篇文章②和这个思路相近，不过他们使用了一个逻辑回归模型学习这一阈值，其效果在理论上应该会更优。

单个模型很容易对命名实体进行误纠，例如人名、地名等，但是集成模型可以很好地缓解这一现象，因为模型对于命名实体的修改往往很不确定，导致这些修改较容易在集成时被过滤掉。

（4）效果提升策略。

- 问题：Bart 的官方词表中缺失了一些常见的中文标点和汉字，这可能导致一些常见词无法生成，影响纠错的准确率。

解决措施：建议挑选常用标点、汉字（主要来自中文 Gigaword 和维基百科）对词表进行补全。

- 问题：对于连续字符的缺失错误，模型可能因缺少上下文特征信息即使通过多个轮次也无法进行纠正。例如表 2.5 中的乱序错误，当对一侧进行删除操作后，由于缺少了大量的上下文信息，所以模型无法对另一侧的插入操作进行补齐。模型将乱序错误看作冗余和缺失这两种错误的集合也会导致模型对删除操作的置信度偏高。

---

① 项目地址：https://github.com/HillZhang1999/MuCGEC/tree/main/scorers/ChERRANT。

② 论文：Muhammad Qorib, Seung-Hoon Na, and Hwee Tou Ng. 2022. *Frustratingly Easy System Combination for Grammatical Error Correction*. In Proceedings of the 2022 Conference of the North American Chapter of the Association for Computational Linguistics: *Human Language Technologies*, pages 1964－1974, Seattle, United States. Association for Computational Linguistics。

表 2.5　乱序错误

输　入	输　出
小间是个珍贵的东西在我们的生活中	在我们的生活中
我们要去寺庙拜一拜去外婆家以后。	我们要去寺庙拜一拜。

解决措施：引入移动编辑操作的方法能够较好地解决乱序的问题。在推理阶段，为了在输出的标签空间中搜索出一条最优的解码路径，可利用局部路径解码方法对局部的移动编辑操作确定一条和为 0 的相对路径，并通过自适应阈值的方法对不同编辑操作、不同的词性和词频确定不同的修改接受阈值，由此提高模型的纠正准确率并解决模型的过度纠正等问题。

● 问题：纠错模型容易出现过度纠正的情况，即模型的假阳性偏高。

解决措施：可采用困惑度策略，通常，可以根据困惑度评价一个语言模型的好坏，比如一个句子困惑度的计算可以表示为：

$$P(W_1W_2W_3\cdots W_n) = P(W_2|W_1) * P(W_3|W_1W_2) * \cdots * P(W_n|W_1W_2\cdots W_{n-1})$$

困惑度可以用来评估句子的流畅程度，可通过困惑度对多个模型的输出进行评估并选择困惑度最低的纠错句子作为最优解。

● 问题：如何提升成语类错误的纠正准确率？

解决措施：中文中的成语、俗语是约定俗成的，可遍历当前句子中的 N-gram 短语片段，如果其同音词在成语词典中，则替换为同音成语，并对修改前后的句子进行困惑度计算以确定是否接受对句子错误的修改。

● 问题：无法覆盖语义类（乱序、搭配不当等）的错误。

解决措施：通过网络爬虫爬取互联网上大量的语义错误相关问题，如："大约……左右是病句吗"，抽取出其中的语义错误模板并扩充为正则表达式形式"大约.*左右"。可为此类模板定义简单的修改方式，比如：删除左侧词语和删除右侧词语等，并且利用预训练语言模型自动确定修改动作。相关模板和方法的详细介绍已经开源①，其中积累了 1000 余个模板。

---

① GitHub - HillZhang1999/gec_error_template: Automatically Mining Error Templates for Grammatical Error Correction。

4. 中文语义纠错

中文语义错误（Chinese semantic error）具体表现为知识错误、表意不明、逻辑错误等错误，T5、Bart 之类的 Seq2Seq 的模型即便经过训练，对此类错误的纠正能力也是很弱的，像 ChatGPT、Llama、ChatGLM、通义千问之类的大语言模型具备了丰富的语言学知识（如句法）、知识先验以及逻辑推理能力，对这些复杂错误具备一定的 zero-shot 修改能力。

（1）模型策略。在 PyCorrector 项里，可基于提示词工程实现大模型的拼写、语法以及语义纠错，大语言模型具备丰富的语言学知识（如句法）、知识先验以及逻辑推理能力，对这些复杂错误具备一定的 zero-shot 修改能力。

● ChatGLM3-6B[①]模型纠错。

ChatGLM3 是智谱 AI 和清华大学 KEG 实验室联合发布的新一代对话预训练模型。

使用以下命令安装依赖。

```
pip install -U pycorrector
```

PyCorrector 调用预测代码如下。

```
from pycorrector import GptCorrector
model = GptCorrector("THUDM/ChatGLM3-6b", "ChatGLM", peft_name="shibing624/
ChatGLM3-6b-csc-chinese-LoRA")
r = model.correct_batch(["少先队员因该为老人让坐。"])
print(r)  # ['少先队员应该为老人让座。']
```

Transformers 调用预测代码如下。

```
import torch
from peft import PeftModel
from transformers import AutoTokenizer, AutoModel

os.environ["KMP_DUPLICATE_LIB_OK"] = "TRUE"
tokenizer = AutoTokenizer.from_pretrained("THUDM/ChatGLM3-6b", trust_remote_
code=True)
```

---

① 项目地址 https://huggingface.co/THUDM/ChatGLM3-6b。

```
model = AutoModel.from_pretrained("THUDM/ChatGLM3-6b", trust_remote_code=
True)
.half().cuda()
Model=PeftModel.from_pretrained(model,"shibing624/ChatGLM3-6b-csc-chinese-
LoRA")

sents = ['对下面文本纠错\n\n 少先队员因该为老人让坐。',
        '对下面文本纠错\n\n 下个星期，我跟我朋唷打算去法国玩儿。']

def get_prompt(user_query):
    vicuna_prompt = "A chat between a curious user and an artificial
    intelligence assistant. "The assistant gives helpful, detailed, and
    polite answers to the user's questions. USER: {query} ASSISTANT:"
    return vicuna_prompt.format(query=user_query)

for s in sents:
    q = get_prompt(s)
    input_ids = tokenizer(q).input_ids
    generation_kwargs = dict(max_new_tokens=128, do_sample=True, temperature=
    0.8)
outputs = model.generate(input_ids=torch.as_tensor([input_ids])
.to('cuda:0'), **generation_kwargs)
    output_tensor = outputs[0][len(input_ids):]
    response = tokenizer.decode(output_tensor, skip_special_tokens=True)
    print(response)
```

● 通义千问 14B-Chat 模型[①]纠错。

通义千问是阿里云推出的一个超大规模的语言模型，功能包括多轮对话、文案创作、逻辑推理、多模态理解、多语言支持。能够跟人类进行多轮的交互，也融入了多模态的知识理解，且有文案创作能力，能够续写小说，编写邮件等。

---

① 项目地址：https://modelscope.cn/models/qwen/Qwen-14B-Chat/summary。

```
import torch
from transformers import AutoModelForCausalLM, AutoTokenizer
from transformers import GenerationConfig
from qwen_generation_utils import make_context, decode_tokens, get_stop_
words_ids

#通义千问纠错大模型，对语义句法进行纠错
class QwenCorrector():
    def __init__(self):
        self.model_path = "/home/qwen/Qwen-14B-Chat"
        self.tokenizer = AutoTokenizer.from_pretrained(
            self.model_path,
            pad_token='<|extra_0|>',
            eos_token='<|endoftext|>',
            padding_side='left',
            trust_remote_code=True
        )
        self.model = AutoModelForCausalLM.from_pretrained(
            self.model_path,
            pad_token_id=self.tokenizer.pad_token_id,
            device_map="auto",
            trust_remote_code=True
        ).eval()
        self.model.generation_config = GenerationConfig.
from_pretrained(self.model_path,
pad_token_id=self.tokenizer.pad_token_id,
eos_token=False,do_sample=False)
        self.prefix_prompt = "从语法错误包括多字、少字、乱序、标点等，拼写错误包括
            同音字、近音字、形近字等，对下列文本进行检测错误并纠正。\n"

    def qwen_corrector_batch(self, sentences):
        input_sents = [self.prefix_prompt + s for s in sentences]
```

```python
    batch_raw_text = []
    for q in input_sents:
        raw_text, _ = make_context(
            self.tokenizer,
            q,
            system="You are a helpful assistant.",
max_window_size=self.model.generation_config.max_window_size,
            chat_format=self.model.generation_config.chat_format,
        )
        batch_raw_text.append(raw_text)

    batch_input_ids = self.tokenizer(batch_raw_text, padding='longest')
    batch_input_ids = torch.LongTensor(batch_input_ids['input_ids'])
.to(self.model.device)
    batch_out_ids = self.model.generate(
        batch_input_ids,
        return_dict_in_generate=False,
        generation_config=self.model.generation_config
    )
    padding_lens = [batch_input_ids[i].eq(self.tokenizer.pad_token_id)
.sum().item() for i in range(batch_input_ids.size(0))]

    corrected_sentences = [
        decode_tokens(
            batch_out_ids[i][padding_lens[i]:],
            self.tokenizer,
            raw_text_len=len(batch_raw_text[i]),
            context_length=(batch_input_ids[i].size(0)-padding_lens[i]),
            chat_format="chatml",
            verbose=False,
            errors='replace'
```

```
            ) for i in range(len(input_sents))
        ]
        return corrected_sentences)

sentences = ["少先队员因该为老人让坐。","下个星期，我跟我朋唷打算去法国玩儿。"]
qwen_corrector = QwenCorrector()
sentences,corrected_sentences = qwen_corrector.qwen_corrector_batch(sentences)
```

（2）模型训练策略。ChatGLM3-6B 基于中文拼写纠错以及中文语法纠错数据集进行 LoRA 微调，实现了中文拼写纠错、语法纠错以及语义纠错。

训练数据集包括中文拼写纠错数据集（https://huggingface.co/datasets/shibing624/CSC）、中文语法纠错数据集（https://github.com/shibing624/pycorrector/tree/llm/examples/data/grammar）、通用 GPT4 问答数据集（https://huggingface.co/datasets/shibing624/sharegpt_gpt4）。

数据样式如下。

```
{
"conversations":[
    {"from":"human","value":"对这个句子语法纠错\n\n 这件事对我们大家当时震动很大。"},
    {"from":"gpt","value":"这件事当时对我们大家震动很大。"}
]
}
```

LoRA 微调后的推理代码如下。

```
import torch
from peft import PeftModel
from transformers import AutoTokenizer, AutoModel

os.environ["KMP_DUPLICATE_LIB_OK"] = "TRUE"
tokenizer = AutoTokenizer.from_pretrained("THUDM/ChatGLM3-6b", trust_remote_
code=True)
model = AutoModel.from_pretrained("THUDM/ChatGLM3-6b", trust_remote_code=
True)
```

```
.half().cuda()
Model=PeftModel.from_pretrained(model,"shibing624/ChatGLM3-6b-csc-chinese-
LoRA")

sents = ['对下面文本纠错\n\n 少先队员因该为老人让坐。',
         '对下面文本纠错\n\n 下个星期，我跟我朋唷打算去法国玩儿。']

def get_prompt(user_query):
    vicuna_prompt = "A chat between a curious user and an artificial
    intelligence assistant. "The assistant gives helpful, detailed, and
    polite answers to the user's questions. USER: {query} ASSISTANT:"
    return vicuna_prompt.format(query=user_query)

for s in sents:
    q = get_prompt(s)
    input_ids = tokenizer(q).input_ids
    generation_kwargs = dict(max_new_tokens=128, do_sample=True, temperature=
    0.8)
outputs = model.generate(input_ids=torch.as_tensor([input_ids])
.to('cuda:0'), **generation_kwargs)
    output_tensor = outputs[0][len(input_ids):]
    response = tokenizer.decode(output_tensor, skip_special_tokens=True)
    print(response)
```

（3）模型微调或优化策略。在调参阶段，学习率以 5e-5 为基准，调小一倍或调大一倍，笔者的经验是学习率以 5e-4 为基准并将 batchsize 缩小到 2，训练效果会有一定幅度的提升。

将解码方式改为 beam search 以及调整 beam=3，对于调整 beam 有效果的原因，笔者认为有些文本错误需要多查看几个字才能联合起来判断。

相比于直接联合错误样本和正确样本训练大模型，提示词可设计为"从语法错误包括多字、少字、乱序、标点等，拼写错误包括同音字、近音字、形近字等，对下列文本进行检测错误并纠正。"指导模型进行纠错。

2.3.3 文本纠错技术处理难点与技术挑战

1. 语料收集

目前公开的中文语义纠错数据集主要是不同母语的人作为第二语言学习汉语收集得来的语料集，目前大部分关于语法纠错的算法模型都是基于这些数据集来进行效果验证的，不过我们实际中要处理的数据通常并不是以同样的形式诞生的，更多是以汉语作为母语的人失误导致的语法错误，这种情况和公开语料的情况差别比较大，错误的分布差距也比较大，从而通过公开语料集训练得来的模型在上线到正常的业务流程中，效果通常比较一般。由于训练数据稀缺，真实的纠错训练数据相较于其他常见的生成任务（如机器翻译、摘要等）难获得很多，首先是语病在日常文本中非常稀疏，其次需要标注者拥有良好的语文背景。

2. 长依赖

长距离包括跨语句依赖且在论文等文本中很常见，一旦出现错误，很难察觉并纠正。当前语法研究大多集中在单个语句的语法检查和纠错，很少涉及长距离语法问题，相关数据集和模型方法缺失，是语法纠错的难题之一。

3. 模型的泛化能力

一般来说，不同行业、不同领域的文本在措辞运用、表达习惯和专有名词等方面都存在较大的差异。例如，政务机关红头文件非常严谨的语言表达和自媒体新闻相对自由的文风就有明显的差别；又如，金融行业研究报告和医学论文在基本内容和专业术语上也截然不同。在一个领域性能出色的纠错模型在切换到另外一个领域时，往往效果下降明显。如何提升模型的泛化能力和健壮性，是一个巨大的技术挑战。

4. 效果指标与体验的平衡

我们可以获得 SOTA 的指标，但是这些模型一旦介入实际场景的数据，效果会差得一塌糊涂，一方面是由于模型和场景紧密相关，另外一方面是因为，通常公开数据集的错误分布是呈高密度的，但是实际场景则是低密度的，会容易导致非常高的误判。例如，SOTA

中准确率的指标是 80%，对于低密度错误的样本，很可能准确率会下降到 20%～30% 左右。纠错系统的体验会比较差。

5. 效果指标与纠错性能的平衡

工业界往往会采用管道的方式，先对文本进行检错，如果检测出来有错误，再对文本进行纠错处理。但是这个检错阶段的错误会传递到纠错阶段，导致效果下降。如果直接执行 Seq2Seq、Seq2Edit 或者大语言模型的纠错模型，或者需要融合多种模型策略生成最终纠错结果，纠错的性能会下降得非常快。例如，3000 字的纠错可能需要长达 40～60 秒，这将无法处理大量并发的文本纠错需求。我们需要在效果和性能上取得平衡，或者有更好的方法在保障效果指标的前提下提升纠错性能。

3 chapter

第3章
大模型在协同办公领域应用

3.1 办公领域的大模型设计

大模型在协同办公领域展现出了广阔的应用前景与巨大的潜力。它不仅覆盖了企业内部的知识库问答、日程安排、出差报销、会议预订等基础办公活动，还延伸到了纪要生成、流程审批、应用搭建等更为复杂的办公场景。在本章中，我们将深入探讨大模型在办公领域的多样化应用场景，分析其所面临的挑战，并展望其未来的发展方向，以期为读者呈现一个全面而深入的理解。

3.1.1 办公领域的场景概览

OA办公软件是职场必备软件，它可以协助我们处理工作、访问各类业务平台、查询公司相关制度以及搜索公文、新闻等内容。

在大模型技术问世前，传统的OA软件的各项功能普遍较为独立，例如，用户在查询通讯录时，往往只能专注于搜索公司员工的相关信息，而无法实现与公文内容的联动搜索；

同样，在询问公司制度时，系统也仅限于提供相关的制度信息，而无法支持更为灵活的闲聊功能。这种功能间的割裂导致用户在使用传统 OA 软件时，不得不在不同的子模块中频繁跳转，这无疑增加了操作的复杂性，大大降低了办公效率。

大模型的出现，为办公领域软件带来了前所未有的智能化、高效化、协作化和人性化的变革。这一变革不仅显著提高了办公人员的工作效率和质量，更为企业的蓬勃发展注入了强大动力。在大模型的赋能下，我们不仅能够实现 OA 系统中各子模块的统一入口，打破原有功能的孤立状态，更能让原本刻板僵硬的问答模块变得更加人性化。大模型的加入，让办公软件更加贴合用户需求，为用户带来更加流畅、便捷的办公体验。

当我们将 OA 系统的所有子模块通过统一入口分发任务时，首先需要对用户的任务指令进行识别，例如用户输入"帮我查找关于大模型公文"，那我们应该识别到用户想要查找公文的意图并且查找的公文主题是大模型。任务指令识别的准确与否是非常重要的，它直接决定了整个产品的用户体验，我们也将在 3.2 节对其进行着重讲解。

3.1.2　办公领域的挑战

尽管基于大模型的办公产品已经在实际应用中取得了显著成效，但要想打造一款真正统一的 OA 产品入口，我们仍面临着诸多挑战。我们需要不断克服这些挑战，以推动办公领域的进一步发展。

1. 数据层面

在统一入口中，用户对问题通常采用自然语言进行问题描述，而传统产品使用的是关键词等方式进行询问，这对模型的理解产生了很大的影响。如何将用户口语化的表达转化为正规表达、如何自动纠正用户错误以及补充用户想要表达的隐含内容变得极具挑战性。例如，在传统产品中，我们进入查询通讯录界面后直接输入人名"张三"即可查询到张三的相关信息，但在统一入口中，用户往往会输入"请帮我查询一下张三"或者"能不 neng 帮我查询到张三"这样的自然语句，那我们就需要对这类语句进行理解，而非单纯的关键词匹配。

2. 用户层面

对于办公领域这样的 toB 产品，用户反馈往往更加直接，我们在实际落地过程中需要建立一套快速响应的机制，比如任务指令识别时，如果有指令未正确识别，我们的运营人员应及时将相应指令添加至白名单，实现问题的快速解决。比如重要用户在使用时发现"是否能 bang 我查到张三的信息"未识别到查询通讯录的意图，为了迅速响应重要用户，我们通常会将这个问题相关的正则形式配置至对话平台中，一段时间后再将此类问题汇总并训练一版新模型。

另外，对话形式的统一入口也需要考虑单轮对话和多轮对话混合的场景，如何区分用户任务指令是单轮指令还是需要结合上下文的多轮任务指令也是目前办公模型落地的难点之一。例如，用户首先问了一个问题"帮我找一下张三的信息"，这是一个查找通讯录的需求，紧接着用户问"查公文"，由于"公文"在办公场景也是一个应用，因此这里就涉及两种不同的意图。一种是单轮意图，用户希望打开公文这个应用；另一种则是多轮意图，用户希望查询关于张三的公文。这种单轮意图和多轮意图的混淆也很难从技术角度去解决，更多的还需要依赖于产品设计。

3. 硬件层面

从算力需求的角度来看，大模型对算力的消耗巨大。以 6B 参数量大模型为例，如果需要对该模型进行推理，那么在 fp16 半精度情况下需要大约 12GB 的显存；如果想要进行全量参数微调，并考虑模型权重、优化器状态、梯度等，需要的显存则要远高于 12G。这对企业的算力投入构成了巨大的挑战。随着大模型的不断开发和应用，全球的算力消耗将呈现指数级增长，这给全社会的信息基础设施建设带来巨大压力，需要不断提升算力规模以满足大模型快速发展的需要。当然，我们也可对不同任务使用不同大小的模型，从而缓解超大模型带来的算力瓶颈。

3.1.3 办公领域的未来方向

通过对办公领域大模型的挑战及其应对措施的分析，我们认为大模型后续在办公领域仍有着更多发展空间。以下是几个办公领域的未来发展方向。

1. 更准确、更智能的任务指令识别

在目前版本中，任务指令通过意图识别模型和实体抽取模型进行识别，虽然经过大模型训练的意图识别和实体抽取模型相比于之前 bertology 模型准确率更高、理解能力更强，但仍然存在意图混淆、实体混淆的情况。在后续的任务指令识别研究中，一方面可以通过不断增加业务中出现的难例、错例提升任务指令识别的准确率；另一方面，我们可以借助大模型的通用能力将任务指令模型实现为零样本的通用模型，从而减少任务指令模型的冷启动问题。

2. 不断打磨多轮对话能力

提升多轮对话能力是一个复杂而重要的任务，涉及多个方面的技术和策略。目前我们采用大模型+对话状态跟踪共同完成多轮对话，后续可以继续对该技术路径进行优化，也可以研究如何通过纯模型的方式进行多轮对话。

如果继续使用大模型+对话状态跟踪技术，需要考虑以下优化手段。

- 设计合理的对话流程：一个清晰的对话流程可以帮助系统更好地引导用户，确保对话能够顺利进行。在设计对话流程时，需要考虑用户的需求、问题的复杂性以及可能的分支情况，确保系统能够灵活地处理各种情况。
- 增加对话轮次：通过增加对话轮次，可以让系统有更多的机会了解用户，从而更准确地理解用户的需求和问题。这可以通过设计更多的交互环节、提问更具体的问题或者引导用户进行更深入的讨论实现。

如果采用纯模型的技术路径，则需要考虑下面几点优化方法。

- 深入理解上下文：多轮对话的核心在于理解并记住之前的对话内容，以便在后续的对话中做出合适的回应。因此，提升上下文理解能力是关键。可以通过使用自然语言处理技术捕捉和分析对话中的关键信息，如实体识别、情感分析、语义理解等。
- 使用多样化的数据集：训练多轮对话系统需要大量的数据支持。使用多样化的数据集可以帮助系统更好地适应各种场景和情况。同时，通过对数据集进行标注和预处理，可以提取出更多的有用信息，提升系统的性能。

● 引入领域知识：针对特定领域的多轮对话，引入领域知识是非常重要的。通过整合领域内的专业术语、概念以及常见问题的解决方案，可以提升系统在该领域的对话能力。

总之，提升多轮对话能力需要综合考虑多个方面的因素，包括技术、数据、流程等。通过不断地优化和改进，可以逐步提升系统的性能和用户体验。

3. 训练更多细分领域的行业大模型

目前落地的办公场景仍然偏少，主要集中在 AI+搜索、AI+问答、AI+流程提单、AI+写作等领域，后续仍需要深入办公各个领域中，如人力、财务、审计等多场景覆盖，逐步打造端到端的 AI+业务流程场景。

4. 模型安全与数据隐私

另外，大模型的应用也面临着数据安全挑战。在大模型时代，数据量的爆炸性增长使得数据安全成为首要挑战。黑客可能利用漏洞和恶意软件等手段，窃取、篡改或滥用敏感数据，给个人、企业和国家带来巨大损失。此外，网络攻击手段也日趋复杂和多样化，大模型时代的网络攻击可能更加隐蔽、精准和难以防范，给个人信息安全和企业运营带来严重威胁。

再者，大模型的应用还涉及数据隐私的挑战。在办公领域，随着大模型的应用，个人和组织的数据将被更广泛地收集和处理。如何在保护个人隐私的同时，实现大数据的有效利用，成为亟待解决的问题。

以上内容阐述了办公领域后续的发展方向及需要攻克的技术难点。

3.1.4 小结

本节对大模型在办公领域的应用场景、挑战以及未来的发展方向做了详细的介绍。虽然大模型的出现为办公产品带来了智能化、高效化、协作化和人性化的变革，但我们仍然会在数据、用户、硬件等层面遇到很多阻碍，这些仍需要除模型以外的各方力量协助。同时，在大模型落地办公场景时，数据安全依然是重中之重，我们需要在保证数据安全的基础上进一步提升模型的智能化程度。

3.2　办公领域的任务指令

3.2.1　整体技术架构

1. 架构流程图

图 3.1 展示了一个对话问答系统的架构流程图，其中包含了多个组件和流程，用于处理用户的查询并提供相应的服务。在流程的开始，用户的提问首先被接收并输入到系统中；接下来系统通过多种方法识别用户的意图，包括基于规则的方法和基于模型的方法；之后再依赖实体抽取和关键词抽取技术进行槽位提取，并将意图和槽位反馈给后端业务模块；后端业务模块根据提取的意图和槽位调用相应的业务，如通讯录搜索、搜索服务、人力系统和用车系统等，最后将结果返回给用户。此外，对于一些需要多轮交互的任务（如请假和用车），系统会启动专门的多轮对话流程处理用户的请求。

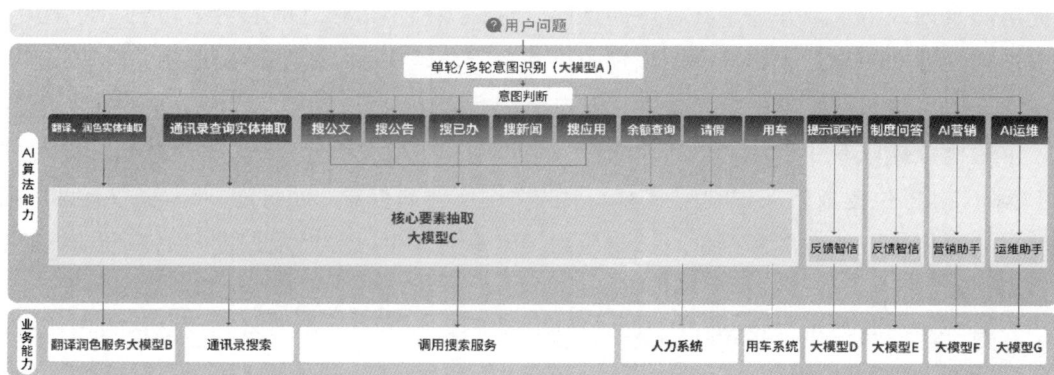

图 3.1　整体架构流程图

整个架构流程图体现了问答系统的复杂性和多样性，它需要集成多种技术和服务满足用户的各种需求。通过这种集成化的处理方式，问答系统能够提供高效、准确且用户友好的服务。

2. 子任务说明

在对话问答系统中，我们会遇到两种基于任务的模式：单轮任务和多轮任务。这两种模式构成了对话系统的核心，它们决定了系统如何处理用户的输入并提供相应的回答。单轮任务是对话系统中最为直接和基础的交互形式。在这种模式下，系统针对用户的每一次独立提问进行处理，并给出回答。单轮任务的关键在于准确捕捉和理解用户当前的意图，以及从用户的表述中提取关键信息，即槽位。相对于单轮任务，多轮任务则涉及更为复杂的对话交互。在这种模式下，系统不仅要理解当前的用户意图，还要考虑整个对话的历史和上下文。多轮任务中的多轮意图识别和多轮槽位提取是系统必须面对的挑战，它们需要系统能够准确跟踪和更新用户意图及关键信息的变化。

对话问答系统中的单轮任务是指，在一个对话轮次中，系统对用户的一次独立提问进行处理并给出回答。这种任务通常不依赖于之前的对话历史，每个问题和回答都是独立的。单轮任务的关键在于准确理解用户的当前表述，并提供恰当的回答或服务。单轮任务中主要包含的算法组件为单轮意图识别和单轮槽位提取。

单轮意图识别是对话问答系统中的一个关键环节，它专注于理解用户在单个对话轮次中提出的查询或请求，并确定其背后的意图。这种识别不依赖之前的对话历史，每个用户输入被视为独立的交互。单轮意图识别的挑战在于，确保系统能够准确理解并响应用户的一次性提问，这通常要求系统具备强大的自然语言处理能力。

单轮槽位提取专注于从用户的单次输入中识别和提取关键信息，这些信息通常称为"槽位"（slots）。槽位提取旨在识别用户输入中的关键实体或信息，如时间、地点、人名和关键词等。通过将提取的意图和槽位反馈给后端搜索系统，可以针对用户提问更精准地返回搜索结果。

在对话问答系统中，多轮任务是一种复杂的交互模式，它要求系统能够处理用户的连续提问，并在多个对话轮次中维护和更新对话状态，以准确理解和响应用户的意图。这类任务不仅包括多轮意图识别，还涉及多轮槽位提取，以及在特定场景下的多轮交互任务。

多轮意图识别允许系统在一系列连续的对话轮次中理解和跟踪用户的意图。这与单轮意图识别形成对比，后者仅关注单个用户输入。在多轮任务中，系统需要考虑整个对话的历史和上下文，包括之前的用户输入和系统响应。这种能力对于提供连贯、准确和用户友好的交互至关重要。多轮意图识别的挑战在于处理对话中的复杂性和不确定性，尤其是在用户表达含糊或变化的情况下。

多轮槽位提取是多轮任务的一个重要组成部分，它要求系统在连续的对话轮次中持续地识别和更新用户提到的实体和关键信息。多轮槽位提取的挑战在于准确跟踪和更新槽位信息，同时处理用户的省略、指代和潜在的意图变化。槽位提取的准确性直接影响系统能否正确理解和响应用户的需求。

多轮交互任务是多轮任务的一个特殊情况，它涉及那些需要在全部槽位获取之后才能调用后端业务模块的意图。例如，在"打车"或"请假"等场景中，用户可能不知道需要提供哪些具体信息（槽位），因此系统需要通过交互引导用户逐步提供所需的信息。在这个过程中，系统可能需要主动追问以确保所有必要的槽位信息都被收集完整。只有当所有槽位都获取完成之后，系统才能将完整的意图和槽位信息传递到后端，进而调用相关的业务模块。

3. 业务挑战

对话问答系统在实际业务应用中面临的挑战是复杂且多样的，业务挑战如下。

- 场景多样性：系统需要面对不同的对话场景，如任务型对话式、领域问答式、闲聊式等。每个场景都有其特定的语境、术语和用户行为模式。系统必须能够理解这些差异，并提供适应性强的交互体验。此外，场景多样性还要求系统具备跨领域的知识和理解能力，以便在不同主题和领域间进行有效切换。

- 冷启动：对于新部署的对话系统，尤其是在新领域或缺乏足够用户数据的情况下，如何快速启动并提供有效服务是一个挑战。冷启动问题可能导致系统在初始阶段的性能不佳，因为没有足够的数据训练和优化模型。解决这一问题可能需要采用规则策略、迁移学习、模拟对话生成数据等技术，以及利用预训练模型加速学习过程。

- 业务强相关：构建一个垂直领域的对话系统意味着需要深入理解特定业务领域的知识，并能够根据业务逻辑提供专业的服务。这要求系统能够与业务数据和流程紧密集成，以及具备处理复杂业务逻辑的能力。此外，系统还需要能够不断更新和维护业务知识库，以适应业务变化和用户需求。

- 高准确性：针对对话系统中的关键技术（如意图识别和槽位提取），它们直接影响到系统能否准确理解用户的需求。系统需要能够准确地从用户的自然语言中识别出其背后的目的，并提取出关键信息。这通常需要先进的自然语言处理技术，如深度学习和预训练语言模型，以及持续的模型训练和优化。

- 高泛化性：提升泛化性是对话问答系统的一个重要挑战，系统在面对多样化的用户提问和不断变化的业务环境时仍能保持良好性能，这是非常重要的。为了提高泛化性，系统可能需要采用更灵活的学习策略，如构建全面且准确的训练数据、设计更加健壮的模型结构等，以适应不同的数据分布和业务需求。

3.2.2　业务数据处理

对话问答系统的语义理解是一个复杂的过程，它涉及将用户的自然语言输入转换为系统能够理解和处理的结构化数据，以便提供准确和有用的回答。这个过程包括：数据收集、数据预处理、Query 改写、意图识别和槽位提取。其中，业务数据处理作为整个语义理解的前置步骤，主要是针对用户提问 Query 进行转换以便提升用户体验和后续语义理解的准确率、召回率等。图 3.2 为业务数据处理的流程图，包括数据收集、预处理和 Query 改写等方法。

1. 数据收集

数据收集是构建和优化系统的基础环节，它涉及从用户与系统的交互中捕获和记录信息，以便将这些数据用于训练、

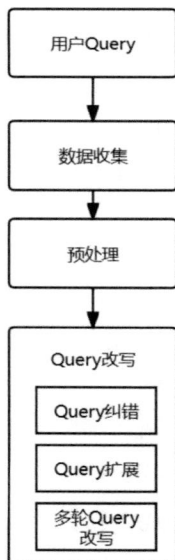

图 3.2　业务数据处理流程图

评估和改进系统的性能。数据收集的方法包括：对话记录、整合现有的知识库、开源数据和数据标注等。

2. 预处理

在实际业务场景中，用户的提问语句具有口语化、多样性、描述模糊和文本较短等特点，这就需要将用户提问转化为更易于处理和统一的形式，以便提高后续意图识别和槽位提取处理阶段的效率和准确性。

预处理模块的目的是将自然语言转换为更易于机器理解和处理的形式，从而为问答系统提供更准确的输入。通过这些预处理步骤，系统能够更有效地识别问题的关键信息，提高问题匹配和答案检索的准确性。它包含大小写转换、全半角转换、繁简体转换和长度截断等功能。

3. Query 改写

经过预处理模块后，用户提问简单地转换为统一的形式，但由于用户提问存在口语化、描述模糊等特点，有些问题依然无法解决，包括：多字少字、语法错误、专有名词简写、多轮对话主语缺失等。问答系统的 Query 改写模块是一个专门设计用来优化和转换用户提问的组件，目的是提高问题理解的准确性和答案检索的效率。这个模块通常在预处理之后、答案检索之前的流程中发挥作用。

Query 改写模块的关键在于理解用户的意图，并据此调整问题的形式，以便更有效地检索和生成答案。通过这些改写策略，问答系统能够更好地处理用户的查询，提供更准确和相关的回答。Query 改写主要包含：Query 纠错、Query 扩展和多轮 Query 改写等功能模块。

（1）Query 纠错。Query 纠错模块是一个专门设计用来识别并修正用户输入问题中的错误或拼写错误的组件。这个模块对于提高用户体验和系统准确性至关重要，因为用户在输入问题时可能会因为各种原因（如打字错误、不熟悉术语等）而输入不准确或不完整的问题。Query 纠错模块通常包括以下几个关键步骤：

- 拼写检查：检查用户提问中是否存在拼写错误，系统会使用预定义的词典或基于机器学习的模型比较输入的单词和正确的拼写，如果发现错误，会提供正确的拼写建议。

- 语法纠错：识别并纠正问题中的语法错误，不仅关注单词的拼写，还包括句子的语法结构。系统会分析句子的语法，识别并修正错误，如主谓不一致、缺少介词等问题。

- 词汇替换：用户可能会使用不精确或不常见的词语。系统可以通过识别这些词语的同义词或多义词提供更准确的查询修正，以提高问题的清晰度。

- 数据驱动纠错：利用已有的大规模语料库或知识库，构建深度学习模型并对用户提问进行纠错，提升泛化能力。

Query 纠错模块的目标是确保用户的问题尽可能准确无误，从而提高问答系统检索正确答案的能力。通过这些纠错技术，系统能够更好地理解用户的查询，提供更准确和相关的回答。针对上述纠错步骤，在后续章节会专门描述具体的算法方案。

（2）Query 扩展。对话问答系统中，除了针对 Query 自身的字/词改写外，还有一种在不改变用户原始意图的前提下，通过增加相关信息或者上下文丰富和扩展用户提问（Query）的方法，即 Query 扩展，例如："我要请年假"可扩展为"我要请年休假""春节假期怎么放"可扩展为"春节如何放假"等。通过 Query 扩展模板可提高检索的覆盖率和准确率，从而获得更全面的答案。Query 扩展通常采用以下几种策略：

- 基于词典的扩展：查找与原始 Query 中关键词同义或近义的词汇，将相关词汇添加到扩展后的 Query 中。

- 基于查询日志的扩展：通过分析用户的日志数据，找到与原始 Query 相似的 Query 进行扩展。

- 基于语义的扩展：将原始 Query 表征成向量，通过计算两个 Query 的相似度查找相似 Query 以此进行扩展。

- 基于生成式扩展：构建 Query 扩展的平行语料，采用 Seq2Seq 的方式进行端到端的生成式改写形式的 Query 扩展。

- 基于规则的扩展：使用预定义的模板和规则，根据 Query 中的关键词填充模板以生成扩展 Query。

Query 扩展模块的目标是提高问答系统的回答质量和用户体验，通过提供更多相关的查询选项，使用户能够更轻松地找到所需的答案。同时，它还可以帮助问答系统更好地理解用户的查询意图，提高回答的准确性和可靠性。

（3）多轮 Query 改写。之前介绍的 Query 改写方法都是针对单轮的 Query 进行处理，在实际业务场景中还存在另一种更复杂的对话场景，即多轮对话。由于用户在与系统进行对话时，都是默认包含历史的对话内容，这就会造成在本轮对话中省略或指代历史对话的内容，如表 3.1 所示。

表 3.1　两种多轮 Query 改写类型

改写类型	User	System	User	User 完整问法
省略补全	查找张三的公文	已查找到张三的公文	李四的呢？	查找李四的公文
指代消歧	查找张三的公文	已查找到张三的公文	找一下他的新闻	找一下张三的新闻

表 3.1 中分别展示了两种多轮 Query 改写的类型：省略补全和指代消歧，对应用户和系统的 3 轮对话以及最后一轮用户改写后的完整问法（User 完整问法）。

- 省略补全：是指在 Query 中填补省略的部分，使其成为一个完整的句子。例如表中用户提问"李四的呢？"单看这句话是无法判断用户的意图，当结合历史多轮对话后即可确定用户想要表达的是"查找李四的公文"，这样即可确定用户的真实意图。

- 指代消歧：是识别或理解 Query 中的代词或指示词所指的具体实体的过程。例如表中用户提问"找下他的新闻"，这里面"他"指代的是前文"张三"，进行多轮 Query 改写后即为"找一下张三的新闻"。

多轮 Query 改写旨在处理用户在多轮对话中可能使用不完整或含糊的表达。这种表达可能包括省略（如省去主语或宾语）和指代（如使用代词而没有明确指出其指代的对象），这样也可将多轮的意图识别/槽位提取转换成单轮。为了提高问答系统的理解能力和准确性，需要对这些不完整的 Query 进行改写，使其包含完整的信息。

4. 小结

在智能对话系统中，业务数据处理是实现高效语义理解和准确回答用户查询的基础。这一过程主要包括数据收集、预处理和 Query 改写三个关键步骤，旨在将用户的自然语言输入转换为系统能够更好地理解和处理的结构化数据。

数据收集：数据收集是构建对话系统的基础，涉及捕获和记录用户与系统的每一次交互。这些数据不仅包括对话记录，还可能包括整合现有知识库、开源数据和通过数据标注获得的信息。这些数据对于训练、评估和改进系统至关重要。

预处理：预处理步骤旨在将用户的原始提问转化为统一且易于处理的形式。这一步骤包括大小写转换、全半角转换、繁简体转换、长度截断等，以消除用户输入中的口语化、多样性和描述模糊等问题，从而提高后续处理阶段的效率和准确性。

Query 改写：Query 改写是对预处理后的提问进行进一步优化的过程，以提高问题理解的准确性和答案检索的效率。这一步骤包括 Query 纠错、Query 扩展和多轮 Query 改写。Query 纠错旨在修正用户输入中的错误，包括拼写检查、语法纠错和词汇替换。Query 扩展则通过增加相关信息或上下文丰富用户的提问。多轮 Query 改写处理多轮对话中的省略和指代问题，确保系统能够理解用户的真实意图。

通过这些步骤，智能对话系统能够更准确地捕捉用户的关键信息，提供更高质量的回答，并不断提升用户体验。这些业务数据处理的方法对于构建一个能够理解和响应用户需求的智能对话系统至关重要。

3.2.3　意图识别

经过业务数据处理模块之后，此时用户的提问语句已经进一步规范化，接下来准确理解用户的意图则是对话问答系统非常重要的一个任务，即确定用户的提问语句中所表达的意图或目的。简单来说，意图识别就是对用户的话语进行语义理解，以便更好地回答用户的问题或提供相关的服务。

在 NLP 中，意图识别通常被视为一个可穷举的多分类问题，即通过将输入语句分类到预定义的意图类别中来识别其意图。一般而言，在企业的业务场景中用户搜索意图可以分为以下三类，并且这三类问题往往有一个统一的输入入口。

● 任务类：用户想要完成某个明确的任务，例如：寻找出租车、请假等。

● 问答类：用户针对企业内部的规章制度进行提问，此时对话系统应更专业地进行回复。

● 闲聊类：与用户进行轻松、随意的聊天。

在我们的业务场景中，任务类意图包括：查找公文、查找新闻、查找公告、查找通讯录、请假、假期余额查询、公务用车、搜索应用、搜索已办事项、翻译、智能写作等，除此之外还有制度问答类和闲聊类的意图，共计 10 余种意图。其中，一些意图会容易混淆，需要意图识别模型可以精准地区分是何种意图。请假、假期余额查询和有关请假的制度问答是非常典型的混淆意图，例如用户提问"年假能休几天"，既可以是假期余额查询意图还可以是制度问答意图，又如"我要请假，还有多少天假"也是很难区分是请假意图还是假期余额意图。另外，还有与业务场景强相关的意图，比如搜索应用意图，当用户提问是搜索公司内部应用时才能返回搜索应用意图，若提问的应用不是公司内部应用，则返回闲聊意图。

无论是上述何种意图，都需要根据用户的提问进行分类以获取相应意图。在本节中将会介绍意图识别的两类方法：基于规则的方法和基于大模型的方法。

1. 基于规则的方法

当企业前期开发对话问答系统时，往往存在无真实用户提问的数据或只有少量的用户提问数据等问题，而使用少量的样本数据进行模型训练也是无法满足线上使用的。此时，对话问答系统面临的难点包括：冷启动问题、意图识别需要高准确率、用户相似提问频率高、用户提问与业务强相关等，这时基于规则的意图识别方法即可解决这些难点。基于规则的意图识别方法可分为以下三类。

（1）模板匹配。基于模板匹配的方法通常需要人工构建规则模板和类别信息，即某些关键词对应什么类别，再根据设定的模板规则进行匹配，识别出用户的意图。例如"我要请年假"这一句用户提问，可以设定模板为".*请年假"，通过正则匹配成功后返回用户的意图为"请假意图"，这种方式是通过关键词进行匹配识别出意图的。又如"查找张三的公文"这句提问，模板则可以设定为"查找[PER].*公文"，匹配成功后返回"查找公文"意图，不同的是该模板在关键词的基础上增加了"[PER]"实体类型，这是由于人名是无法穷举的，此时使用实体识别的方法将人名替换为[PER]，即可对模板进行扩展以提升识别的泛化能力。例如"查找张三的公文""查找李四的公文""查找王五的公文"这些 Query，通过实体识别后得到"查找[PER]的公文",经过"查找[PER].*公文"模板匹配成功后即可得到"查找公文"的意图。

（2）黑白名单。模板匹配的方法有很好的扩展性且较高的准确率等优点，但还是会存在识别错误，此时可针对具体的问题特点设定相应规则并存入黑名单或白名单中。

- 黑名单：用来过滤意图，将一系列不符合预期的意图通过黑名单中的意图匹配进行规则模块的过滤处理，后续可基于分类模型进行处理解决。
- 白名单：和黑名单相反，它包含了被认可或允许的意图。当输入的文本与白名单中的意图相匹配时，则直接返回相应意图。

（3）相似意图匹配。在经过上面模板匹配和黑白名单的方法处理后，基本可以解决冷启动、用户提问高频等问题。但由于用户的提问千变万化，模板匹配却无法全面地覆盖，此时会存在很多中长尾的用户提问与高频用户提问，且在词汇、语法结构或语义上有一定的相似性，表达了相同或相近的意图。例如："今天的天气如何？"和"今天的天气状况"，这两个提问语义是相似的，模板匹配对第一句会识别出"天气信息"意图，但对第二句却无法识别出意图，此时使用相似 Query 的方法便可解决这类问题。以下是一些常用的相似 Query 识别算法：

- 基于字面相似度：对两个 Query 通过编辑距离或者最长公共子序列等方式计算相似度。
- 基于向量相似度：将 Query 表示为向量，计算两个向量之间的余弦相似度。
- 基于图的相似度：将 Query 表示为一个图结构，通过计算两个图之间的相似度衡量它们之间的相似性。
- 基于协同过滤的相似度：利用协同过滤算法，根据用户的历史行为和偏好，计算两个 Query 之间的相似度。

（4）总结。在实际应用中，这些基于规则的方法可以根据具体需求和场景进行组合使用。模板匹配侧重于精确匹配预定义的模式，适合于结构化和已知意图明确的应用场景，它在已知意图上表现最佳。黑白名单用于过滤或允许特定意图，它适用处理特定的问题（badcase）。而相似意图匹配则通过计算相似度识别未能精确匹配的意图，并在处理长尾和变体的用户提问时表现出色。另外，模板匹配和黑白名单资源消耗相对较低，而相似意图匹配可能需要更多的计算资源进行相似度计算。

2. 基于大模型的方法

在实际业务场景中，基于规则的意图识别方法可以通过预定义的规则集快速构建一套意图识别模块，这对项目初期是非常重要且有效的。但这会缺乏灵活性，难以适应语言的多样性和复杂性。当面对新的或未预见的表达方式时，需要不断更新和维护规则集，因而扩展性较差，难以适应大规模数据集。

基于大模型的意图识别在面对实际应用时，用户交互的不同场景和复杂性导致系统在处理这些交互时面临不同的挑战。面对这些挑战，系统为了更好地适应多样化的用户需求和对话情况，通过综合运用单轮意图识别、多轮意图识别、模糊意图识别以及集成模型后处理等解决方法，进一步提高系统的灵活性和实用性，使用户体验更加流畅和满意。

单轮对话意图识别是指在一个对话轮次中，系统对用户的一次独立提问进行意图理解。在 NLP 中，意图识别可以看作是一个文本分类任务，因为这个任务实质上是把用户提问 Query 分类到预定义好的类目上去。单轮意图识别是问答系统的基础，它有助于快速响应用户的问题，并提供初步的答案或引导。然而，在一些复杂的情况下，可能需要多轮交互更准确地理解用户的意图。在构建意图分类模型时，主要分为两步：数据集构建和模型训练，具体如下。

训练数据集是构建分类模型非常重要的一步，数据集的质量好坏直接影响了模型效果。在构建模型训练数据集时，理想的训练数据特点包括代表性、多样性、类别数据均衡和少噪声等。而实际业务场景中，在前期构建模型时往往存在样本数据量少、样本代表性不够、数据标注有噪声等问题，为了解决这些问题并使训练数据达到理想情况，可通过采用样本治理框架进行一站式的方案解决。图 3.3 为样本治理框架，主要包括 4 个步骤，分别为数据来源、数据增强、标注样本采样以及噪声数据检测，接下来对各个步骤进行详细介绍。

在对话问答系统构建的初期，真实场景的数据是非常稀缺的，为了解决这一挑战，开发者通常会从线上数据、人工构建和开源数据等方面获取和准备所需的数据。

- 线上数据：从实际运行的系统中收集到的数据，这些数据能够直接反映用户的真实需求和行为模式。

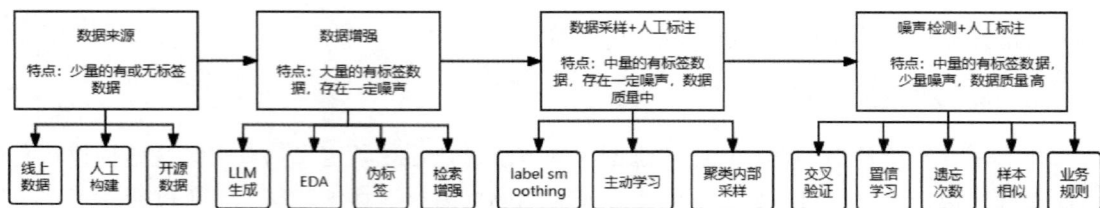

图 3.3　样本治理框架

- 人工构建数据：通过专业人员设计和创建的数据集，这些数据集通常具有较高的质量和精确性。
- 开源数据：公开可用的数据集，这些数据集通常由研究机构、大学或企业发布，并允许研究者和开发者用于非商业性质的研究和开发。

通过以上几种方式可获取到少量有标签或无标签的数据作为数据集构建的基础。

当训练数据量少时，即可采用数据增强的方式增加训练数据量，通过对原始文本数据进行修改或扩展，以增加数据的多样性和丰富性，从而提高模型的泛化能力和健壮性。数据增强的方法包括：EDA、LLM 生成、伪标签、检索增强等。

- EDA：easy data augmentation（简称 EDA）是一种流行的数据增强技术，旨在通过文本编辑技术扩充训练数据集，主要的方法包括：同义词替换、近音字替换、实体替换、回译、随机插入、随机删除和随机替换等。例如："查找张三的通讯录"经过实体替换后，可获取到"查找李四的通讯录"。
- LLM 生成：这是一种先进的技术，它利用大模型的强大理解和生成能力创造新的训练样本，通过提示词让大模型对文本数据进行转换生成新的训练数据，这种转换可以是风格转换、同义转换、同义改写等。例如：使用提示词"你现在是请假助手，请对'明天我要请假'这句话生成相似说法。"调用 LLM，可获取到"我打算明天休一天假。""明天我有事，想要请一天假。"等相似改写。
- 伪标签：这是一种半监督学习方法，它利用已有的少量标注数据对大量无标签数据生成伪标签，从而扩充训练数据集。这种方法的优势在于能够有效利用未标注的数据资源，减少对大量标注数据的依赖。
- 检索增强：该方法基于检索技术并通过对已标注的数据进行向量化，再对未标注数据检索相似文本以扩充数据集。其中未标注的文本除了是业务场景的数据，还可以寻找与业务场景相近的开源数据进行增强，以便提高样本数据的多样性。

数据增强的主要特点是基于少量的有标签或无标签数据进行数据扩充，获取大量的有标签数据，但这些数据会存在一定的噪声。

传统的样本标注一般采用随机采样的方式进行人工标注，这样会存在标注数据多、无规律、相似数据重复标注等问题。为了解决这类的问题，可使用新的标注样本的采样方式进行优化。方法如下：

- 首先，为了提高模型预测的区分能力，对模型输出的分数进行了调整，这个过程称为校准。对此，可采用一种名为 label smoothing 的技术，它基于一个简洁的理论框架，并且对模型的改动很小。通过这种校准，分数分布会趋向于中间值，从而增强了预测的区分度。同时，经过校准，那些仍然处于高置信度区间的数据项，在分类任务中的准确性也得到了提升。简而言之，label smoothing 技术有助于模型更加精确地区分不同类别的数据。

- 基于上面 label smoothing 技术构建的模型对候选样本进行数据预测，采用主动学习的方式选择有价值的样本。这是一种减少对标注数据需求量的策略，主动学习的核心思想是，使模型能够主动选择哪些未标注的数据是有助于模型学习的，通过基于不确定性、代表性、多样性等指标选择样本。主动学习的方法包括：基于熵、基于最小置信度、基于边缘采样、委员会投票等。

- 由于主动学习选取的样本一般是中等样本或困难样本，为了丰富训练样本集需要再采样出一批样本。对此，可对候选样本进行预测，通过对相似的样本进行聚类，针对每个类内进行采样以获取有代表性的样本，从而减少冗余标注。在采样的过程中，除了采样低置信度的样本数据，还要采样一些高置信度的数据进行人工标注。

大量的有标签数据在经过标注样本采样之后，可以对数据进行筛选采样以获取有价值的数据，这样既保证数据分布均衡还能提高数据的质量，但此时的数据还会存在一定的噪声。

对样本数据的人工标注依然无法保证数据被百分百地标注正确，而噪声数据的存在会影响模型的训练效果，降低其泛化能力和准确性。以下是噪声数据检测的一些常见方法：

- 交叉验证：通过 K 折交叉验证的方法训练多个模型进行预测，将预测一致性低的数据和与标注标签不同的数据作为潜在的错误样本。

- 置信学习：confidence learning（置信学习）是一种弱监督学习方法，是建立在分类噪声过程的假设之上，即错误的标签是由某种与数据无关的潜在正确类别条件生成的噪声所导致的。换句话说，标签错误不是由数据本身的特性引起的，而是由于在给定正确类别的条件下，噪声影响了标签的准确性。通过估计给定带噪声标签与潜在正确标签之间的条件概率分别来识别错误标签。

- 遗忘次数：在模型训练过程中，可能会遇到这样的情况：一开始模型正确地对某个样本进行了分类，但在后续的训练中，模型的参数更新导致该样本被错误地分类。这种现象称为"遗忘事件"（forgetting event）。通常，带有噪声的样本比正常样本更容易经历多次遗忘事件。通过追踪训练过程中的遗忘事件数量，即可识别出可能被错误标注的噪声样本。

- 样本相似度：识别错误标签的一种直观方法是利用样本间的相似性。从数据集中选取一组相对确信其标签准确性的样本（称为"白样本"），并计算这些白样本与其他样本之间的相似性。通过设定一个相似度阈值，对于超过这个阈值的其他样本，若其标签与白样本不一致，即可视为潜在的噪声数据。

- 业务规则：在数据分析过程中，通常能够识别出噪声标签产生的一些规律性模式。利用这些模式，可以开发出一些简单而有效的过滤规则，以便直接移除一部分带有噪声标签的数据。

通过上述噪声检测的方法，将检测出来的噪声数据反馈给人工进行重新标注，这样便可以通过自动化的噪声检测方法和少量的人工标注进一步提升训练样本数据的质量。

构建完训练数据集后，即可开始进行模型训练，接下来将会介绍基于预训练语言模型的两种意图识别方法，BERT 类和 LLM 类。

BERT（bidirectional encoder representations from transformers）是由谷歌公司在 2018 年提出的一种预训练语言表示模型，它在自然语言处理（NLP）领域引起了革命性的变化。BERT 的核心特点是利用双向 Transformer 的编码器学习文本数据的深层次双向表示。BERT 的主要特点是通过在大规模文本数据上进行无监督学习，模型学习了语言的通用表示。这些表示可以用于各种自然语言处理任务，如文本分类、情感分析、机器翻译等。

BERT 进行意图识别的模型训练实际上是文本分类任务的微调，旨在调整预训练模型的参数以适应特定任务的过程，如图 3.4 所示。首先，使用 Hugging Face 的 Transformers 库或其他类似工具加载预训练的 BERT 模型。其次，对训练和测试数据进行预处理，转换为 BERT 的输入格式。最后，在 BERT 模型的最后一层添加一个分类层，将 BERT 的输出映射到类别的概率分布。这样即可构建一个基本 BERT 类的模型训练，除此之外还可以针对一些超参数进行调整，如：学习率、批次大小、训练轮次等。

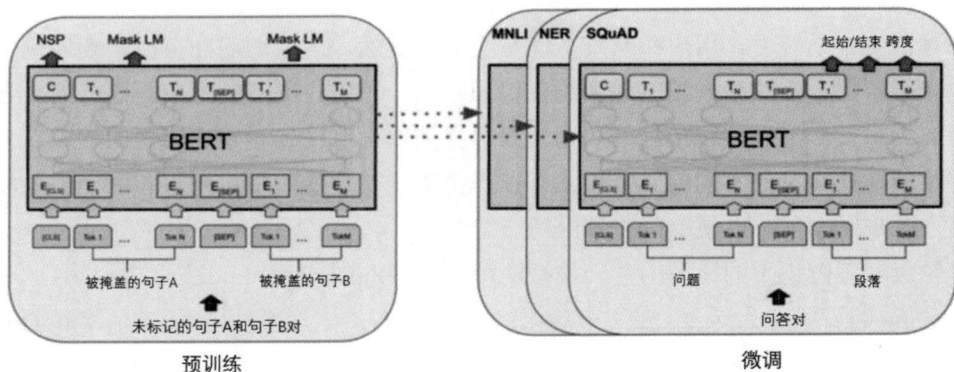

图 3.4　BERT 模型结构：预训练和微调

当模型训练结束后，会在验证集评估模型的性能。如果性能不佳，可能需要调整超参数、优化训练数据或尝试不同的模型结构等。

LLM（large language models）是指大规模的语言模型，这些模型通常具有大量的参数和深层的网络结构，能够捕捉和理解自然语言的复杂性和细微差别。LLM 通过在大规模文本数据集上进行预训练，学习语言的通用表示，然后可以在特定任务上进行微调以实现高性能的自然语言处理（NLP）。与传统的 NLP 模型相比，LLM 能够更好地理解和生成自然文本，同时还能够表现出一定的逻辑思维和推理能力。

不同于 BERT 类的模型，LLM 类模型在设计、训练目标和微调方面存在一些区别。

● 训练目标：LLM 模型的训练目标通常是学习语言的生成能力，以便能够生成连贯、有意义的文本。而 BERT 类模型的训练目标主要是对输入文本进行理解和特征提取。

- 模型结构：LM 模型通常采用生成式的结构，例如 Transformer 结构的解码器，用于生成文本。BERT 类模型则通常采用编码器结构，其中编码器用于对输入文本进行特征提取。

- 模型微调：LLM 模型的微调方式有多种，第一种是基于提示词微调的指令微调方式，通过提示词引导模型生成答案，这种方法一般出现在零样本和少样本任务上；第二种是 LoRA 微调方式，这是一种在大模型的现有层中添加低秩矩阵的技术，通过对新增的低秩矩阵进行微调，保持原有的大规模参数不变来适应特定任务；第三种则类似于 BERT 类模型的微调方式，针对大模型全参数进行调整。

在对话问答系统中，用户和系统之间是连续交互的，用户的问题可能需要通过多个步骤才能完全解决。在这种场景下，系统仅仅识别每一轮用户提问的意图是不够的，它需要结合历史的对话信息以及对话之间的逻辑和语义关系，以准确识别出用户的意图。为了系统能够灵活地处理这些不同的交互模式，以提供准确且良好的用户体验，因此需要构建多轮对话意图识别模型，以便准确识别出用户意图。

多轮对话意图识别的模型构建一般有两种方式：Pipeline 和 End2End。

Pipeline 的方式分为两步，第一步将多轮对话进行转换，通过之前提到的多轮 Query 改写技术将当前轮次的 Query 中省略或指代的部分进行填充或替换，第二步再进行单轮的意图识别。例如之前的例子："User：查找张三的公文"→"System：已查找到张三的公文"→"User：李四的呢？"通过多轮 Query 改写技术将当前轮次改写成"查找李四的公文"，这时已将多轮对话意图转换成单轮对话意图。在多轮对话中，多轮 Query 改写和意图识别通常是紧密集成的，Query 改写旨在使用户的输入更加完整和清晰，而意图识别则利用这些改写后的 Query 准确地理解用户的意图。

End2End 的方式不同于 Pipeline，它将多轮对话直接放到 LLM 中进行多轮意图识别。Pipeline 的方式会存在误差传递的问题，当多轮 Query 改写未将当前轮次的 Query 改写正确时会影响后续单轮意图识别的效果。而 End2End 的方式避免了这类问题，通过 LLM 强大的理解能力可以很好地对多轮对话进行意图识别。具体的模型训练如下。

训练数据的构造：

请对以下对话进行意图识别，包括：查通讯录、查找公文、请假。

```
对话:
User: 我想找×××的通讯录。
    System: 已为您找到×××的通讯录。
User: 再查一下关于他的公文。

返回:
{"查找公文"}
```

模型训练: 通过训练数据的构造再结合单轮意图识别中 LLM 类的几种模型训练方法, 即可训练出一个多轮对话意图识别模型。

在多轮对话中, 系统通过以上两种方式动态地应对不同用户的表达方式和多样化的查询请求, 提供连贯和相关的响应, 从而提高对话的流畅性和用户体验, 这样也可以提高系统的灵活性和适应性。根据实际业务场景的需要可以针对性地选择 Pipeline 方式或 End2End 方式, 或者二者协同使用。此外, 系统可能还会使用对话管理策略决定是否需要进一步的澄清或确认, 以及如何根据用户的反馈调整后续的对话流程。这种集成的方法使得多轮对话系统能够更加灵活和智能地处理复杂的用户需求。

在上文中介绍了多轮对话意图识别的重要作用, 这是由于用户和系统交互时需要依赖历史的对话信息确定当前轮次的用户意图。除此之外, 还有一种复杂的情况是, 用户自身的表达存在歧义而导致意图无法识别准确, 例如: "我要请假, 我还有几天年假", 这句用户提问存在歧义, 既包含"请假"意图也包含"假期余额"意图; 又如"我要请假和打车", 这句包含了"请假"和"打车"两种意图。针对以上的问题, 采用单轮意图识别和多轮意图识别都是无法很好解决的。这时需要采取系统交互+模型算法的方式进行处理。

当用户提问时表述模糊时, 单单依赖模型进行识别是无法完全解决的, 这时可以在系统界面中给用户一个反馈, 让用户来确定他的真实意图是什么。例如, 当用户提问"我要请假, 我还有几天年假"时, 当判断为模糊意图时在系统界面中弹出"请假"和"假期余额"两个意图的选项框, 让用户通过单击的方式选择真实意图。当用户的提问模糊时, 既可以通过这样的方式提升用户的体验感, 又可以积累日志以便后续构建模糊意图的训练数据。

在对话问答系统构建的初期，往往训练的是多分类模型，此时对用户的提问只能识别出单一意图，无法识别出用户的模糊意图。这时，可采取多个模型集成的方式进行模糊意图识别，当多个模型识别的意图不一致时可向系统反馈，通过系统交互的方式让用户选择真实意图。

在构建多个模型时，可采用不同模型+训练数据的不同采样相结合的方式分别进行模型训练。通过这样的方式，由于模型基座不同加上训练数据分布不同，所以这样训练出来的模型在用户表述意图清晰时多个模型的识别结果是一致的，当用户表述模糊时模型结果则是不一致的。

当系统运行一段时间并积累了一定量的模糊意图日志数据后，可以基于这部分数据对多个模型进行迭代优化，或者是采用多标签分类的方式训练模型。此外，在实际场景中，由于模型准确率并不是 100%，这时会存在用户提问意图清晰时多个模型返回模糊意图的情况。针对这样的情况，可将多个模型的分类结果进行融合，采用投票、平均、加权等方式综合多个模型判断，从而得到更可靠的分类结果。若效果不佳，可针对不同模型的分类结果采用一些策略来解决，例如模型的性能、置信度或者其他指标确定最终的分类结果。

3.2.4　槽位提取

在整个对话问答链路中，在完成意图识别功能之后，此时识别到的用户意图是比较粗略的，无法更深层次地理解用户的具体需求。例如：当用户提问"查找张三的公文"时，用户是想要获取到"张三"相关的"公文"文件，在经过意图识别后获取到"查找公文"意图，但获取不到关键词"张三"，这样搜索引擎就无法检索相关的文件返回给用户。这时，槽位提取功能模块的作用则体现出来了，通过识别出特定的关键词，进而完成用户的需求并进行更加精细的识别。

槽位提取本质上是 NLP 中命名实体识别（named entity recognization，简称 NER）任务，是指识别文本中具有特定意义的词或短语，主要包括人名、组织机构名、地理位置、专有名词等。想要从文本中进行实体抽取，首先需要从文本中识别和定位实体，然后再将识别的实体分类到预定义的类别中去。

在我们的系统中，已经定义了超过 10 种不同的任务类意图，并为它们配置了 15 种相应的槽位。在这些意图中，有些意图是简单直接的，识别出来即可，不需要进一步的槽位信息。例如，"请假"和"公务用车"这类意图，一旦被识别，系统就可以直接响应，无需其他详细信息。对于那些需要更具体信息的意图，槽位的作用就显得尤为重要。例如，"查通讯录"这一意图就涉及多个槽位，包括"人名""职位名""公司名"和"部门名"。另一类意图，如"查找新闻"，则对应着"新闻关键词"这一槽位。在实际业务场景中，槽位主要分为两类：实体类和关键词类。实体类槽位通常包含了领域相关的专业名词，例如公司内部的职位名、公司名和部门名等。而关键词类槽位则侧重于捕捉与搜索意图直接相关的词汇，它们对于提高搜索的准确性和相关性至关重要。总的来说，精细化的意图和槽位管理方法是提升系统性能和用户体验的关键。在本节中将会介绍槽位提取（NER）的两类方法：基于规则的方法和基于大模型的方法。

1. 基于规则的方法

早期的命名实体识别方法主要采用人工编写规则的方式进行实体抽取。这类方法首先构建大量的实体抽取规则，一般由具有一定领域知识的专家手工构建。然后，将规则与文本字符串进行匹配，识别命名实体。基于规则的抽取方法往往具有较高的精度，但是召回率偏低。

在实际业务中，一般采用实体词典匹配结合业务规则的方式进行命名实体识别。在实体词典匹配的方法中，主要包括两个部分：领域实体词典和词典匹配。对于选取实体词典匹配的方法，有以下 4 个方面原因：

- 高准确：在对话问答场景中，用户查询的头部流量通常表述简单且较短，且集中在人名、组织机构名、专有名词等几类实体搜索中，词典匹配处理这类用户的查询准确率可达到 90% 以上。
- 领域适配：业务场景中的 NER 是与领域相关的，通过挖掘业务数据中的实体词典，经过实体词典匹配后可保证识别结果是领域适配的。
- 可迁移：当接入新业务时，实体词典匹配更加灵活，只需要提供业务相关的实体词典即可完成新业务场景下的 NER。

- 高响应：在实际业务场景中，对于 NER 的响应要求极高，词典匹配速度快，不存在性能上的问题。

领域实体词典挖掘指的是从给定的领域语料中自动挖掘出该领域的高质量短语的过程。

- 基于规则。通过预定义的词性标签（POS Tag）规则识别文档中的高质量短语。但由于规则一般是针对特定领域手工设计的，存在一定的局限性，例如：人工定义的规则通常适用于特定领域，难以适用于其他领域。人工定义规则代价高昂，难以穷举所有的规则，因此在召回率存在一定的局限性。

- 基于统计。基于统计的方法主要是通过计算候选词的统计特征挖掘领域短语词。其中最著名的方法是 AutoPhrase，该方法主要包含三个步骤，如图 3.5 所示。

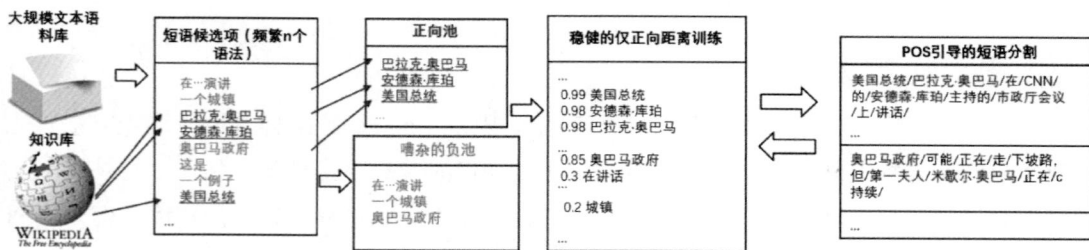

图 3.5　AutoPhrase 方法

第 1 步，数据准备：领域的文本数据和知识短语词典，其中词典可以使用现有的通用知识库（如 Wikipedia、Freebase 等）及已经标注好的领域短语词典。

第 2 步，候选短语生成：对领域的文本数据采用 n-grams 挖掘，构建可能存在的短语候选名单，针对较低频率的短语进行过滤。

第 3 步，标签池构建：基于从领域文本数据中获取的候选短语集，采用第 1 步准备好的通用词典或领域词典作为远程监督词库，将第 1 步中候选短语集与词典的交集作为训练正例池，剩余的作为负例池。针对海量的语料，对于候选短语集成为一个高质量短语的判定有 4 个维度的统计特征来衡量。

- 频率：高质量短语应该满足一定的高频率。
- 紧密度：主要用于评估新短语中连续元素的贡献强度，主要考虑短语内部的点互信息。
- 信息度：新发现的词汇应具有真实意义，指代某个新的实体或概念，该特征主要考虑了词组在语料中的逆文档频率、词性分布以及停用词分布。
- 完整性：新发现的词汇应当在给定的上下文环境中作为整体解释存在，因此应同时考虑词组的左信息熵和右信息熵，从而衡量词组的完整性。

第 4 步，领域短语质量评估。在经过领域文本的候选短语构建和多维度统计特征提取后，可训练二分类模型计算候选短语的质量，根据阈值筛选出高质量短语。然而，由于负例池中混合了部分高质量短语，为了获取这部分数据，将从负例池筛选出来的短语放入正例池中，继续模型训练，经过反复多次执行后即可获取一批高质量短语结果。为了保证短语的质量，可通过词性分析过滤不符合语法的短语。

基于词典匹配的方法一般采用字符串匹配的方式抽取实体，首先通过人工或者领域词典挖掘的方式获取领域词典。再对输入的文本进行预处理，例如分词、去除特殊字符、大小写转换、繁体转简体等。最后，经过匹配算法（包括基于正向最大匹配方法、基于逆向最大匹配方法等）进行输入文本的实体识别，且映射相应的实体类型。

词典匹配方法的优点是简单、快速，对于一些常见的实体可以有较好的效果。然而，它也存在一些限制：

- 覆盖范围：词典可能无法涵盖所有可能的命名实体，特别是对于一些新颖或特定领域的实体。
- 歧义性：某些词汇可能在不同的上下文中有不同的含义，导致词典匹配的结果不准确。
- 灵活性：词典匹配方法相对较固定，无法适应文本的多样性和变化。

2. 基于大模型的方法

基于规则的槽位提取依赖于预定义的规则和模式，如正则表达式、词典匹配等，以识别和提取槽位。它有可解释性、易于维护和快速部署等特点，这在特定场景下快速有效，但随着业务的发展和用户行为的变化，该方法存在覆盖率有限、灵活性差、维护成本高等缺点。

对于基于大模型的槽位提取方法，可以从数据中学习槽位的识别模式，能够更好地适应复杂多变的对话场景，具有更好的长期发展潜力。它具有泛化能力强、从训练数据中自动学习槽位提取的模式、随着数据积累模型可持续优化等优点。接下来将介绍单轮对话槽位提取和多轮对话槽位提取。

单轮对话槽位提取是对话问答系统中的一个关键环节，它涉及从单个轮次的用户提问中识别和提取关键信息的过程。这些关键信息通常被称为"槽位"（slots），它们是对话系统中用于理解用户意图和提供相关回答的基础数据。槽位提取的准确性直接影响对话系统的性能和用户体验。对于构建单轮对话槽位提取的模型，同意图识别一样也是分为两步：数据集构建和模型训练，具体如下。

在构建槽位提取的数据集时，可以复用意图识别的样本治理框架，只需要在每一步骤上有针对性地将意图识别特点调整为槽位提取的特点即可，整体流程不变，依然包括数据增强、标注样本采样以及噪声数据检测等三个步骤。

不同于意图识别，槽位提取的数据增强需要考虑实体的边界和上下文信息，更侧重于获取包含特定实体（槽位）的文本，而意图识别则需要考虑整个句子的语义和意图的多样性。槽位提取的数据增强依然采用 EDA、LLM 生成和伪标签等方法，只是与意图识别的数据增强方法在细节上有所区分，具体如下。

- EDA：EDA 方法更侧重于实体级别的操作，如实体的替换、插入和删除，其中实体替换需要将实体替换为同一类别的其他实体。
- LLM 生成：LLM 可以用于生成包含特定槽位信息的文本样本，这些样本可以用来增强训练数据集，以便模型能够更好地学习和识别各种类型的实体和槽位。例如，LLM 可以根据已有的实体类型（如地点、时间、数量等）生成新的对话或文本片段，其中包含这些实体的不同表述方式。

伪标签：模型首先在已标注的数据上进行训练，然后在未标注的数据上进行预测，生成伪标签。这些伪标签随后可以用于进一步训练模型，尤其是在标注数据稀缺的情况下。

对于槽位提取的标注样本采样任务，依然可采用与意图识别相同的采样步骤，只是意图识别是以 Query 为单位进行采样，而槽位提取则是以 Query 中的实体（槽位）为单位进行采样。具体步骤如下。

首先，使用已标注数据训练一个初始模型。然后，通过主动学习对未标注数据进行筛选，获取到有价值的数据，选择策略包括：基于熵、基于最小置信度、基于边缘采样、委员会投票等。最后，分别筛选高置信度和低置信度的方法获取样本并提供给人工进行标注。

由于模型是针对实体（槽位）进行训练的，所以噪声检测的方法相对有限，一般包括：交叉验证、遗忘次数以及业务规则等，人工再针对噪声数据进一步标注以提升训练数据质量。

在自然语言处理领域中，槽位提取实际上就是序列标注任务，如命名实体识别（NER），一般采用 BERT+CRF 的形式。BERT 是一种基于 Transformer 架构的预训练语言表示模型。它通过在大量文本上进行预训练，学习深层次的语言特征，能够捕捉词汇的双向上下文信息。条件随机场（CRF）是一种统计建模方法，常用于序列数据的标注问题。CRF 是一种判别式模型，它直接对条件概率进行建模，而不是像生成式模型那样对联合概率分布进行建模。在序列标注任务中，CRF 能够考虑标签之间的依赖关系，通过全局归一化为整个序列分配最优的标签组合。

BERT 和 CRF 的主要优势在于，利用 BERT 强大的上下文捕捉能力和 CRF 在处理标签依赖关系方面的优势。在 NER 等序列标注任务中，这种结合可以显著提高模型性能，如图 3.6 所示。

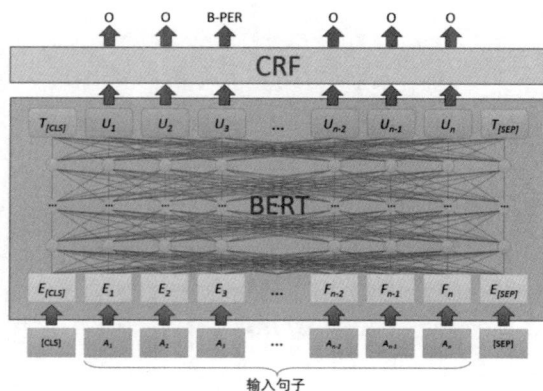

图 3.6　BERT+CRF 模型结构

- BERT 提供特征：BERT 作为特征提取器，为每个词生成高维度的上下文相关的表示。
- CRF 进行序列预测：CRF 层接收 BERT 输出的特征，并对整个词序列进行标注，同时考虑标签之间的转移概率，从而为整个序列找到最优的标签组合。
- 端到端训练：BERT 和 CRF 可以一起训练，形成一个端到端的模型，这有助于模型更好地学习任务相关的特征。

多轮对话槽位提取涉及在一系列用户和系统之间的交互中识别和提取与用户意图相关的具体信息，这些信息通常被称为"槽位"，它们是用于理解用户需求和生成恰当响应的基础。通常它面临着多个难点，主要包括：上下文依赖性、意图和槽位的动态变化、长对话的记忆和跟踪、对话的非线性和不可预测性等。为了解决这些问题，可采取与多轮意图识别类似的方法处理槽位提取，包括 Pipeline 方法和 End2End 方法。

Pipeline 方法可同多轮意图识别一样，先进行多轮 Query 改写，再通过单轮槽位提取的方法获取该意图下的槽位，将多轮槽位提取转换成单轮槽位提取。

End2End 方法可直接通过 LLM 对意图识别和槽位提取进行指令识别，这样即可将意图和槽位统一识别出来，具体模型训练数据构造如下。

```
请对以下对话进行意图识别和实体识别，意图包括：查通讯录、查找公文，实体包括：人名，公文名

对话：
User：我想找×××的通讯录。
    System：已为您找到×××的通讯录。
User：再查一下关于他的公文。

返回：
{
"查找公文"：{
    "人名"："×××"
}
}
```

多轮槽位提取对于构建能够进行复杂对话的系统至关重要，因为它允许系统在对话过程中积累和更新信息，从而提供更加个性化和准确的响应。在实际业务场景中，可根据具体情况选择 Pipeline 方法或者 End2End 方法，甚至可将二者结合使用。

3. 总结

在自然语言处理领域，槽位提取是对话系统中用于理解用户具体需求的关键技术。它通常紧随意图识别之后，旨在从用户输入中提取更详细的信息，如人名、地点、时间等，以便系统能够更准确地响应用户的需求。槽位提取本质上是命名实体识别（NER）任务的一部分，涉及识别和分类文本中的特定实体。

槽位提取的方法主要分为两类。

这种方法依赖于人工编写的规则，通过匹配规则和文本字符串识别命名实体。

它通常结合实体词典匹配和业务规则，具有高准确率、领域适配性强、可迁移性和高响应速度的优点。

领域实体词典挖掘是这一方法的重要组成部分，可以通过基于规则或统计的方法挖掘高质量短语。

词典匹配是实现实体识别的技术，通过预处理文本和匹配算法识别实体。

这种方法利用深度学习模型，如 BERT+CRF，从数据中学习槽位的识别模式。

它具有泛化能力强、自动学习槽位提取模式、持续优化等优点。

单轮对话槽位提取关注从单个用户输入中提取信息，而多轮对话槽位提取则涉及在连续的对话中跟踪和更新槽位信息。

在实际应用中，槽位提取的准确性直接影响对话系统的性能。为了提高槽位提取的效率和准确性，可以采用数据集构建、模型训练、数据增强、标注样本采样和噪声数据检测等策略。在多轮对话中，系统需要处理上下文依赖性、意图和槽位的动态变化等挑战。

总结来说，槽位提取是对话系统中的一个重要环节，它通过识别和分类用户输入中的实体信息，帮助系统更深层次地理解用户需求，并提供更精确的服务。无论是基于规则的方法还是基于大模型的方法，都有其适用场景和优势，可以根据具体的业务需求和资源情况选择合适的技术路径。

3.3 基于大模型的公文写作

随着生成式模型的飞速进步，人工智能在文本创作领域展现出巨大的潜力。然而大模型的实际应用效果与其潜在价值之间似乎存在显著差距。在日常工作中，我们常常发现大模型主要用于生成一些表面化、缺乏深度的内容，难以触及工作的核心环节。因此，如何基于大模型进行真正有意义的公文写作成为大模型应用落地的重要突破口之一。在本节中，我们将结合实际的落地经验，深入探讨大模型在办公领域公文写作中的应用。我们将从通用模型写作、外部知识学习、公文模型微调及基于思维链的写作等 4 个方面进行详细介绍。通过这些探讨，我们希望能够为大模型在公文写作领域的实际应用提供有益的参考和启示，推动大模型在办公领域的深入发展和广泛应用。

3.3.1 通用模型写作

生成式模型的预训练过程一般聚焦于续写任务，正因如此，这类模型天然地具备了一种独特的文章创作潜力。自从 GPT2 模型问世后，我们便能在各类社交平台上看到基于生成式模型撰写的文章。这些文章初看之下似乎通顺流畅，但当我们深入剖析其细节便会发现漏洞百出。举例来说，GPT2 受到其训练数据的影响，时常会生成一些看似真实实则并不准确的内容。这种情况就如同一个擅长模仿的演员，虽然能够模仿得惟妙惟肖，但无法完全还原真实世界的复杂和多变。此外，在生成连贯文本的过程中，模型有时也会出现逻辑上的不连贯或跳跃，仿佛是在讲述一个精彩的故事时，突然跳到了另一个毫不相关的情节，令人感到莫名其妙。尽管如此，我们也不能否认生成式模型在创作过程中的辅助价值。它往往可以作为创作者的得力助手，为他们提供丰富的素材和灵感，帮助他们更好地组织语言，打造更加精彩的文章。在这个意义上，生成式模型并非完美无缺，但它确实为我们打开了一扇全新的创作之门。

随着 ChatGPT 等大模型的崛起，辅助写作工具的逻辑性和语言多样性得到了显著提升。如今，我们仅凭 ChatGLM、通义千问、星火等开源模型，便能迅速搭建一个辅助创作的平台。这些开源模型不仅易于使用，上手迅速，更在公文创作上展现出强大的多样性。它们仿佛是一把把钥匙，为我们打开了创作的无尽可能，让我们能够随心所欲地书写出各种风格的公文，满足各种需求。这种开箱即用、便捷高效的特性，使得开源模型在公文创作领域备受青睐，成为创作者们不可或缺的得力助手。

在利用通用模型进行公文类写作时，我们需要根据模型训练的特点，精心编写特定的提示词，以确保输出的内容符合公文要求和风格。以编写部门通知为例，我们需要深入了解通知的写作规范，并结合模型的特点，设计出恰当的提示词，从而引导模型生成准确、规范的通知内容。下面我们针对性地编写了一个部门通知的提示词，并使用开源模型生成了一篇部门通知公文，如图 3.7 所示。

例：明天全部门需要开一个流程规范宣贯会议，你作为一个流程管理员，需要如何利用大模型进行公文撰写呢？

Prompt1：请帮我写一篇关于<标题名称>的部门通知。其中，参会人员是<实际参会人员>，参会时间是<实际参会时间>，开会内容主要包括<给出具体的内容>。该部门通知的字数请控制在 200 字以内。

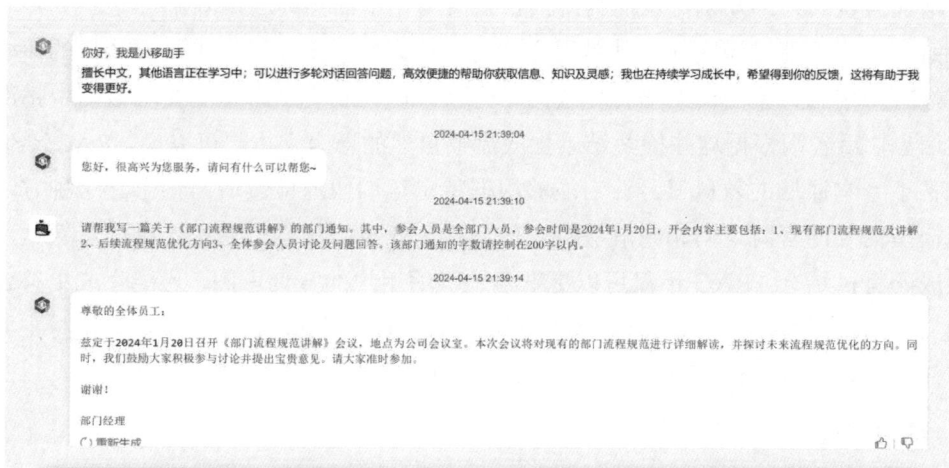

图 3.7　开源模型生成公文

经过精心设计的提示后，大模型确实能够为我们提供一个格式化的部门通知。然而，我们也发现其在遵从指令方面仍有待加强，给出的通知内容往往显得较为空泛，缺乏与公司具体内容和实际情况的紧密结合。这意味着，尽管大模型在公文写作上具备了一定的能力，但在实际应用中仍需要我们结合公司的具体情况进行进一步的优化和完善，以确保通知的准确性和实用性。

由于内部公文的保密性要求，开源模型往往未经过公司内部数据的专门训练，因此它们对公司专有名词、行文风格等内容的了解相对匮乏。这会导致开源模型在公司内部利用率不高，难以满足特定需求。为了解决这些问题，我们在实际落地公司内部公文写作模型时，可进行针对性的二次训练和开发。通过这一举措，可以使得模型能够更加适应公司的特定环境和需求，确保公文写作的质量与效率得到显著提升。

3.3.2　大模型挂载外部知识库

如前所述，使用通用模型进行公文撰写会存在无法结合公司内部相关信息的问题。为解决这一问题，本节将介绍一种方法，这种方法能够在不改变原有模型结构的情况下，为大模型增加大量的外部知识，从而提升其在公文写作中的实际应用效果。

目前，挂载外部知识库的一种常用方式便是检索增强生成（RAG），RAG 的核心原理在于巧妙融合信息检索与自然语言生成两种方法。前者负责从海量的文本数据中精准检索出相关信息，后者则根据这些检索结果生成流畅自然的语言文本。可以说，RAG 类似于为模型配备了一本详尽的教科书，让它能够根据特定查询快速检索所需信息。这种方法尤其适用于模型需要回答特定问题或解决特定信息检索任务的场景。通过这种信息检索及自然语言生成的有机结合，RAG 不仅可以更准确地理解用户的查询意图，还能生成更符合用户需求的文本结果。RAG 方法在第 4 章知识问答部分也会用到，在本节中，我们将主要针对公文写作场景，详细解析 RAG 在不同阶段是如何工作的。

1. 信息整理

公司内部蕴藏着丰富的信息资源，其中不乏能够协助我们进行公文写作的重要素材。

在实际应用中，我们发现历史公文、公司专有名词以及公司规章制度等信息对于公文写作具有极大的帮助。这些资源不仅提供了丰富的语言表达和行文规范，还能够确保公文内容与公司文化和实际需求紧密契合。因此，深入挖掘和利用这些内部信息，对于提升公文写作的质量和效率具有重要意义。

首先，我们需要对公司内部以往发布的公文进行系统的整理与存储。具体而言，我们将每一篇文档的标题及全文分别作为知识库的问题和答案标签进行标记。此外，为了更好地管理和利用这些资源，我们还将对每篇公文进行标签化处理，明确标注其所属的公文类型。这一步骤的目的在于帮助模型学习和掌握不同公文类型的行文规范，为后续的公文写作提供有力的支持。通过这样的整理与存储工作，我们能够确保模型在实际应用中能够更准确地理解和生成符合公司要求的公文内容。

其次，我们需要对公文的内部结构进行细致的拆分。具体而言，我们可以将大标题名加小标题名作为问题，小标题对应的内容作为答案，构成一条完整的问答对存入知识库中。这一步骤的目的在于，让大模型能够针对特定公文类型的某一模块内容进行深入的学习。通过这样的拆分与存储方式，我们能够确保模型能够更加精准地把握公文的内在逻辑与结构，进而生成更加符合要求的公文内容。

除了上述提到的公文标题和内容，知识库中还需要囊括公司的具体规章制度和专有名词等关键信息。对于专有名词，我们将其名称及对应的解释作为问答对存入知识库中，确保模型能够准确理解并应用这些专业术语。对于公司的规章制度文档，我们可以参考第 4节的文档拆分方法，将其拆分为更小的单元并进行存储。规章制度和专有名词这部分内容的加入，旨在帮助模型深入了解公司内部的知识体系，从而在用户询问相关专有名词或规章制度时，能够提供更加准确和深入的解答，进一步增强模型的理解和推理能力。

在将上述相关内容存入知识库时，我们采用了文本和向量两种方式进行存储。这样的设计旨在为后续的信息检索过程提供便捷和高效的支持。通过文本存储，我们可以直接根据关键词或问题进行精确匹配，快速找到相关的答案或信息。而向量存储则利用先进的文本表示技术，将文本内容转化为高维向量，通过计算向量之间的相似度实现信息的快速检索和匹配。这种双重存储方式不仅提高了检索的准确性和效率，还使得知识库更加灵活和可扩展，为后续的应用和发展奠定了坚实的基础。

2. 信息检索

在这一阶段，RAG 会根据用户提出的查询问题，利用高效的检索算法和策略，从知识库中精准检索出相关的文本片段或信息。为了确保检索结果的准确性和相关性，RAG 还会根据实际需求调整检索参数和策略，以实现更精准的匹配和筛选。这样的设计使得 RAG 能够在海量的文本数据中迅速定位到用户所需的信息，为后续的自然语言生成提供有力的支持。

在实际应用中，我们首先需要对用户输入进行细致的拆分，以获取用户希望撰写的公文类型、标题、关键内容及其中涉及的专有名词等。随后，我们根据获取到的内容在知识库中进行精确的检索。具体来说，我们会将公文类型一致的公文按照标题相似度进行检索，保留 topk 篇；同时，通过关键内容分词获取一些专有名词和公司制度相关描述，经过知识库检索相关知识。在召回相关外部知识后，我们会将其巧妙地拼接至一个固定的提示词模板中，以便更好地引导模型进行后续的生成任务。经过这样的检索后，我们的提示词不仅更加精准地反映了用户意图，还为模型提供了更加丰富的上下文信息，从而提高了模型生成公文的质量和准确性。以下是一个具体的提示词示例，展示了经过优化后的提示词模板。

```
Prompt2:
##已有<公文类型>模板
<具体检索出的公文>


##已知先验知识
<专有名词>
<规章制度>


请基于上述知识，帮我写一篇关于<标题名称>的部门通知。其中，参会人员是<实际参会人员>，参会时间是<实际参会时间>，开会内容主要包括<给出具体的内容>。该部门通知的字数请控制在 200字以内。
```

3. 公文生成

这一阶段是 RAG 的核心生成式部分，它将检索到的信息与自然语言生成模型（如大语言模型）相结合，从而生成符合用户需求的自然语言文本。在生成阶段，RAG 会充分利用检索到的信息作为上下文，确保生成的文本不仅符合语法规范，而且更能贴近用户的实际需求，呈现出高质量的文本结果。

在本节中，我们主要探讨如何在不修改模型结构的前提下，通过 RAG 方式扩充外部知识库。具体而言，我们只需将检索到的相关信息拼接成提示词，然后输入模型即可。然而，仅仅依赖 RAG 进行知识库扩充可能会带来一些问题，如检索信息的冗余和模型不遵循指令等。为了解决这些问题，我们将在后续的小节中深入探讨大模型的微调技术，并介绍如何通过思维链方式提升公文写作的质量。通过这些技术手段，将能够进一步优化模型的性能，使其更好地适应公文写作的需求。

3.3.3　公文大模型微调

模型微调与挂载外部知识库的方式截然不同，它更像是让模型通过广泛学习内在知识增强自己本身的能力。当模型需要本身具备输出特定结构、样式或格式的能力时，微调就显得尤为有用。通过微调，我们可以提升模型在特定领域的性能，使其在与用户的频繁交互中更加高效。因此，针对在模型中合并新知识或需要快速迭代新用例的情况，我们通常使用外部挂载知识库；但针对强化基础模型中的现有知识体系、修改或自定义模型的输出、向模型提供复杂的指令等任务，我们通常采用微调的方式。

当前，针对大模型进行微调的方法多种多样，其中较为常见的包括 LoRA、p-tuning、prefix tuning、prompt tuning 以及 adapter tuning 等方式。接下来，我们将以 LoRA 为例，详细阐述如何对公文大模型进行微调。

首先，我们介绍一下大语言模型的低阶自适应（low-rank adaptation of large language models，LoRA）。其核心理念在于保持预训练模型权重参数不变的基础上添加额外的网络层，并仅针对这些新增的网络层参数进行训练。这样的好处在于，新增的参数数量相对较少，从而大幅度降低了微调的成本。尽管只训练了少量参数，LoRA 却能达到和全模型参数微调相媲美的效果。这种高效且实用的方法，为我们在公文大模型上进行微调提供了很好的工具。

下面我们详细解析 LoRA 的具体结构。如图 3.8 所示，预训练好的模型参数以图中蓝色部分呈现，LoRA 在预训练模型结构的基础上，巧妙地加入了 A 和 B 两层结构。这两个结构的参数分别初始化为高斯分布和 0，这意味着在训练刚开始时，附加的参数起始值就是 0。A 的输入维度和 B 的输出维度分别与原始模型的输入输出维度保持一致，而 A 的输出维度和 B 的输入维度则是一个远小于原始模型输入输出维度的值，这也就是 low-rank 的体现，这样做可以极大地减少待训练的参数。在训练过程中，我们仅更新 A、B 的参数，而预训练好的模型参数则保持不变。在推理阶段，利用重参数（reparametrization）思想，将 AB 与 W 合并，从而避免了引入额外的计算开销。此外，对于不同的下游任务，只需要在预训练模型基础上重新训练 A 和 B 就可以了，这样也能加快大模型的训练节奏。

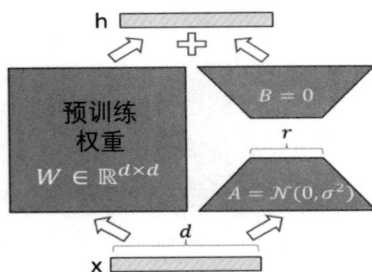

图 3.8　LoRA 架构图

LoRA 代码如下所示：

```
# 设置peft
peft_config= LoraConfig(
    task type=TaskType.CAUSAL LM,
    inference mode-False,
    r=finetune_args.lora_rank,
    lora alpha=32
    lora dropout=0.1,
)
model= get_peft_model(model, peft_config)
```

```
# 加载数据集
dataset = datasets.load from disk(finetune args.dataset path)
print(f"\n{len(dataset)=}\n")

# 开始训练
trainer = ModifiedTrainer(
    Model=model,
    train datasetdataset,
    args=training_args,
    callbacks=[TensorBoardCallback(writer)]
    data_collator=data collator,
)
trainer.train()
writer.close()
# 保存模型
model.save_pretrained(training_args.output_dir)
```

运行方法如下：

```
nohup python -ufinetune.py\
    --dataset_path gongwen\
    --lora rank 256\
    --per_device train batch size 16\
    --gradient accumulation steps 1\
    --max steps 320000\
    --save steps 32000\
    --save total limit 10\
    --learning_rate 1e-4\
    --fp16 \
    --remove_unused columns false\
    --logging_steps 50\
    --output_dir output >run.log &
```

在讲解了 LoRA 的原理及通用训练方法后，接下来我们将以公文写作场景为例，详细介绍训练所需的数据准备工作。

当收集到一篇历史公文后，可以将收集到的文档进行分段和分句，并构造部分数据集，每一条数据表示如下：

```
{"context": "Instruction: \nAnswer: ", "target: <某一拆分的语句>"}
```

采用这种方式构造数据集的原因是公文数据通常比较长，而大模型输入输出长度有限制，长度过长会影响生成效果，因此采用长文本拆分的方式构造数据集。

为了让大模型在微调时学习文档大纲内容，我们将文档大纲进行抽取，并构造部分数据集，每一条数据表示如下：

```
{"context": "<公文题目>", "Instruction: 请基于问题生成一份文章大纲\nAnswer: ", "target: <某一整理的大纲>"}
```

除了对文章本身的学习，还要加入对专有名词的学习。专有名词构造训练数据如下所示：

```
{"context": "<专有名词>", "Instruction: 请对该专有名词进行解释\nAnswer: ", "target: <专有名词的解释>"}
```

通过上述三种方式构造数据后，将数据放入模型中进行训练即可。

3.3.4 基于思维链的写作

在实际应用过程中，我们发现上述两种方法各有局限。首先，挂载知识库的方式虽然便捷，但模型的指令遵从能力往往不尽如人意，这在一定程度上影响了其应用效果。其次，对模型进行微调虽然能够提升特定任务的性能，但往往伴随着"灾难性遗忘"的问题，即模型在学习新知识的同时，可能会遗忘之前学到的知识，导致原有知识的回答能力减弱。为了解决这些问题，我们在实践中探索并引入了第三种方法——基于思维链的公文写作。这种方法旨在通过模拟人类的思维过程，引导模型在公文写作中逐步展开思路，从而更准确地理解和回应用户的需求。我们相信，通过不断优化和完善这种方法，将能够有效提升模型在公文写作领域的性能和应用效果。

　　思维链（chain-of-thought，CoT）的概念最初由谷歌公司在论文 *Chain-of-Thought Prompting Elicits Reasoning in Large Language Models* 中提出。思维链（CoT）是一种改进的提示策略，用于提高 LLM 在复杂推理任务中的性能，如算术推理、常识推理和符号推理。相较于传统的提示方法，CoT 不是简单地利用输入输出对构建提示，而是结合了中间推理步骤，这些步骤引导模型逐步推导出最终输出，并将其纳入提示之中。简单来说，思维链是一种离散式提示学习，更具体地讲，大模型下的上下文学习（即不进行训练，将例子添加到当前样本输入的前面，让模型一次输入这些文本进行输出以完成任务），相比于之前传统的上下文学习（即通过 x1,y1,x2,y2,…,xtest 作为输入让大模型补全输出 ytest），思维链多了中间的推导提示。

　　思维链，指的是一系列有逻辑关系的思考步骤，形成一个完整的思考过程。人在日常生活中，随时随地都会用思维链解决问题，比如工作、读书经常用到的思维导图，就是为了尽可能全面拆解步骤，不忽略重要细节，从而充分地考虑问题。这种步骤分解的方式用在提示学习中，就称为思维链提示，将大语言模型的推理过程分解成一个个步骤，并直观地展现出来，这样开发人员可以在 LLM 推理出现错误时及时地进行修复。这相当于让 AI 做分析题，而不是完成"填空题"，要把推理过程详细说清楚，按步骤得分，最后给出答案。

　　我们举例说明这一过程，大家都特别希望有一个全能家政机器人，但目前的机器人只能执行一些很简单的开关灯指令。如果用户问："我把可乐洒在桌子上了，你能把它扔掉，然后拿点东西帮我清理吗"？

　　这时候机器人该怎么办呢？

　　这时候有思维链的语言模型则会分析问题：用户把可乐撒在桌子上了。我会把它扔掉，然后给用户一块海绵。

　　拆解步骤：找（可乐），拣（可乐），找（垃圾），扔（可乐），找（海绵），拣（海绵），找（桌子），放（海绵）。

　　总的来说，思维链就相当于让大语言模型做"因式分解"，把一个复杂的推理问题进行拆解，逐步解决，自然也就更容易得到高质量的答案了。

　　在使用思维链让大模型编写公文时，通常会将其拆分为查询文章、定主题、列大纲、生成初稿、检查优化几个步骤，下面分别介绍下这几个步骤。

（1）查询文章。首先，我们基于 3.3.2 节的方法进行外部知识的检索。

（2）定主题。其次，需要让大模型推荐公文标题，示例如下。

> 我是××部门预算管理员，正在撰写本年度预算宣贯相关部门通知，已知历史部门通知公文如下：
> <检索出的历史公文>
> 请基于上述历史部门通知帮我推荐 5 个主题，并写明每个主题的选择理由。

当然，公文的标题通常比较固定，如果不是毫无头绪，主题建议自己制订。

（3）列大纲。在确认好主题后，我们让大模型生成文章的大纲，示例如下。

> 我是××部门预算管理员，正在撰写本年度预算宣贯相关部门通知，已知公文名称为《××××××××》，
> 历史部门通知公文如下：
> <检索出的历史公文>
> 请基于上述标题及历史部门通知帮我生成一份公文大纲，全文三个任务点即可。

（4）生成初稿。基于上面的三个步骤，我们已经获得了公文的标题和大纲，接下来就可以进行整体公文的生成了。

> 我是××部门预算管理员，正在撰写本年度预算宣贯相关部门通知
>
> ##已有标题
> <第二步给出的标题>
>
> ##已有<公文类型>模板
> <具体检索出的公文>
>
> ##已知先验知识
> <专有名词>
> <规章制度>
>
> ##已有文章大纲
> <第三步生成的文章大纲>

请基于上述知识，帮我写一篇部门通知。该部门通知的字数请控制在 200 字以内。

（5）检查优化。经过上述 4 步后，我们就得到了公文的初稿，但模型有可能没有完全按照输入指令进行生成，因此还需要对其进行进一步的检查，示例如下。

<已生成文章>

请对上述文章进行流畅性优化及纠错审查，注意，一定要保证文章字数控制在 200 字以内。

3.3.5　小结

本章主要聚焦于基于大模型的公文写作领域，从当前面临的问题出发，详细探讨了多种解决策略。首先，我们介绍了通用模型写作的基础概念与应用；接着，我们探讨了大模型挂载外部知识库的方式，旨在提升模型的知识储备；此外，我们还深入研究了基于公文数据的大模型微调技术，以优化模型在特定任务上的表现；最后，还引入了基于思维链的模型写作方法，这一方法通过模拟人类的思维过程，显著增强了模型在公文写作中的指令遵循能力。尽管我们在公文写作的落地优化方面已经取得了显著进展，但仍面临着诸多挑战，如指令遵循能力弱等问题。这些问题不仅是当前领域的痛点，也是未来真正实现公文写作技术落地需要持续关注和解决的难题。我们将继续深入研究，探索更有效的解决方案，以期推动公文写作技术在实践中的广泛应用。

4 chapter

第4章
大模型在对话系统上应用

4.1 对话系统介绍

随着人工智能技术的快速发展，对话系统已经成为人机交互领域的重要研究方向。对话系统又称聊天机器人或智能对话助手，能够模拟人类自然语言进行交流，实现与用户之间的实时互动和信息交换。本节将对对话系统的整体概念、对话类型及常见应用进行详细介绍。

对话系统是一种基于自然语言处理技术的智能交互系统，通过模拟人类对话过程，实现与用户之间的自然语言交流。其实很好理解，就是人们通过一个接口，利用常见表达方式对计算机提出问题或发表建议，计算机内部经过黑盒分析，理解后生成可自动回复人们的语句。

说到对话系统，我们不得不提图灵测试这一计算机领域的经典概念。图灵测试又称为"人机识别测试"，是由英国计算机科学家图灵于1950年提出的一个测试标准。简单来说，图灵测试的目标是让人类判断出哪个是机器，哪个是人类，而机器需要尽可能地模拟人类的回答，以达到能够让人和机器之间无法区分的程度。图灵测试从一开始判断计算机是否具有智能逐渐演变成为测试对话系统的标准。而对话系统作为人工智能技术的杰出代表，也一直在努力跨越这一门槛，实现与人类的无缝交流。

然而，要通过真正的图灵测试，对话系统需要克服许多挑战。首先，对话系统需要具备强大的语义理解能力，能够准确捕捉人类话语中的深层含义和意图。其次，对话系统需要拥有丰富的知识库和推理能力，以便在对话中提供准确、有价值的信息。此外，对话系统还需要具备情感识别和表达能力，能够理解和回应人类的情感需求，使对话更加自然和人性化。

为了实现这些目标，对话系统的研究者一直在努力探索和创新。他们通过引入深度学习技术，提升对话系统的语义理解和生成能力，做到真正理解用户；通过构建大规模知识库，丰富对话系统的外部知识，做到百问不倒；通过引入情感计算技术，增强对话系统的情感识别和表达能力。这些技术的引入使得对话系统的性能得到了显著提升，为通过图灵测试奠定了基础。

基于上述这些研究，我们可以将对话系统的功能根据实现方式分为三部分。

- 任务式对话：为了实现某一任务而进行的对话。任务式对话主要为下一步的动作进行任务指令识别，因此系统在对话过程中需要不断地询问用户从而达到收集任务意图、抽取任务信息等目的。
- 问答式对话：为解决用户的某一问题进行的专业性回答。问答式对话主要进行知识性回复，要求回复答案精准无偏差。
- 闲聊式对话：为满足用户情感需求进行的无目的对话。闲聊式对话主要为用户提供精神慰藉，因此回复需要有趣、生动、多样化。

下面将对三种对话方式的不同进行详细地阐述。

4.1.1　任务式对话

任务式对话在生活中是比较常见的，比如车载语音助手、小爱同学、天猫精灵等，它们通常能够通过单轮或者多轮对话的方式获取用户的意图及具体的指令。下面来看几个关于任务式对话的例子。

> 示例一
> 用户：帮我播放一首××（歌手名）的歌曲。
> 系统：好的，下面为您播放××（歌手名）的××××（歌曲名）。
>
> 示例二
> 用户：请帮我导航到×××（小区名）小区。
> 系统：已帮您搜索到以下多个同名小区，请问您具体要前往哪个小区。
> 用户：第二个。
> 系统：好的，请系好安全带，我们现在出发了。

示例一是典型的单轮对话形式，示例二是多轮对话的形式。单轮对话是对话系统的基础，多轮对话通常在单轮对话基础上又加入了对话管理、对话流程控制等内容。下面将分别介绍在任务式对话中，单轮对话与多轮对话的具体实现方式。

1. 单轮对话

在单轮任务式对话中，系统需要做的主要事情是对用户说出的问题进行识别，识别出用户想做什么以及怎么做。以上面的示例一为例，系统需要识别出用户想做的是听歌，以及获取用户具体想听哪位歌手的歌曲。那么系统是如何识别这些内容的呢？通常情况下，我们采用正则+模型的方式进行相关内容的识别。

使用正则的方式往往具有准确但泛化性不够等特点，以示例一为例，我们只需要在听歌意图中创建如下正则。

> (帮我|替我|我要)(播放|听)(一首|首)〈张三〉的(歌曲|歌)。

在该正则中，()在正则中表示可以选择其中的任意词语；〈〉表示里面的内容为一实体，是具有关键信息的词语。这样，通过上述正则即可准确地得到用户想要听歌，并且其中的实体（歌手名）是张三。歌手名这一实体可通过配置方式实现其多样化，将已知歌手 A、B、C…均配置到歌手这一实体中即可。这样，我们就可以通过几条简单的正则覆盖大部分用户的常见问法。当然，这种纯正则方式的缺点也是显而易见的，一旦用户问的问题不在该正则范围内则无法匹配上。如果想提升泛化性，则需要加入模型的方式。

在大模型出现之前，我们通常采用意图分类模型+实体识别模型的方式进行任务指令识别。在这种方式下，意图和实体识别是单独的，具体的数据准备和模型训练可以参见第 3 章意图和实体相关部分。大模型出现之后，我们会将意图和实体识别统一识别，举个使用提示词的例子。

```
{
"instruction"："请给出以下语句的意图和实体，输出格式为 json。示例：帮我查找<歌手名 A>的歌曲<歌曲名 A>，答案：{"搜索歌曲"：{"歌手名"："歌手名 A"，"歌曲名"："歌曲名 A"}}"
"query"："辛苦帮我播放一首<歌手名 B>的歌曲<歌曲名 B>",
}
```

在上面的例子中，大模型会根据本身的知识储备加上给出的相关指令，输出 JSON 格式的答案，其中 key 是意图，value 是由实体名和实体值构成的。当然也可以利用大模型进行模型的针对性训练，训练数据格式如下。

```
{
"instruction"："请给出以下语句的意图和实体，输出格式为 json。",
"query"："辛苦帮我播放一首<歌手名 B>的歌曲<歌曲名 B>",
"answer"："{"搜索歌曲"：{"歌手名"："歌手名 B"，"歌曲名"："歌曲名 B"}}"
}
```

具体的数据准备和模型训练可以参见第 3 章意图和实体相关部分。

2. 多轮对话

在大模型出现之前，多轮对话的结构和思路基本已经形成了一定的共识，即需要 DM（dialog management）模块进行对话内容的管理，我们需要依据对话管理对用户问题和系统回复进行记录存储以便后续使用，这里面涉及对话的两个重要的能力，记录和使用。在多轮对话中，记录即 DST（dialog state tracking，对话状态跟踪），负责维护对话系统状态（各个槽对应的值以及响应的概率），并根据当前轮对话更新对话状态；使用即 DP（dialog policy，对话策略），通常根据 DST 输出的当前状态判断还有哪些词槽需要被询问，从而生成下一步的系统动作。DST 与 DP 在具体使用中往往是相辅相成的，下面举个例子说明 DST

和 DP 是如何工作的。

```
Round1
用户：帮我订一张机票。
系统：请问您要订从哪里出发的机票呢？
Round2
用户：深圳出发到合肥去。
系统：请问您要到哪里呢？
Round3
用户：明天中午 12 点。
系统：好的，已帮您查询到以下航班，请问您要选择哪一个？
Round4
用户：第三个。
系统：已帮您完成机票预订，祝您旅途愉快！
```

基于上述例子，我们首先来看一下 DST 是如何工作的。

第 1 轮，我们通过用户的问题，可以获取用户想订机票的意图，此时的状态信息记录如下。

```
{
"订机票"：{}
}
```

第 2 轮，用户回复系统问题，并给出机票的出发地和到达地，此时的状态信息记录如下。

```
{
"订机票"：{
"出发地"："深圳"，
"到达地"："合肥"
}
}
```

第 3 轮，用户回复并给出出发时间，此时的状态信息记录如下。

```
{
"订机票": {
"出发地": "深圳",
"到达地": "合肥",
"出发时间": "明天中午 12 点"
}
}
```

最后，用户确定选择的机票后就完成了该任务式对话的多轮对话。

我们再来看一下 DP 是如何工作的。在用户说出想要订机票后，用一些简单的规则，我们即可得出从哪里到哪里的机票，以及几点出发，最后和用户确定最终选择。在这个过程中，DP 引导不断地进行多轮问询，逐步获取用户的全部信息。

但我们可以看到，这种基于规则的 DP 对话虽然性能稳定、生效快、冷启动方便、可解释性强，但整体回复是比较生硬的，而且只能处理较简单的任务。在进行复杂任务且数据比较多的情况下，DPL（dialog policy learning）就变得尤为重要。基于统计的方法通常包括监督学习和强化学习方法，监督学习模型可以精确地完成任务，但训练过程完全取决于训练数据的质量，此外，标注数据需要人力，决策能力受到特定任务和领域的限制，因此用强化学习实现 DPL 成为主流，引入强化学习，用支持强化学习的模型在训练过程中进行增量学习，从而能够在实践中对模型进行更新。常见的 DPL 方法有 KNN+蒙特卡罗算法+POMDP、高斯过程+POMDP、深度 Q 学习（DQN）等，有兴趣的读者可以自行学习，本书对该部分内容不做详细说明。

在大模型时代，多轮对话有了更多的方法。

- 直接采用多轮对话模型对用户任务指令进行收集，模型判断信息收集完毕后给出指定回复，并通过后端调用接口方式完成任务执行。这种方式是目前较为理想化的一种对话形式，不通过 DST 及 DP/DPL 的方式进行对话管理，完全依赖大模型强大的自身能力进行任务信息收集。

- 利用大模型进行多轮意图识别和实体抽取，但整个对话依然依赖 DST 及 DP。在上述例子中，我们其实是针对单轮对话进行意图识别和实体抽取的，然后通过 DST 记录每一轮的意图/实体。使用大模型后，可以对多轮的意图和实体进行识别，示例如下。

用户：我想找×××的通讯录。
系统：已为您找到×××的通讯录。
用户：再查一下关于他的公文。
系统：好的，已为您查到×××的公文。

如果是之前的单轮模型，在查询公文时，我们提取到的实体就是"他的"，但如果我们使用的是大模型，提取到的实体就是"XXX"，效果明显提升。

4.1.2　问答式对话

问答式对话作为一种对话形式，主要特点在于其一问一答的交互方式。在这种对话中，系统会对用户提出的问题进行解析，并在已有的知识库或信息中查找并返回相应的答案。这种对话形式通常每次问答都是独立的，与上下文信息无关。问答式对话在实际应用中有许多场景，特别是在客服领域，例如 APP 客服、微信公众号客服等，问答式对话机器人能够高效地解决大量用户的共性基础问题，如产品使用咨询、服务流程查询等。此外，这种对话形式也被广泛应用于电商、金融、银行等领域，为用户提供便捷的自助服务。

问答式对话常用方法是检索，即通过查询得到最终的答案。检索式的答案大都是有人提前进行了整理并存到特定的库里面，在对用户 Query 进行理解后即可根据结果查询到适合用户的标准答案。这种方式从技术角度可能是比较古老的，但依然在对话系统落地场景中占据了重要的地位，因为它具有很高的准确率和很强的稳定性，结果往往都是 100%正确的，不存在安全审核问题。

下面我们主要讲解一下问答式对话中的一些技术点。

1. 问答式对话系统架构

问答式对话系统的架构通常包括以下几个关键部分。

● 预处理模块：此模块负责接收用户的原始输入，进行分词、词性标注、实体识别等处理，将输入转化为系统可以理解的结构化信息。

● 检索模块：检索模块利用预处理后的信息，在知识库或大数据中进行信息检索。这包括文本检索和语义检索，旨在找到与用户问题相关的资料和信息。检索过程可能会涉及各种复杂的算法和技术，以提高检索的准确性和效率，这部分也是问答式对话系统的核心部分，答案是否准确由这部分模块直接决定。

● 答案排序模块：一旦检索到相关信息，系统会根据答案的可信度和相关性对抽取到的答案进行排序，这通常基于语义、关键词匹配、编辑距离等因素进行综合判断，以确保排序出的答案是最准确可用的。

● 答案抽取及生成模块：答案抽取模块会从这些信息中提取与问题直接相关的答案。这可能需要对检索到的文本进行进一步的解析和筛选，以确保抽取出的答案是准确和有用的。另外，在排序和抽取的基础上，系统会生成最终的答案，并将其输出给用户。

● 反馈与优化模块：用户可以对答案进行反馈，如点赞、踩或提供新的答案。这些反馈数据会被系统收集并用于优化模型和检索策略，提高系统的准确性和性能。

2. ElasticSearch 检索匹配+向量模型

ES 是一个功能强大、灵活且可扩展的搜索引擎，适用于各种类型的数据和场景。在本节中，我们以 ES 这个检索工具为例，讲解基于关键词的常见匹配策略及基于向量模型的匹配策略。

ES 中提供了大量基于关键词的检索匹配字段，例如：match_all、term、should 等，有兴趣的读者可以自行查看学习，我们这里不做过多说明。基于关键词的检索，其重点在于 BM25 算法。首先看一下 TF-IDF 的一个基本思想，从名字便可以看出，它分为两部分，一部分是 TF，另一部分是 IDF。TF（term frequency）表示词频，是指一个词在一段文本中出现的频率，显而易见，它出现得越多，则越重要。而 IDF（inverse document frequency）指的是逆向文件频率，是指文本的总数除以指定词在文本集中出现过的文档总数，出现在越多文档中的词，则越不重要，比如"的"这一类停用词。TF 与 IDF 相乘便可得到一个词的得分，将一个文本中所有词的得分相加便可得到一段文本与另一段文本的相似度得分。而 BM25 算法是 TF-IDF 的一个升级版本，假如文本集非常大，而一个词只出现在了一个文本中，那它的 TF-IDF 的分数会非常大。而 BM25 主要就是为了解决这个问题。所以可以看到它在公式中加入了一个常量 k1，当然这个算法还有一些其他的优化，这里我们不做详细解说。在平时使用的工业级的搜索引擎中，大多数使用的都是 BM25 算法，如 ElasticSearch、Solr 等。当然，它们还会加入倒排索引等算法提高召回的速率。这种方式其实已经在很多搜索相关的业务领域中深入应用了，并且也取得了相当不错的效果。

但是，通过单纯的关键词匹配往往考虑不到既有信息，因此，现在大多数检索都加入了向量模型进行检索召回。

向量模型，顾名思义是将文本语句转化为向量。在问答式对话系统中，向量模型尤其重要，因为它能够帮助系统理解用户的问题，并在知识库或语料库中查找相关的答案。具体来说，向量模型通过将问题和候选答案转换为向量表示，使得系统可以通过计算这些向量之间的相似度评估答案的匹配程度。常用的向量模型包括 Word2Vec、GloVe、BERT 等，这些模型各有优缺点，适用不同的场景和需求。

基于向量模型的检索通常有两种方式，一种是问题检索问题（query to query，q-q 检索），一种是问题检索答案（query to answer，q-a 检索）。

对于问题检索问题，通常是将问题转换为向量存入向量库中，当用户询问问题时，首先将用户的问题转化为向量，然后和库中的向量进行相似度匹配。对于这种方式，需要训练一个 q-q 向量模型，这个向量模型的训练通常将"问题<SEQ>问题"作为模型输入进行训练。该方式的优点是两句话都是问题，包含的信息量通常是一致的，向量模型的训练通常准确率更高，检索效果更好。但缺点也是显而易见的，虽然两个问题相似度高，但答案包含的信息不一定能准确匹配上用户的问题。

基于上述 q-q 向量模型的缺点，研究人员也提出了 q-a 向量模型。在该方式下，通常将问题的答案直接转化为向量存入向量库中，当用户询问问题时，我们首先将用户的问题转化为向量，然后和库中的向量进行相似度匹配。对于这种方式，我们需要训练一个 q-a 向量模型，这个向量模型的训练通常将"问题<SEQ>答案"作为模型输入进行训练。这种方式在一定程度上解决了答案无法直接匹配问题的缺陷，但使用这种方式进行模型训练时，由于问题和答案包含信息总量的差异，我们需要的训练数据量是远大于 q-q 模型的。大家在使用过程中也可根据实际情况选择合适的方法。

在问答式对话系统中，使用向量模型可以带来以下 3 点好处。

- 语义理解：通过将问题和答案转换为向量表示，系统可以更好地理解它们的语义内容，从而更准确地匹配相关答案。
- 快速检索：通过计算向量之间的相似度，系统可以在大量候选答案中快速找到与用户问题最匹配的答案。
- 扩展性：向量模型可以处理不同领域和语言的文本数据，使得问答系统具有更好的通用性和可扩展性。

需要注意的是，向量模型的效果取决于训练数据和模型的复杂性。为了获得更好的性能，通常需要大量的标注数据训练模型，并选择合适的模型结构和参数设置。此外，随着技术的不断发展，新的向量模型和方法也在不断涌现，为问答式对话系统提供了更多的选择和可能性。

4.1.3　闲聊式对话

以微软小冰、小爱同学为代表的聊天机器人使得人机对话技术更具实用价值和商业价值。然而，尽管取得了显著进步，但这些机器人在自然性、逻辑性和流畅性等方面与人类交流相比，仍然存在一定的差距。闲聊作为一种独特的交流方式，不仅是为了解闷逗乐，更是为了寻求情感上的共鸣和慰藉。因此，当用户选择与机器人进行闲聊时，他们内心深处期望的是机器人能够触动他们的情感，引发情感上的共鸣和变化，图 4.1 是对闲聊型机器人所抽象出的特质。

每个人在社会中都拥有自己独特且统一的人设，包括身份、性别、外在形象、性格特征以及兴趣爱好等。

图 4.1　闲聊型机器人抽象出的特质

在人际交往中，这些"本质"构成了我们与他人对话的基础。即使是路上的陌生人问路，我们也会先根据对方的形象和性别选择适当的打招呼方式。机器人也一样，同样需要在用户前面建立起一个清晰的人设,这样的人设不仅能让用户感受到机器人的真实感,还能为他们带来安全感。如果机器人缺乏人设,在对话中可能会出现回答不一致、逻辑混乱甚至答非所问的情况,这会让用户觉得沟通异常怪异,难以进行有效的交流。

对于个性化,正如世界上不会有完全一样的叶子。即使如双胞胎,也会拥有各自独特的个性。我们每个人的人生经历都是独一无二的,这些经历让我们形成了特有的世界观、价值观和人生观。三观决定了每个人思想的独特性,而语言作为思想的表达形式,使得每个人的谈吐都独具特色。相应地,机器人也应该有自己的过往记忆,从而形成自己与众不同的三观。这样,每个机器人都是个性化的,就像不同性格的朋友一样。那机器人需要什么记忆呢?除了自己的背景信息,最重要的是要记住与它进行交流的用户信息。

想象一下,两个人在聊天,如果永远是其中一方在找话题,另一方只是在附和,那么即使是再健谈的人也难免会感到话题枯竭。特别是在与机器人聊天时,用户往往感到困惑,不知道应该聊些什么,这种尴尬的气氛很容易让他们失去继续聊下去的兴趣。因此,机器人的主动引导在聊天过程中显得尤为重要。

俗话说:"好看的皮囊千篇一律,有趣的灵魂万里挑一。"在吸引和留住用户方面,设计充满趣味性的内容显得至关重要。这样的内容往往能够给用户带来意想不到的惊喜,激发他们的好奇心,进而产生持续对话的兴趣。因此,在内容创作中,应该注重趣味性的融入,通过别出心裁的设计,让用户在享受乐趣的同时,也能感受到我们的用心和创意。

情感是人类的基本需求之一,根据马斯洛的需求层次理论,情感和归属的渴望是极其强烈的。对于那些缺乏情感支持的人来说,他们可能会因为没有感受到周围人的关怀而觉得生活失去了意义。而开放域聊天机器人,常常被市场定位为陪伴者,旨在满足人们一定程度的情感需求。因此,赋予机器人感知用户情感的能力,并学会如何陪伴他们度过喜怒哀乐,就显得尤为重要。这样的机器人不仅能够为用户提供情感上的支持,还能成为用户生活中的忠实伙伴,为他们带来温暖和安慰。

为了实现上述闲聊型机器人的特质,实际上技术上还面临较大的挑战:一是整合语境的挑战,即如何整合多轮对话中的上下文信息;二是一致人格的挑战,即回复前后矛盾的问题;三是意图与多样性的挑战,即回复重复、回答无聊等问题。

4.1.4　小结

本节主要对对话系统做了整体的介绍，从对话任务类型出发，分别介绍了任务式对话、问答式对话、闲聊式对话三种常见的对话类型。同时，也深入地讲解了每种对话类型技术的实现方案及后续发展方向。在后面的章节中，我们将会依照本节的内容进行具体应用场景的介绍。

4.2　基于 RAG 的智能问答系统

对话系统作为自然语言处理领域的重要分支，其研究价值和实际应用意义日益凸显。特别是近年来，随着 ChatGPT 和 GPT-4 等大语言模型的问世，对话系统的发展更是迈上了新的台阶。这些大模型的强大能力使得几乎所有的自然语言处理任务都可以通过对话这一表现形式得以完成，进一步拓宽了对话系统的应用场景和潜力。

ChatGPT 和 GPT-4 等模型以其出色的文本生成和理解能力，在对话系统中展现出了惊人的表现。它们能够准确捕捉用户的意图，生成自然流畅的回复，并与用户进行持续、深入的交流。这种能力使得对话系统不再仅仅是一个简单的问答工具，而成为能够提供丰富信息、解决复杂问题，甚至进行情感交流的智能助手。

随着这些大模型在对话系统中的广泛应用，我们也看到了对话系统在各个领域的蓬勃发展。在教育领域，对话系统可以作为智能导师，为学生提供个性化的学习指导和答疑解惑；在客服领域，对话系统可以自动化处理大量的咨询和投诉，提高客户满意度和服务效率；在娱乐领域，对话系统则可以作为聊天伙伴，为人们提供轻松愉快的社交体验。

然而，大模型在对话系统中的应用也面临着一些挑战和问题。例如，如何保证对话系统的准确性和可靠性，避免产生误解和误导；如何保护用户的隐私和安全，防止信息泄露和滥用；以及如何平衡对话系统的智能性和人性化，使其既能够高效完成任务，又能够与用户建立真正的情感联系。

　　个性化 Agent 问答系统正是在这样的背景下应运而生，它通过深度学习用户的行为和偏好，为用户提供更加个性化、定制化的服务体验。个性化 Agent 能够理解用户的语境和需求，提供更加精准的信息和建议，从而提高对话的准确性和可靠性。

　　随着研究的深入和技术的发展，个性化 Agent 问答系统正逐渐成为对话系统领域的新趋势。而 RAG 模型，作为这一趋势的代表，通过结合检索和生成的方式，进一步提升了对话系统的性能和用户体验。RAG 模型能够在对话过程中实时检索相关信息，结合生成的回复，为用户提供更加丰富、准确的答案。这种结合检索和生成的方法，不仅提高了对话的准确性和可靠性，也为对话系统带来了更多的灵活性和创造性。

　　大模型的浪潮已经席卷了几乎各行业，但当涉及专业场景或行业细分领域时，通用大模型就会面临专业知识不足的问题。相比于 RAG 模型，传统的模型微调方法可能存在以下几个缺点。

- 数据依赖性：微调模型通常需要大量的标注数据训练特定任务，这可能导致对特定领域或任务的过度拟合，降低模型的泛化能力。
- 更新成本高：每次需要调整模型以适应新的任务或领域时，可能都需要重新收集数据并进行训练，这增加了时间和资源的成本。
- 知识局限性：微调模型可能只专注于特定任务的知识，缺乏跨领域或跨任务的知识整合能力。
- 实时性不足：在某些情况下，微调模型可能无法实时地适应新出现的信息或趋势，因为它依赖于预先训练好的数据集。
- 创新性受限：微调模型可能在创新性方面受限，因为它主要基于已有的模型架构和知识，而不是通过检索外部知识增强其回答。
- 可解释性问题：微调模型的决策过程可能不够透明，导致用户难以理解模型为何给出特定的回答。
- 缺乏上下文理解：在长对话或需要深入理解上下文的任务中，微调模型可能无法像 RAG 模型那样有效地利用检索到的相关信息提供更加丰富和准确的回答。

　　相对于成本昂贵的"Post Train"或"SFT"，基于 RAG 的技术方案往往成为一种更优选择。

检索增强生成（retrieval augmented generation，RAG）已经成为当前最火热的 LLM 应用方案。RAG 技术结合了大语言模型与信息检索系统，以提高文本生成的准确性和丰富度。在响应用户查询时，RAG 首先利用检索系统从知识库中检索相关内容，然后将检索到的内容与原始查询一同输入大语言模型，从而让语言模型不用重新训练就能够获取最新的信息，并产生可靠的输出。RAG 特别适用于问答、摘要生成和其他依赖外部知识的自然语言处理任务，同时还支持定制化提示和基于检索的多轮对话管理。

在经历了大模型热潮后，想必大家对大模型的能力有了一定的了解，但是当我们将大模型应用于实际业务场景时会发现，通用的基础大模型基本无法满足实际业务需求，主要有以下几方面原因。

知识的局限性：模型自身的知识完全源于它的训练数据，而现有的主流大模型（ChatGPT、文心一言、通义千问等）的训练集基本都是构建于网络公开的数据，对于一些实时性的、非公开的或离线的数据是无法获取到的，这部分知识也就无从具备。

- 幻觉问题：所有的 AI 模型的底层原理都是基于数学概率，其模型输出实质上是一系列数值运算，大模型也不例外，所以它有时候会一本正经地胡说八道，尤其是在大模型自身不具备某一方面的知识或不擅长的场景时。而这种幻觉问题的区分是比较困难的，因为它要求使用者自身具备相应领域的知识。

- 信息滞后：LLM 的知识是静态的，来源于训练时的数据，也就是说，LLM 无法直接提供最新的信息。

- 数据安全性：对于企业来说，数据安全至关重要，没有企业愿意承担数据泄露的风险，将自身的私域数据上传至第三方平台进行训练。这也导致完全依赖通用大模型自身能力的应用方案不得不在数据安全和效果方面进行取舍。

正是在这样的背景下，检索增强生成技术应时而生，成为大模型时代的一大趋势。RAG 通过将检索到的相关信息提供给 LLM，让 LLM 进行参考生成，可以较好地缓解上述问题。因此，合理使用 RAG 可以拓展 LLM 的知识边界，使其不仅能够访问专属知识库，还能动态地引入最新的数据，从而在生成响应时提供更准确、更新的信息。

如果说 LangChain 相当于给 LLM 这个"大脑"安装了"四肢和躯干"，RAG 则是为 LLM 提供了接入"人类知识图书馆"的能力。相比提示词工程，RAG 有更丰富的上下文和数据样本，可以不需要用户提供过多的背景描述，即能生成比较符合用户预期的答案。相比于模型微调，RAG 可以提升问答内容的时效性和可靠性，同时在一定程度上保护了业务数据的隐私性。

4.2.1 基于 RAG 的智能问答技术架构

基于 RAG 的智能问答技术框架图可分为 3 部分 8 个小点，具体如图 4.2 所示，包含知识库构建、知识检索和智能问答。

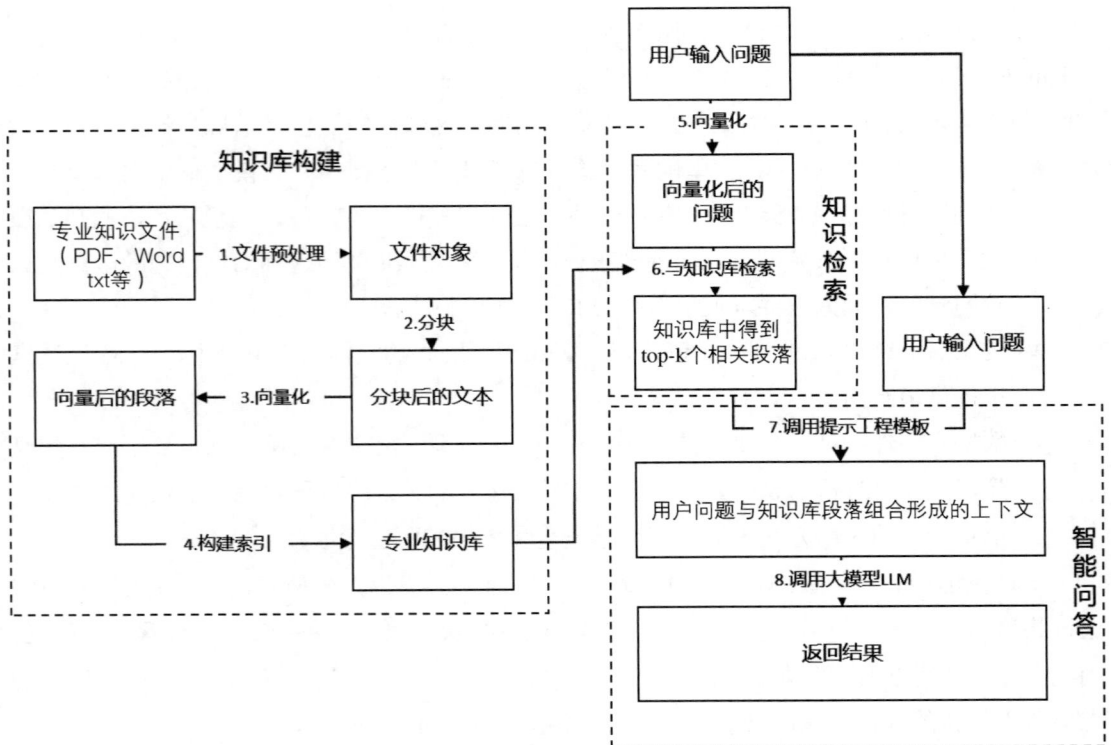

图 4.2　RAG 技术架构

1．知识库构建

知识库构建一般是一个离线的过程，主要是将专业知识文件等私域数据向量化后构建索引并存入数据库的过程。主要包括：文件预处理、文件切分、向量化、构建索引等环节。

（1）文件解析。解析文档内容是 RAG 系统最重要的前置工作之一。很多时候，企业内部数据以各种各样的文件格式存在，如 PDF、Word 文档、PPT 和 Excel 表格等。如何从大量非结构化数据中提取出内容，就需要文档智能解析技术了。

文档智能解析是指利用机器学习算法，对文档内容进行自动识别、理解和处理的过程。它不仅包括文本内容的识别，还涉及图像、图表和表格等非文本元素的解析。对于不同类型的文件，有不同的解析方法，如 HTML/XML 解析、PDF 解析等。

- 文件加载：包括 PDF、docx、txt、MD、CSV、HTML 等格式数据加载、不同数据源获取等，根据数据自身情况，将数据处理为同一个范式。
- 文件解析：PDF、Word 解析器，也涉及表格转文本、图片 OCR 等技术。
- 元数据获取：提取数据中关键信息，例如文件名、Title、时间等。

（2）分块。文本分块（text chunking），或称为文本分割（text splitting），是指将长文本分解为较小的文本块，这些块被嵌入、索引、存储，然后用于后续的检索。通过将大型文档分解成易于管理的部分（如章节、段落，甚至是句子），文本分块可以提高搜索准确性和模型性能。

- 提高搜索准确性：较小的文本分块允许基于关键词匹配和语义相似性进行更精确的检索。
- 提升模型性能：LLM 在处理过长的文本时可能会遇到性能瓶颈。通过将文本分割成较小的片段，可以使模型更有效地处理和理解每一部分，同时也有助于模型根据查询返回更准确的信息。

因此，文本分块是很重要的一个环节，在 RAG 的众多环节中，它也许是我们容易做到高质量的一个环节。

（3）向量化。向量化是一个将文本数据转化为向量矩阵的过程，该过程会直接影响到后续检索的效果。得到的向量将用于后续的检索过程，以计算知识库向量和问题向量之间的相似性。把文本转化为向量的模型称之为 Embedding 模型。

目前常见的 Embedding 模型如表 4.1 所示，这些 Embedding 模型基本能满足大部分需求，但对于特殊场景（例如涉及一些罕见的专有词或字等）或者想进一步优化效果，则可以选择开源 Embedding 模型微调或直接训练适合自己场景的 Embedding 模型。

表 4.1　常见的 Embedding 模型

模型名称	描　　　述	获取地址
ChatGPT-Embedding	ChatGPT-Embedding 由 OpenAI 公司提供，以接口形式调用	https://platform.openai.com/docs/guides/embeddings/what-are-embeddings
ERNIE-Embedding V1	ERNIE-Embedding V1 由百度公司提供，依赖于文心大模型能力，以接口形式调用	https://cloud.baidu.com/doc/WENXINWORKSHOP/s/alj562vvu
M3E	M3E 是一款功能强大的开源 Embedding 模型，包含 m3e-small、m3e-base、m3e-large 等多个版本，支持微调和本地部署	https://huggingface.co/moka-ai/m3e-base
BGE	BGE 由北京智源人工智能研究院发布，基于 retroma 对模型进行预训练，再用对比学习在大规模成对数据上训练模型。BGE 同样是一款功能强大的开源 Embedding 模型，包含了支持中文和英文的多个版本，同样支持微调和本地部署	https://huggingface.co/BAAI/bge-base-en-v1.5
BCE	BCEmbedding（Bilingual and Crosslingual Embedding for RAG）是由网易有道开发的双语和跨语种语义表征算法模型库，其中包含 EmbeddingModel 和 RerankerModel 两类基础模型	https://huggingface.co/maidalun1020/bce-embedding-base_v1

表 4.2 为各模型的测评结果，更详细的测评结果详见 Embedding 模型指标汇总[①]。

表 4.2　各模型的测评结果

模型名称	检索	语义文本相似度	成对分类	分类	重排序	聚类	平均
bge-base-en-v1.5	37.14	55.06	75.45	59.73	43.05	37.74	47.20
bge-base-zh-v1.5	47.60	63.72	77.40	63.38	54.85	32.56	53.60
bge-large-en-v1.5	37.15	54.09	75.00	59.24	42.68	37.32	46.82
bge-large-zh-v1.5	47.54	64.73	79.14	64.19	55.88	33.26	54.21

---

① https://github.com/netease-youdao/BCEmbedding/blob/master/Docs/EvaluationSummary/embedding_eval_summary.md。

续表

模型名称	检索	语义文本相似度	成对分类	分类	重排序	聚类	平均
jina-embeddings-v2-base-en	31.58	54.28	74.84	58.42	41.16	34.67	44.29
m3e-base	46.29	63.93	71.84	64.08	52.38	37.84	53.54
m3e-large	34.85	59.74	67.69	60.07	48.99	31.62	46.78
bce-embedding-base_v1	57.60	65.73	74.96	69.00	57.29	38.95	59.43

（4）构建索引。构建索引需要用到向量数据库，什么是向量数据库呢？向量数据库是一种专门设计用于存储、索引和管理向量数据的数据库系统。与传统的关系型数据库不同，向量数据库优化了向量的存储和检索，特别适用于支持高效的向量相似性搜索。

向量数据库需要解决什么问题？因为向量数据库是基于 embedding 之后的向量的存储与检索，所以首先需要提供存储能力，其次更重要的是检索。即如何根据一个查询快速找到相关的 embedding 内容。关于检索的具体过程，会在知识检索中详细介绍。

数据向量化后构建索引并写入数据库的过程可以概述为数据入库过程，适用于 RAG 场景的数据库包括：FAISS、Chromadb、ES、milvus、weaviate 等。一般可以根据业务场景、硬件、性能需求等多因素综合考虑，选择合适的数据库。我们将在后面的章节中进一步讨论如何选择向量数据库以及如何构建索引。

2. 知识检索

知识库构建完成后，用户输入一个问题，系统需要对用户的问题向量化。这里，向量化需要和上面知识库构建中的向量化使用的模型保持一致。

在 RAG 中，检索到的文本质量对大型语言模型生成响应的质量是非常重要的。检索到的与回答用户查询相关的文本质量越高，答案就越有根据和相关性，也更容易防止 LLM 幻觉，所以 RAG 技术的核心是检索。常见的检索方法有以下几种。

- 相似性检索：即计算查询向量与所有存储向量的相似性得分，返回得分高的记录。常见的相似性计算方法包括：余弦相似性、欧氏距离、曼哈顿距离等。
- 全文检索：全文检索是一种比较经典的检索方式，在数据存入时，通过关键词构建倒排索引；在检索时，通过关键词进行全文检索，找到对应的记录。

- 结构化查询。
- 基于图的搜索。

一般根据实际需求，用户输入的问题会匹配到 topk 个结果。k 是一个超参数，并由用户提供。匹配的算法一般采用欧氏距离、曼哈顿距离、余弦相似性等。具体的检索方法以及匹配算法会在后面的章节进行详细介绍。

3. 智能问答

提示词作为大模型的直接输入，是影响模型输出准确率的关键因素之一。在 RAG 场景中，提示词一般包括任务描述、背景知识（检索得到）、任务指令（一般是用户提问）等。根据任务场景和大模型性能，也可以在提示词中适当加入其他指令优化大模型的输出。结合提示工程模板，将用户输入的问题、知识库中得到 top-k 个相关的段落组成一个完成的上下文。一个简单知识问答场景的提示词示例如下。

```
RAG_PROMPT_TEMPALTE="""使用上下文来回答用户的问题。如果你不知道答案，就说你不知道。
总是使用中文回答。
        问题：{question}
        可参考的上下文：
        ···
        {context}
        ···
        如果给定的上下文无法让你做出回答，请回答数据库中没有这个内容，你不知道。
        有用地回答："""
```

提示词的设计只有方法而没有语法，比较依赖于个人经验，切换模型就需要重新设置，实际应用过程中，无法做到底层模型和方法的解耦，往往需要根据大模型的实际输出进行针对性的提示词调优。

大模型的使用可以分为本地调用和远程调用。读者可以根据自己的硬件资源自行选择大模型的调用方式，目前市面上的大模型有 ChatGPT、GPT-4、GLM4、文心一言等，以下给出远程调用和本地调用的示例。

本地模型调用以通义千问-7B-Chat 模型为例，示例代码如下。

```
from modelscope import AutoModelForCausalLM, AutoTokenizer
from modelscope import GenerationConfig

# Note: The default behavior now has injection attack prevention off.
tokenizer = AutoTokenizer.from_pretrained("qwen/Qwen-7B-Chat", trust_remote_
code=True)

# use bf16
# model = AutoModelForCausalLM.from_pretrained("qwen/Qwen-7B-Chat", device_
map="auto", trust_remote_code=True, bf16=True).eval()
# use fp16
# model = AutoModelForCausalLM.from_pretrained("qwen/Qwen-7B-Chat", device_
map="auto", trust_remote_code=True, fp16=True).eval()
# use cpu only
# model = AutoModelForCausalLM.from_pretrained("qwen/Qwen-7B-Chat", device_
map="cpu", trust_remote_code=True).eval()
# use auto mode, automatically select precision based on the device.
model = AutoModelForCausalLM.from_pretrained("qwen/Qwen-7B-Chat", device_
map="auto", trust_remote_code=True).eval()

# Specify hyperparameters for generation. But if you use transformers>=
4.32.0, there is no need to do this.
# model.generation_config = GenerationConfig.from_pretrained
("Qwen/Qwen-7B-Chat", trust_remote_code=True)  # 可指定不同的生成长度、top_p
                                                # 等相关超参

# 第一轮对话 1st dialogue turn
response, history = model.chat(tokenizer,  "你好", history=None)
print(response)
# 你好! 很高兴为你提供帮助。
```

```
# 第二轮对话 2nd dialogue turn
response, history = model.chat(tokenizer, "给我讲一个年轻人奋斗创业最终取得成
功的故事。", history=history)
print(response)
# 这是一个关于一个年轻人奋斗创业最终取得成功的故事。
# 故事的主人公叫李明，他来自一个普通的家庭，父母都是普通的工人。从小，李明就立下了一个
# 目标：要成为一名成功的企业家。
# 为了实现这个目标，李明勤奋学习，考上了大学。在大学期间，他积极参加各种创业比赛，获得
# 了不少奖项。他还利用课余时间去实习，积累了宝贵的经验。
# 毕业后，李明决定开始自己的创业之路。他开始寻找投资机会，但多次都被拒绝了。然而，他并
# 没有放弃。他继续努力，不断改进自己的创业计划，并寻找新的投资机会。
# 最终，李明成功地获得了一笔投资，开始了自己的创业之路。他成立了一家科技公司，专注于开
# 发新型软件。在他的领导下，公司迅速发展起来，成为一家成功的科技企业。
# 李明的成功并不是偶然的。他勤奋、坚韧、勇于冒险，不断学习和改进自己。他的成功也证明了，
# 只要努力奋斗，任何人都有可能取得成功。

# 第三轮对话 3rd dialogue turn
response, history = model.chat(tokenizer, "给这个故事起一个标题", history=
history)
print(response)
# 《奋斗创业：一个年轻人的成功之路》
```

远程调用智谱 AI 的 GLM4 作为实验对象，代码示例如下。

```
from langchain.text_splitter import RecursiveCharacterTextSplitter
from langchain_community.vectorstores.faiss import FAISS
from langchain_core.documents import Document
from langchain_core.output_parsers import StrOutputParser
from langchain_core.prompts import ChatPromptTemplate
from langchain_core.runnables import RunnablePassthrough
from langchain_openai import OpenAIEmbeddings, ChatOpenAI

# 创建 LLM
llm = ChatOpenAI(model_name='gpt-4')
```

```
# 创建 Prompt
prompt = ChatPromptTemplate.from_template('基于上下文：{context}\n 回答：
{input}')

# 创建输出解析器
output_parser = StrOutputParser()

# 模拟文档
docs = [Document(page_content="TuGraph 是蚂蚁开源的图数据库产品")]

# 文档嵌入
splits = RecursiveCharacterTextSplitter().split_documents(docs)
vector_store = FAISS.from_documents(splits, OpenAIEmbeddings())
retriever = vector_store.as_retriever()

# 创建 Chain
chain_no_context = RunnablePassthrough() | llm | output_parser
chain = (
    {"context": retriever, "input": RunnablePassthrough()}
    | prompt | llm | output_parser
)

# 调用 Chain
print(chain_no_context.invoke('蚂蚁图数据库开源了吗？'))
print(chain.invoke('蚂蚁图数据库开源了吗？'))
```

基于 RAG 的智能问答技术架构，我们来提炼一下 RAG 的核心阶段。简单来讲，RAG 就是通过查询并检索获取最相关的知识并将其融入提示词中，让大模型能够参考相应的知识从而给出合理回答。因此，可以将 RAG 的核心理解为"索引+检索+生成"，索引过程是为检索过程准备数据，将专业知识文件分块后通过 Embedding 模型转换为向量表示，并保存在索引或向量数据库中；检索是使用相同的 Embedding 模型对用户的原始查询进行向量化，然后执行相似性搜索，在数据库中找到最相似（大多数时候也是最相关）的文本块，召回目标知识；生成则是利用大模型和提示词工程，将召回的知识合理利用，生成目标答案。

4.2.2　文档解析

文档智能解析是指利用机器学习算法，对文档内容进行自动识别、理解和处理的过程。它不仅包括文本内容的识别，还涉及文档智能解析。文档智能解析是指利用机器学习算法，对文档内容进行自动识别、理解和处理的过程。它不仅包括文本内容的识别，还涉及图像、图表和表格等非文本元素的解析。

一般而言，对于不同类型的文件，有不同的解析方法，如 HTML/XML 解析、PDF 解析等。这里以图片形式的文档（如对纸质文档进行了扫描、拍照等）为例进行说明。

首先，需要对文档进行版面分析（layout analysis，也称布局分析），用于识别和理解文档中的视觉和结构布局，如图 4.3 所示。这里会使用到区域检测和区域分类等技术。区域检测用于识别文档中的不同区域，如文本块、图像、表格和图表等；而区域分类则将检测到的区域进一步分类，如文本可以进一步被细分为标题、副标题、正文文本等；图像可能被分类为图片、图表或公式等；表格需要识别为包含数据的结构化形式。

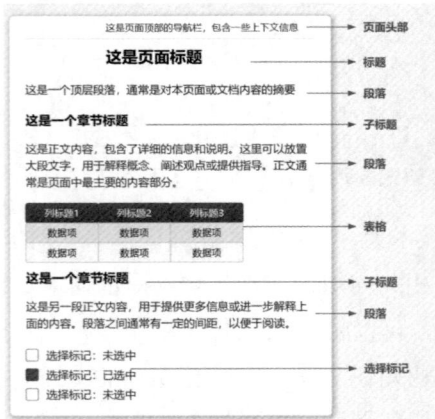

图 4.3　对文档进行版面分析

　　然后，对这些区域分别进行识别。比如，对于表格区域，它们会被输入至表格识别（table structure recognition，TSR）模块进行结构化识别，包含解析表格的行和列，识别单元格边界，提取结构化数据。对于文本区域，使用 OCR 引擎将图像中的文字转为机器可读的字符。

　　随着大语言模型和多模态技术的发展，文档理解领域逐渐出现了端到端的多模态模型，它们将文档内容和文档图像进行联合学习，这样一来，模型可以学习到不同文档模板类型的局部不变性信息，当模型需要迁移到另一种模板类型时，只需要人工标注少量的样本就可以对模型进行调优。

　　比如，微软公司的 LayoutLM 系列模型将视觉特征、文本和布局信息进行了联合预训练，在多种文档理解任务上取得了显著提升；OpenAI 的 GPT-4V 能够分析用户输入的图像，并为有关图像的问题提供文本回应，它结合了自然语言处理和视觉理解；微软公司的 Table Transformer 可以从非结构化文档中提取表格；基于 Transformer 的 Donut 模型无需 OCR 就可以进行文档理解；旷世科技近期发布的 OneChart 模型可以对图表（如折线图、柱形图和饼图等）信息进行结构化提取。

　　长期来看，大模型和文档理解进行结合应该是一个趋势。但就目前而言，多模态大模型与传统的 SOTA 方案相比，还不具备很好的竞争力，尤其是在处理细粒度文本的场景中。

　　以下是用于文档解析的开源项目。

- RAGFlow。RAGFlow[①]是一款基于深度文档理解构建的开源 RAG 引擎。RAGFlow 的最大特色就是多样化的文档智能处理，它没有采用现成的 RAG 中间件，而是完全重新研发了一套智能文档理解系统，确保数据 Garbage In Garbage Out 变为 Quality In Quality Out，并以此为依托构建 RAG 任务编排体系。对于用户上传的文档，它会自动识别文档的布局，包括标题、段落、换行等，还包含图片和表格等。RAGFlow 的 DeepDoc 模块提供了对多种不同格式文档的深度解析。

- Unstructured。Unstructured[②]是一个灵活的 Python 库，专门用于处理非结构化数据，它可以处理各种文档格式，包括 PDF、CSV 和 PPT 等。该库被多个项目用于非结构化数据的提取，如网易有道的 QAnything、Dify 等。

---

① https://github.com/infiniflow/ragflow。

② https://github.com/Unstructured-IO/unstructured。

- PaddleOCR。PaddleOCR[1]是由百度公司推出的 OCR 开源项目，旨在提供全面且高效的文字识别和信息提取功能。PaddleOCR 提供了版面分析、表格识别和文字识别等多种功能。PaddleOCR 的应用场景广泛，包括金融、教育、法律等多个行业，其高效的处理速度和准确率使其成为业界领先的 OCR 解决方案之一。

文档智能解析技术的应用非常广泛，可用于法律文档的信息提取、财务报表的数据整理、医疗记录的分析等多个领域，它是搭建企业 RAG 系统不可或缺的部分。

4.2.3 文本分块

在 RAG 系统中，包括索引、检索和生成三大部分，分块属于索引过程，构建索引的关键是对数据的分块策略。

分块就是将加载的文本分为较小的块。合适的分块策略可以使 RAG 系统更快、更准确地发现相关上下文。因为大语言模型通常有上下文长度限制，因此有必要创建尽可能小的文本块。

Transformer 模型的输入序列长度是固定的，即使输入上下文窗口很大，用一个句子或几个句子的向量代表它们的语义含义，也通常比对几页文本进行平均向量化更为有效。因此，需要对数据进行切分处理，将文档切分成合适大小的块，同时保持其原有意义不变（例如，将文本划分为句子或段落，而不是将单个句子切割成两部分）。

文本分割主要考虑两个因素：①文件切块的大小，这取决于 embedding 模型的 Tokens 限制情况。例如，基于 BERT 的标准 Transformer 编码器模型最多处理 512 个 token，而 OpenAI ada-002 能处理更长的序列，如 8192 个 token。②语义完整性对整体的检索效果的影响。

本节将详细介绍文本切块的方法。下面是一些常见的文本分块的策略。

- 固定长度分割（fixed size chunking）：将文本按固定字符数或单词数进行分割，这是最直接、最经济的分块方法，但也存在明显的问题，也就是语义不连贯。固定长度

分割通常不考虑文本的语义内容，因此有可能将相关联的信息切割开，导致分出的文本块在内容上缺乏连贯性和完整性。例如，一个完整的句子或一段函数代码可能会被截断在两个不同的块中，使得单独的块难以理解。

- 句分割：以"句"的粒度进行切分，保留一个句子的完整语义。常见切分符包括：句号、感叹号、问号、换行符等。

- 递归分块（recursive chunking）：这种方法使用一组分隔符，以分层和迭代的方式将文本划分为更小的块。如果最初的分割没有产生所需大小的块，该方法会使用不同的分隔符递归地调用结果块，直到达到所需的块大小。

- 特定格式分块：特定格式分块是针对具有特定结构或语法特征的文本文件进行分块的一种方法，如 Markdown、LaTeX、Python 代码等。这种分块方式依据各自格式的特定字符或结构标记来实现，以保证分块后的内容在结构上的完整性和逻辑上的连贯性。比如 Markdown 文本可以使用标题（#）、列表（一）、引用（>）等来进行分块。

- 语义分块（semantic chunking）：这种方法旨在从嵌入中提取语义，然后评估这些分块之间的语义关系。它使用块之间的上下文关系将文档拆分为块，并使用嵌入相似性自适应地选择句子之间的断点。语义分割是一种更优雅的方式，旨在确保每个分块包含尽可能多的语义独立信息。

- 命题分块（propositional chunking）：命题分块也是一种语义分块，它的原理是基于 LLM 逐步构建块。

1. 固定长度分割

这是最基础的文本分割方法，将文本按照指定的字符数分解成多个块，而不考虑文本的内容或结构。这种方法简单易行，但可能无法充分考虑文本的语义结构。根据 embedding 模型的 token 长度限制，将文本分割为固定长度（例如 256/512 个 tokens），这种切分方式会损失很多语义信息，一般通过在头尾增加一定冗余量来缓解，以确保语义上下文不会在块之间丢失。在大多数常见情况下，固定大小的分块将是最佳路径。与其他形式的分块相比，固定大小的分块计算成本低且易于使用，因为它不需要使用任何 NLP 库。

下面是使用 LangChain 执行固定大小分块的示例。

```python
from langchain_text_splitters.character import CharacterTextSplitter

def test_character_text_splitter() -> None:
    """Test splitting by character count."""
    text = "foo bar baz 123"
    splitter = CharacterTextSplitter(separator=" ", chunk_size=7, chunk_overlap=3)
    output = splitter.split_text(text)
    expected_output = ["foo bar", "bar baz", "baz 123"]
    assert output == expected_output
```

可以看到，CharacterTextSplitter 设置了 3 个参数。

- 分割符（separator）：空格。
- 文本块的最大长度（chunk_size）：7。
- 文本块之间的最大重叠长度（chunk_overlap）：3，参数 chunk_overlap 很重要，表示两个切分文本之间的重合度，设置重叠大小可以保持文本块之间的连续性。

2. 句分割

正如之前提到的，许多模型都针对嵌入句子级别的内容进行了优化。当然，我们会使用句子分块，并且有多种方法和工具可用于执行此操作，介绍如下。

- 直接分割：最直接的方法是按句点（"."）和换行符分割句子。虽然这可能快速且简单，但这种方法不会考虑所有可能的边缘情况。下面是一个非常简单的例子。

```python
text = "..." # your text
docs = text.split(".")
```

- NLTK：自然语言工具包（NLTK）是一个流行的 Python 库，用于处理人类语言数据。它提供了一个句子标记器，可以将文本分割成句子，帮助创建更有意义的块。例如，要将 NLTK 与 LangChain 结合使用，可以执行以下操作。

```python
text = "..." # your text
```

```
from langchain.text_splitter import NLTKTextSplitter
text_splitter = NLTKTextSplitter()
docs = text_splitter.split_text(text)
```

- spaCy：spaCy 是另一个用于 NLP 任务的强大 Python 库。它提供了复杂的句子分割功能，可以有效地将文本分割成单独的句子，从而在生成的块中更好地保留上下文。例如，要将 spaCy 与 LangChain 结合使用，可以执行以下操作。

```
text = "..." # your text
from langchain.text_splitter import SpacyTextSplitter
text_splitter = SpaCyTextSplitter()
docs = text_splitter.split_text(text)
```

3. 递归分块

递归分块以一组分隔符为参数，以递归的方式将文本分成更小的块。如果在第一次分割时无法得到所需长度的块，它将递归地继续尝试。每次递归操作都会尝试更细粒度的分割符号，直到块的长度满足要求。这样可以确保即使初始块很大，最终也能得到较为合适的小块。例如，可以先尝试按照句子结束符来分割（如句号或问号），如果这样分割出的文本块太长，就会依次尝试其他标记，例如逗号或者空格。通过这种方式，可以找到比较合适的分割点，同时尽量避免破坏文本的语义结构。

下面是一个使用 LangChain 的、对 RecursiveCharacterTextSplitter 进行递归分块的示例。

```
from langchain_text_splitters import RecursiveCharacterTextSplitter

def test_iterative_text_splitter() -> None:
    """Test iterative text splitter."""
    text = """Hi.\n\nI'm Harrison.\n\nHow? Are? You?\nOkay then f f f f.
This is a weird text to write, but gotta test the splittingggg some how.

Bye!\n\n-H."""
    # 分隔符列表是["\n\n", "\n", " ", ""]
    splitter = RecursiveCharacterTextSplitter(
```

```
        separators=["\n\n", "\n", " ", ""],
        chunk_size=10,
        chunk_overlap=1)

output = splitter.split_text(text)
expected_output = [
    "Hi.",
    "I'm",
    "Harrison.",
    "How? Are?",
    "You?",
    "Okay then",
    "f f f f.",
    "This is a",
    "weird",
    "text to",
    "write,",
    "but gotta",
    "test the",
    "splitting",
    "gggg",
    "some how.",
    "Bye!",
    "-H.",
    ]
assert output == expected_output
```

4. 特定格式分块

特定格式分块是针对具有特定结构或语法特征的文本文件进行分块的一种方法，如 Markdown、LaTeX、Python 代码等。在这种分块方法中，我们根据文档的固有结构对其进行拆分。这种方法考虑了内容的流动和结构，对于结构化和格式化内容的文本，可以使用专门的分块方法在分块过程中保留内容的原始结构。

针对特定格式的分块，LangChain 提供了相应的方法，介绍如下。

- MarkdownTextSplitter：根据 Markdown 的标题、列表或引用等规则来分割文本。
- LatexTextSplitter：根据 LaTeX 的 chapter、section 或 subsection 等规则来分割文本。
- HTMLHeaderTextSplitter：根据 HTML 特定字符串分割文本，如 h1、h2、h3 等。
- PythonCodeTextSplitter：根据 Python 特定的字符串分割文本，如 class、def 等，总共有 15 种不同的语言可供选择。

Markdown 是一种轻量级标记语言，通常用于格式化文本。通过识别 Markdown 语法（例如标题、列表和代码块），可以根据内容的结构和层次结构智能地划分内容，从而产生语义上更连贯的块。示例如下。

```
from langchain.text_splitter import MarkdownTextSplitter
markdown_text = "..."


markdown_splitter = MarkdownTextSplitter(chunk_size=100, chunk_overlap=0)
docs = markdown_splitter.create_documents([markdown_text])
```

LaTeX 是一种文档准备系统和标记语言，常用于学术论文和技术文档。通过解析 LaTeX 命令和环境，可以创建尊重内容逻辑组织的块（例如，部分、小节和方程），从而获得更准确且与上下文相关的结果。示例如下。

```
from langchain.text_splitter import LatexTextSplitter
latex_text = "..."
latex_splitter = LatexTextSplitter(chunk_size=100, chunk_overlap=0)
docs = latex_splitter.create_documents([latex_text])
```

5. 语义分块

在实际应用中，由于严格的预定义规则（块大小或重叠部分的大小），基于规则的分块方法很容易导致检索上下文不完整或包含噪声的块大小过大等问题。 因此，对于分块，最优雅的方法显然是基于语义的分块。语义分块旨在确保每个分块包含尽可能多的语义独立信息。

语义分块（semantic chunking）首先在句子之间进行分割，句子通常是一个语义单位，它包含关于一个主题的单一想法；然后使用 embedding 表征句子；最后将相似的句子组合在一起形成块，同时保持句子的顺序，如图 4.4 所示。

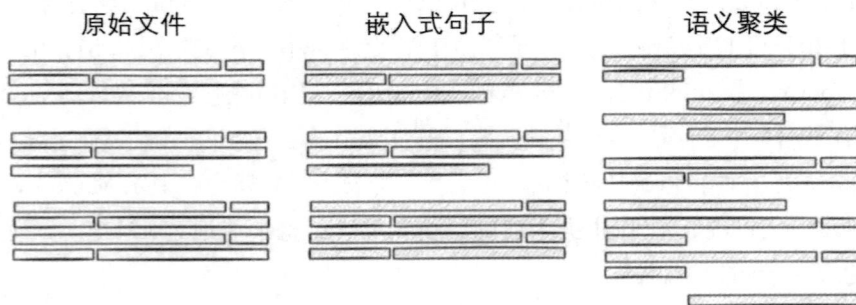

| 原始文件 | 嵌入式句子 | 语义聚类 |

图 4.4　语义分块

LlamaIndex 和 LangChain 都提供了一个基于 embedding 的语义分块器。这两个框架的实现思路基本是一样的，我们将以 LlamaIndex 为例进行介绍。

要访问 LlamaIndex 中的语义分块器，需要安装最新的版本，依赖安装命令如下。

```
pip install llama-index-core
pip install llama-index-readers-file
pip install llama-index-embeddings-openai
```

代码如下所示。

```
from llama_index.core.node_parser import (
    SentenceSplitter,
    SemanticSplitterNodeParser,
)
from llama_index.embeddings.openai import OpenAIEmbedding
from llama_index.core import SimpleDirectoryReader


import os
os.environ["OPENAI_API_KEY"] = "YOUR_OPEN_AI_KEY"
```

```
# load documents
dir_path = "YOUR_DIR_PATH"
documents = SimpleDirectoryReader(dir_path).load_data()


embed_model = OpenAIEmbedding()
splitter = SemanticSplitterNodeParser(
    buffer_size=1, breakpoint_percentile_threshold=95, embed_model=embed_
    model
)

nodes = splitter.get_nodes_from_documents(documents)
for node in nodes:
    print('-' * 100)
    print(node.get_content())
```

回忆一下 BERT 的预训练过程，其中有个二元分类任务（NSP）让模型学习两个句子之间的关系。两个句子同时输入 BERT 中，并且该模型预测第二个句子是否在第一个句子之后。

我们可以将这一原理应用于设计一种简单的分块方法。对于文档，可将其拆分为多个句子。然后，使用滑动窗口将两个相邻的句子输入 BERT 模型中进行 NSP 判断，如图 4.5 所示。

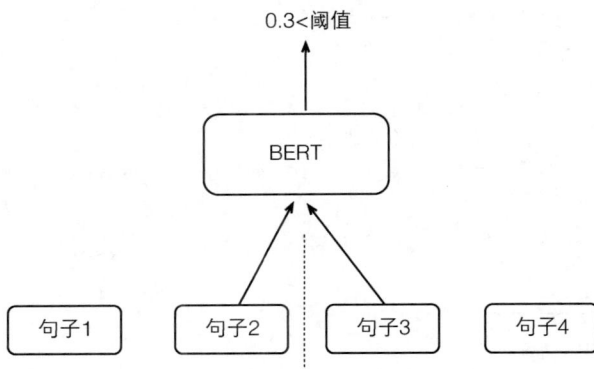

图 4.5　两个相邻的句子输入 BERT 模型中进行 NSP 判断

如果预测得分低于预设阈值，则表明两句之间的语义关系较弱。这可以作为文本分割点，如图 4.5 中句子 2 和句子 3 之间所示。这种方法的优点是可以直接使用，而不需要训练或微调。

然而，这种方法在确定文本分割点时只考虑前句和后句，忽略了来自其他片段的信息。此外，这种方法的预测效率相对较低。

跨段模型独立地对每个句子进行矢量化，不考虑任何更广泛的上下文信息。SeqModel 提出了进一步的增强，如论文 *Sequence Model with Self-Adaptive Sliding Window for Efficient Spoken Document Segmentation*[1]中所述。

SeqModel[2]使用 BERT 同时对多个句子进行编码，在计算句子向量之前对较长上下文中的依赖关系进行建模。然后它预测文本分割是否发生在每个句子之后。此外，该模型还利用自适应滑动窗口方法在不影响精度的情况下提高推理速度。SeqModel 的示意图如图 4.6 所示。

图 4.6 是文档分割模型 SeqModel，左边的电话嵌入提供了一个放大视图，已说明如何计算电话嵌入，以提高语义分割文档的健壮性。自适应滑动窗口可以进一步加快 SeqModel 的推理速度。

SeqModel 可以通过 ModelScope[3]框架使用，代码如下所示。

```python
from modelscope.outputs import OutputKeys
from modelscope.pipelines import pipeline
from modelscope.utils.constant import Tasks

p = pipeline(
    task=Tasks.document_segmentation,
    model='damo/nlp_bert_document-segmentation_chinese-base')

result = p(documents='移动端语音唤醒模型，检测关键词为"小云小云"。模型主体为 4 层
```

---

[1]　https://arxiv.org/pdf/2107.09278.pdf。

[2]　https://github.com/alibaba-damo-academy/SpokenNLP。

[3]　https://github.com/modelscope/modelscope/。

FSMN 结构，使用 CTC 训练准则，参数量 750K，适用于移动端设备运行。模型输入为 Fbank 特征，输出为基于 char 建模的中文全集 token 预测，测试工具根据每一帧的预测数据进行后处理得到输入音频的实时检测结果。模型训练采用 "basetrain + finetune" 的模式，basetrain 过程使用大量内部移动端数据，在此基础上，使用 1 万条设备端录制安静场景 "小云小云" 数据进行微调，得到最终面向业务的模型。后续用户可在 basetrain 模型基础上，使用其他关键词数据进行微调，得到新的语音唤醒模型，但暂时未开放模型 finetune 功能。')

```
print(result[OutputKeys.TEXT])
```

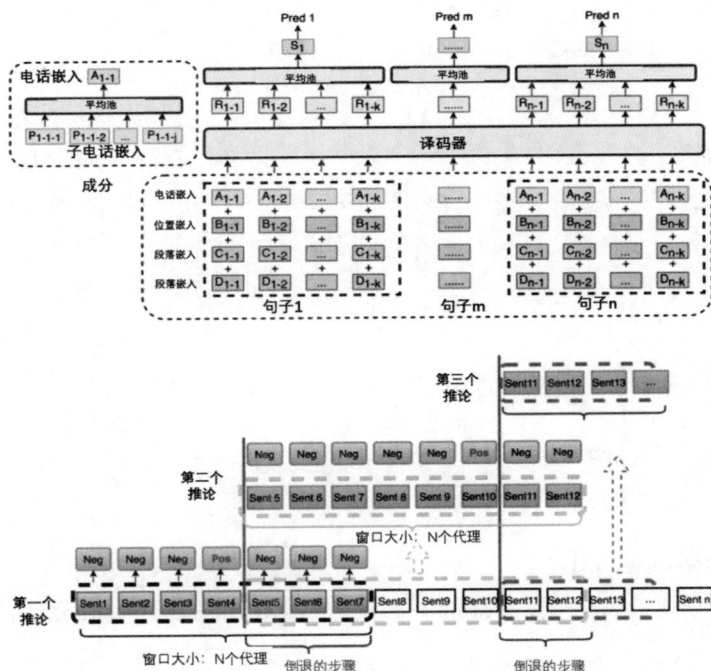

图 4.6　SeqModel 的示意图

论文 *Dense X Retrieval: What Retrieval Granularity Should We Use?*[①]引入了一个新的检索单元，称为 proposition。proposition 被定义为文本中的原子表达式，每个命题都封装了一个

---

① https://github.com/modelscope/modelscope/。

不同的事实，并以简洁、自包含的自然语言格式呈现。

那么，如何获得这个所谓的命题呢？这里，它是通过构建提示和与 LLM 的交互来实现的。

LlamaIndex 和 LangChain 都实现了相关的算法，下面使用 LlamaIndex 进行了演示。

依赖安装命令如下所示。

```
pip install llama-index-core
pip install llama-index-readers-file
pip install llama-index-embeddings-openai
pip install-lama-index-llms-openai
```

代码如下所示。

```python
from llama_index.core.readers import SimpleDirectoryReader
from llama_index.core.llama_pack import download_llama_pack

import os
os.environ["OPENAI_API_KEY"] = "YOUR_OPENAI_KEY"

# 下载并安装依赖项
DenseXRetrievalPack = download_llama_pack(
    "DenseXRetrievalPack", "./dense_pack"
)

# 如果已经下载了 DenseXRetrievalPack，可以直接导入
# from llama_index.packs.dense_x_retrieval import DenseXRetrievalPack

# 加载文档
dir_path = "YOUR_DIR_PATH"
documents = SimpleDirectoryReader(dir_path).load_data()


# 使用 LLM 从每一个文档/节点中提取 proposition
```

```
dense_pack = DenseXRetrievalPack(documents)

response = dense_pack.run("YOUR_QUERY")
```

值得一提的是，原始论文使用 LLM 生成的命题作为训练数据进一步微调文本生成模型。文本生成模型①现在可以公开访问，感兴趣的读者可以进行访问。

一般来说，这种使用 LLM 构造命题的分块方法实现了更精细的分块。它与原始节点形成了一个从小到大的索引结构，从而为语义分块提供了一个新的思路。然而，这种方法依赖于 LLM，这是相对昂贵的。

6. 命题分块

命题分块（propositional chunking）也是一种语义分块，它的原理是基于 LLM 逐步构建块，如图 4.7 所示。步骤如下。

（1）从基于段落的句法分块迭代开始。

（2）对于每个段落，使用 LLM 生成独立的陈述（或者命题），比如可以使用简单的提示"这段文字讨论了哪些主题"。

（3）移除冗余命题。

（4）索引并存储生成的命题。

（5）在查询时，从命题语料库中检索，而不是原始文档语料库。

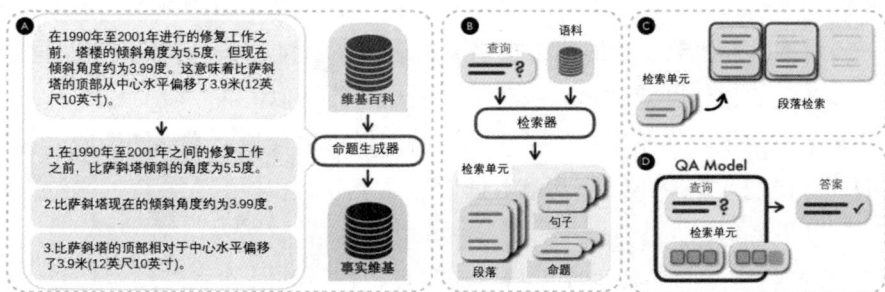

图 4.7　命题分块

---

① https://github.com/chentong0/factoid-wiki。

图 4.7 发现，在推理阶段，在命题层面上对检索语料库进行分割和索引是一种简单却有效的策略，能够提升稠密检索器的泛化性能（A，B）。我们通过实证研究，比较了稠密检索器在与按 100 词段落、句子或命题层级索引的维基百科数据配合使用时，其检索性能以及下游开放域开放问答（QA）任务的性能表现（C，D）。

除了上面所说的分块策略，还有很多其他的分块策略，比如 LangChain 提供了根据 OpenAI 的 token 数进行分割的 TokenTextSplitter 等。

文本分块并没有固定的最佳策略。选择哪种方式取决于具体的需求和场景，需要根据业务情况进行调整和优化。关键是找到适合当前应用的分块策略，而不是追求单一的完美方案。有时候，为了获得更准确的查询结果，我们甚至需要灵活地使用多种策略相结合。

4.2.4　向量化

语义向量模型被广泛应用于搜索、推荐、数据挖掘等重要领域，将自然形式的数据样本（如语言、代码、图片、音视频）转化为向量（即连续的数字序列），并用向量间的"距离"衡量数据样本之间的"相关性"。

过往，承担数据组织的是传统关系型数据库。但它更适合用来应对结构化的数据。大模型和神经网络更多面对的是海量的非结构化数据，比如文本、音频、视频、关系等。它们有一种专门的处理方式："向量化"。想要按这种"脑回路"组织数据，需要一个专门的数据库——向量数据库，把复杂的非结构化数据通过向量化，统一成多维空间里的坐标值，通过计算向量之间的相似度或距离，快速定位最相关的近似值。

向量数据库以向量作为基本数据类型，这些向量可以代表文本、图像或其他复杂数据的嵌入表示。与传统数据库不同，向量数据库专注于存储和检索大规模的高维向量数据。向量数据库有以下特点。

- 高度可扩展性：向量数据库支持水平扩展，能够在分布式环境中运行，处理海量数据。
- 高效的相似性搜索：通过特定的索引结构和查询算法，向量数据库能够快速进行相似性搜索。

- 支持高维数据：向量数据库能够有效处理高维向量数据，解决了传统数据库在高维数据处理方面的挑战。

向量数据库的工作原理主要包括数据存储、索引构建和相似性搜索三个过程。

- 数据存储：向量数据通过向量化技术转换为数值向量，并存储在数据库中。
- 索引构建：数据库构建索引结构（如 KD 树、球树、LSH 等）以加快相似性搜索的速度。
- 相似性搜索：用户发起查询时，数据库利用索引结构进行快速搜索，并返回最相似的数据结果。

向量数据库作为处理和分析高维数据的关键工具，正逐渐崭露头角，使得开发者和工程师可以将知识或数据向量化之后实现更有效的存储、检索以及推荐，通过对比这些向量两两之间的相似性，可以实现快速、直观、无缝的信息检索。Chroma、Pinecone、Weaviate、Milvus 和 Faiss 作为该领域的佼佼者，各具特色，分别在易用性、实时性、语义搜索、大规模数据处理和高效性方面表现出色。它们不仅推动了向量数据库技术的进步，更为各行各业的应用提供了强有力的支持。

Chroma[①]是一个轻量级、易用的向量数据库。

- 关键词：轻量级、易用性、开源。
- 功能特性：快速搭建小型语义搜索。

Chroma 提供高效的近似最近邻搜索（ANN），支持多种向量数据类型和索引方法，易于集成到现有的应用程序中，适用于小型到中型数据集。

- 应用系统：小型语义搜索原型、研究或教学项目。

Chroma 是一个轻量级、易用的向量数据库，专注于提供高效的近似最近邻搜索。它支持多种向量数据类型和索引方法，使得用户可以轻松集成到现有的应用程序中。Chroma 特别适用于小型到中型数据集，是初学者和小型项目的理想选择。通过 Chroma，用户可以快速构建语义搜索原型、研究或教学项目，并实现准确的数据匹配和检索。

---

① https://github.com/chroma-core/chroma。

Pinecone[①]是一款全托管的向量数据库。

● 关键词：实时性、高性能、可扩展。

● 功能特性：大规模数据集上的实时搜索。

亚秒级的查询响应时间，支持大规模向量集的高效索引和检索，提供高度可伸缩的分布式架构，适用于实时推荐和内容检索场景。

● 应用系统：实时推荐系统、大规模电商搜索引擎、社交媒体内容过滤。

Pinecone 是一个实时、高性能的向量数据库，专为大规模向量集的高效索引和检索而设计。它提供亚秒级的查询响应时间，确保用户可以迅速获取所需信息。Pinecone 采用高度可伸缩的分布式架构，可以轻松应对不断增长的数据量。它特别适用于实时推荐和内容检索场景，如电商搜索引擎、社交媒体内容过滤等。通过 Pinecone，企业可以为用户提供个性化、精准的内容推荐和搜索体验。

Weaviate[②]是一个开源的向量数据库，具有健壮、可拓展、云原生以及快速等特性。

● 关键词：语义搜索、图数据库、多模态。

● 功能特性：构建智能助手、知识图谱。

它结合了向量搜索和图数据库的特性，支持多模态数据（文本、图像等）的语义搜索，提供强大的查询语言和推理能力，适用于复杂的知识图谱和知识检索应用。

● 应用系统：复杂知识图谱应用、智能问答系统、多模态内容管理平台。

Weaviate 是一个开源的向量数据库，可以存储对象、向量，支持将向量搜索与结构化过滤和云原生数据库容错和可拓展性等能力相结合。支持 GraphQL、REST 和各种语言的客户端访问。

Weaviate 是一个结合了向量搜索和图数据库特性的多模态语义搜索引擎。它支持多模态数据（文本、图像等）的语义搜索，让用户能够以前所未有的方式探索和理解数据。Weaviate 提供强大的查询语言和推理能力，使得用户可以轻松构建复杂的知识图谱和知识检索应用。它适用于需要复杂查询和推理能力的知识密集型应用，如智能问答系统、多模态内容管理平台等。通过 Weaviate，企业可以充分挖掘和利用数据的价值，推动业务的创

---

① https://www.pinecone.io/。

② https://weaviate.io/。

新和发展。

Milvus[①]是面向下一代的生成式 AI 向量数据库，支持云原生。

● 关键词：大规模数据、云原生、高可用性。

● 功能特性：大规模内容检索、图像和视频搜索。

Milvus 专为处理超大规模向量数据而设计，提供云原生的分布式架构和存储方案，支持多种索引类型和查询优化策略，适用于大规模内容检索、图像和视频搜索等场景。

● 应用系统：大规模内容检索平台、图像和视频搜索引擎、智能安防系统。

Milvus 是一个专为处理超大规模向量数据而设计的云原生向量数据库。它采用分布式架构和存储方案，确保用户可以高效、可靠地管理和检索大规模数据。Milvus 支持多种索引类型和查询优化策略，提供卓越的查询性能和扩展性。它特别适用于大规模内容检索、图像和视频搜索等场景，如智能安防系统、图像和视频搜索引擎等。通过 Milvus，企业可以轻松应对不断增长的数据挑战，实现快速、准确的内容检索和分析。

Milvus 基于 FAISS、Annoy、HNSW 等向量搜索库构建，核心是解决稠密向量相似度检索的问题。在向量检索库的基础上，Milvus 支持数据分区分片、数据持久化、增量数据摄取、标量向量混合查询、time travel 等功能，同时大幅优化了向量检索的性能，可满足任何向量检索场景的应用需求。通常，建议用户使用 Kubernetes 部署 Milvus，以获得最佳可用性和弹性。

Faiss[②]是一个高效、灵活的向量数据库。

● 关键词：高效性、灵活性、Meta 支持。

● 功能特性：轻松将向量检索功能嵌入到深度学习中。

Faiss 提供高效的相似度搜索和稠密向量聚类能力，支持多种索引构建方法和查询策略优化，易于与深度学习框架（如 PyTorch）集成，在 Meta 公司内部广泛应用，有丰富的社区支持和文档资源。

● 应用系统：Meta 内部语义搜索和推荐系统、广告技术平台、深度学习应用中的向量检索模块。

---

① 　https://github.com/milvus-io/milvus。

② 　https://github.com/Metaresearch/faiss。

Faiss 由 Meta 公司于 2017 年发布并持续维护至今。它具有高效的相似度搜索和稠密向量聚类能力，支持多种索引构建方法和查询策略优化。Faiss 易于与深度学习框架（如 PyTorch）集成，使得用户可以轻松将向量检索功能嵌入到深度学习应用中。它在 Meta 公司内部广泛应用，拥有丰富的社区支持和文档资源。通过 Faiss，企业可以构建高效的语义搜索和推荐系统、广告技术平台等应用，实现数据的精准匹配和价值最大化。

4.2.5　检索

RAG 技术的核心是搜索索引，它存储了向量化的内容，即基础索引，如图 4.8 所示。

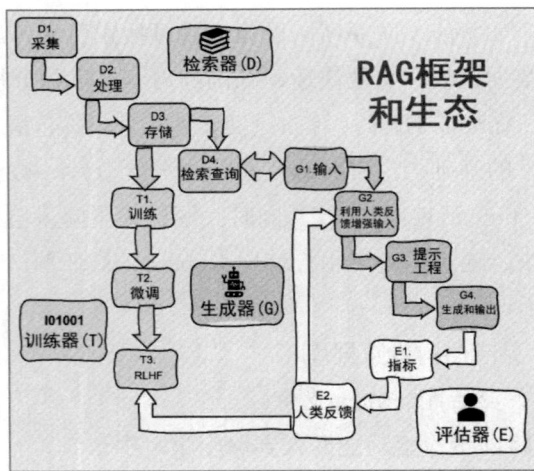

图 4.8　基础索引

最基本的实现方法是采用平面索引，即直接计算查询向量与所有块向量之间的距离。常见的相似性计算方法包括：余弦相似性、欧氏距离、曼哈顿距离等。

余弦相似度函数，其表达式如下。

$$余弦相似度 = S_c(A,B) = \cos(\theta) = \frac{A \cdot B}{\|A\|\|B\|} = \frac{\sum_{i=1}^{n} A_i B_i}{\sqrt{\sum_{i=1}^{n} A_i^2}\sqrt{\sum_{i=1}^{n} B_i^2}}$$

代码如下所示。

```
def cosine_similarity(cls, vector1: List[float], vector2: List[float]) ->
float:
    """
    calculate cosine similarity between two vectors
    """
    dot_product = np.dot(vector1, vector2)
    magnitude = np.linalg.norm(vector1) * np.linalg.norm(vector2)
    if not magnitude:
        return 0
    return dot_product / magnitude
```

4.2.6　RAG 技术的演进

RAG 从简单到复杂可以分为两个层次，即简易 RAG 和高级 RAG、如图 4.9 所示。

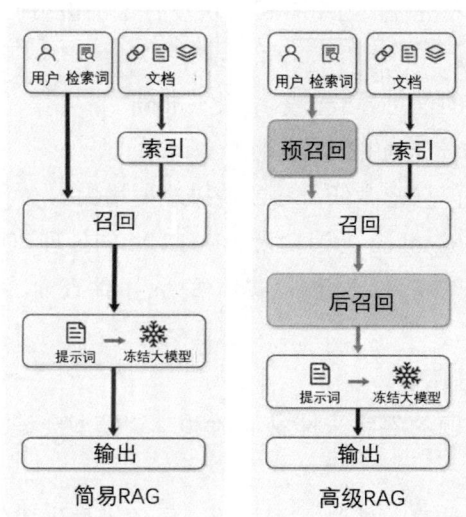

图 4.9　两个层次的 RAG

1. 简易 RAG

简易 RAG（基本 RAG）需要从外部知识数据库中获取文档，然后，将这些文档与用户的查询一起被传输到 LLM，用于生成响应。从本质上讲，RAG 包括一个检索组件、一个外部知识数据库和一个生成组件，如图 4.10 所示。

在基本的 RAG 场景中，大致包含如下步骤：首先将文本划分为多个块，使用 Transformer Encoder 模型将这些块嵌入到向量中，将这些向量存储到向量数据库并建立索引。查询会检索向量数据库中相关的上下文，这些上下文和查询一起生成最终的 LLM 提示，并引导 LLM 合成响应。这个过程简单有效，但在实际应用中，经常会面临以下问题。

检索质量方面的挑战。

- 精度低，在检索集合中并非所有块都与查询相关，这会导致潜在的幻觉问题。
- 召回率低导致信息不完整。当所有相关块没有全部被召回时，LLM 就没有获得足够的上下文合成答案。
- 数据过时或者冗余的信息导致检索结果不准确。

embedding 模型召回方案方面的挑战。

- 召回精度低，有效信息密度低，导致精排难度增大。
- 召回粒度过粗会造成 token 的浪费，影响 LLM 的处理速度和精度。
- 无法覆盖信息查询的场景，比如：实体/关系/事件查询、条件/统计查询、任务式对话场景等。

结果生成质量方面的挑战。

- 幻觉问题，如果问题的答案未能被正确检索，模型会编造一个上下文中不存在的答案。
- 答非所问，召回的信息可能是不相关的，导致模型生成的答案无法解决查询问题。
- 毒性或偏见，即模型生成有害和偏见的答案。

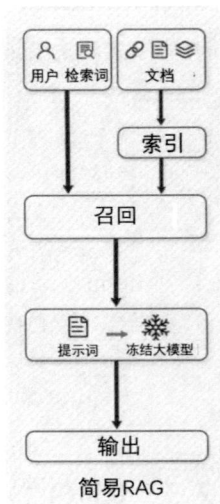

图 4.10　简易 RAG

增强过程方面（整合来自检索的内容）的挑战。

● 从相关段落中检索的文档未整合好，会导致模型生成的内容不连贯/脱节。

● 当多个检索到的段落包含相似的信息，导致生成步骤中的内容冗余和重复。

● 确定多个检索到的段落对生成任务的重要性或相关性具有挑战性，并且扩充过程需要平衡每个段落的值适当。

● 检索到的内容可能来自不同的写作风格或语调，增强过程需要协调这些差异，从而保证输出一致性。

● 生成模型可能过度依赖增强信息，导致输出仅重复检索到的内容，而不提供新的价值或合成信息。

在了解 Navie RAG 的局限性后，接下来将介绍高级 RAG 是如何克服这些问题的。

2. 高级 RAG

高级 RAG 针对简易 RAG 的不足进行了有针对性的改进，如图 4.11 所示。在检索生成的质量方面，高级 RAG 结合了检索前和检索后的方法。为了解决简易 RAG 遇到的索引问题，高级 RAG 通过滑动窗口、细粒度分割和元数据等方法优化了索引。与此同时，它提出了优化检索过程的各种方法。在具体实现方面，高级 RAG 可以通过管道或端到端的方式进行调整。

优化数据索引的目的是提高索引内容的质量。目前，有 5 种主要策略用于此目的：提升索引数据质量、优化索引结构、添加元数据、对齐优化和混合检索。

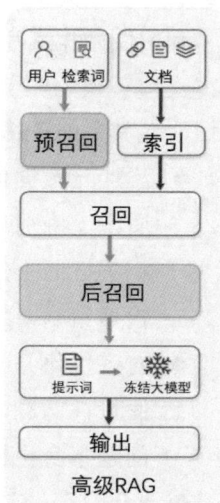

图 4.11　高级 RAG

● 提升索引数据质量：主要是对数据内容进行修订和简化，确保数据源的正确性和可读性，提升文本的规范化、统一性，并确保信息的准确无误和上下文的充分性，以此保障 RAG 系统的表现。具体的方式包括删除不相关信息、消除实体中的歧义和术语、确认事实准确性、维护上下文、更新过时文件，以下列出一些常见的方法。

① 清除特殊字符、奇怪的编码、不必要的 HTML 标记消除文本噪声（比如使用 regex）。

②找出与主题无关的文档异常值并将其删除（可以通过实现一些主题提取、降维技术和数据可视化实现这一点）。

③使用相似性度量并删除冗余文档。

- 优化索引结构：可以通过调整块的大小、改变索引路径和合并图结构信息实现。

调整块的大小捕获相关的上下文：调整区块（从小到大）的方法包括收集尽可能多的相关信息上下文以尽可能地减少噪声。在构建 RAG 系统时，块大小是一个关键参数。有不同的评估框架比较单个块的大小。LlamaIndex 使用 GPT4 评估保真度和相关性，LlamaIndex 对不同的分块方法有自动化评估方法。

跨多个索引路径查询：跨多个索引路径查询的方法与以前的元数据过滤和分块方法密切相关，并且可能涉及同时跨不同索引进行查询。标准索引可用于查询特定查询，或者独立索引可基于元数据关键字进行搜索或筛选，例如作为特定的"日期"索引。

利用图数据索引中节点之间的关系并结合图结构中的信息捕获相关上下文：引入图结构将实体转换为图节点，将它们的关系转换为图关系。这可以通过节点之间的关系提高准确性，尤其是对于多跳问题。使用图形数据索引可以增加检索的相关性。

- 添加元数据信息：在 RAG 系统开发中，加入元数据（如日期标签）可以提高检索质量，特别是在处理时间敏感的数据（如电子邮件查询）时，从而强调最新信息的相关性而不仅是内容相似性。LlamaIndex 通过节点后处理器支持这种以时间排序的检索策略，增强了系统的实用性和效率。

- 对齐优化：这一策略主要针对文档间的对齐问题和差异性问题。对齐处理包括设计假设性问题，可以理解为每一个文本块（chunk）生成一个假设性提问，然后将这个问题本身也嵌合到文本块中。这种方法有助于解决文档间的不一致和对齐问题。

- 混合检索：这种策略的优势在于利用了不同检索技术的优势并智能地结合各种技术，包括基于关键字的搜索、语义搜索和向量搜索，可以适应不同的查询类型和信息需求，确保对最相关和上下文丰富的信息的一致检索。混合检索可以作为检索策略的有力补充，增强 RAG 管道的整体性能。

这一阶段主要通过计算查询和块的相似性召回上下文，核心是 embedding 模型，高级 RAG 主要对 embedding 模型进行优化。

微调 embedding 模型：利用特定场景的语料微调 embedding 模型，将知识嵌入到模型中。微调的目的是增强检索到的内容和查询之间的相关性。

动态嵌入（dynamic embedding）：相比于静态嵌入（每个固定单词的向量固定），动态嵌入会根据不同的上下文对同一个单词的嵌入进行调整。嵌入中包含上下文信息，从而能够产生更为可靠的结果。

在完成文本块检索并整合上下文提交给 LLM 生成最终结果前，可以通过重新排序（rerank）和 Prompt 压缩（prompt compression）的方式对文档进行优化。

- 重新排序：之前提及的检索召回阶段一般直接对用户查询和文本块的 embedding 向量进行相似性召回，无法捕捉用户查询和文本块的复杂语义关系。重新排序阶段可以设计更加复杂的模块并对召回的结果进行精细化的排序，从而提高召回的质量。

这一概念已在 LlamaIndex、LangChain 和 HayStack 等框架中实现。例如，Diversity Ranker 根据文档多样性优先排序，而 LostThereMiddleRanker 交替将最佳文档放置在上下文窗口的开头和结尾，以及基于向量的对语义相似性的模拟搜索以应对口译的挑战，像 cohereAI rerank，bgererank5 这样的方法，或 LongLLM 语言重新计算相关文本和查询。

- Prompt 压缩：研究表明，检索到的文档中的噪声会对 RAG 性能产生不利影响。在后期处理中，重点在于压缩无关上下文、突出关键段落、减少整体上下文长度。Selective Context 和 LLMLingua 等方法利用小语言模型计算即时交互信息或困惑度，估计元素重要性。Recomp 通过以不同粒度训练压缩器来解决这个问题，而 Long Context 和"Walking in the Memory Maze"则设计总结技术增强关键信息感知，特别是在处理广泛的背景方面。

4.2.7　RAG 性能优化

RAG 系统中的检索过程优化关注于提高信息检索的效率和质量。在预检索过程中，RAG 系统通过提高索引数据的质量、优化索引结构、添加元数据、对齐用户查询和文档的语义空间、混合检索等方法提高索引内容的质量。在索引阶段，通过混合索引的提升，在后索引阶段通过重排序、Prompt 压缩集成多种搜索技术、改进检索步骤、引入认知回溯、实现多样化查询策略和利用嵌入相似性，RAG 系统可在检索效率和上下文信息的深度之间找到平衡点。

1. 创建文档层次结构

构建数据结构以增强信息检索的一种有效方法是创建文档层次结构。文档层次结构可以与 RAG 系统的目录进行比较。通过构建块，RAG 系统可以更快地检索和处理相关数据。因为文档层次结构有助于 LLM 选择包含要提取的最相关数据的部分，所以文档层次结构对 RAG 的效率至关重要。

在文档层次结构中，节点以父子关系排列，块与节点链接。数据的摘要存储在每个节点上，这有助于快速遍历数据，并帮助 RAG 系统确定要提取哪些块。

在构建 RAG 时，块大小是一个关键参数，它决定了从向量存储中检索的文档的长度。小的块可能无法完全传达必要的上下文，会导致文档错过一些关键信息，但它们的噪声确实较小。而大的块可以捕获更多的上下文，但会引入不相关的噪声，处理它们需要更长的时间。平衡这两个要求的一种方法是处理重叠部分。

我们可以通过检索更小的数据块提高搜索质量，同时添加额外上下文，以供大语言模型进行推理。具体的实现方式有两种方法：一是在检索到的小块周围扩展上下文，二是将文档递归分割为包含小块的更大父块。

利用句子窗口检索法，将文档的每个句子都单独编码并进行向量化，可以极大提高查询与语境之间的余弦距离搜索的准确性。为了在检索到最相关的单个句子之后更好地进行推理，我们会在检索到的句子前后扩展 k 个句子作为上下文窗口，然后将这个扩展的上下文发送给大语言模型。在图 4.12 中，灰色部分表示搜索索引时找到的句子嵌入，而整个黑色和灰色的段落一起被送给大语言模型，用于在处理提供的查询时扩展其上下文。

但是这种策略的局限性在于，需要访问的每一条信息都可以位于一个文档中。如果相关上下文分布在多个单独的文档上，我们需要使用自动合并检索法。

句子窗口检索

英伟达过去几年在AI芯片市场的遥遥领先的确让人眼馋。得益于公司GPU的领先特性和CUDA的生态护城河，英伟达在AI市场越战越勇，尤其是在训练市场，英伟达可以称得上是几无敌手。
知名分析机构Dell'Oro 表示，2024 年数据中心资本支出将增长 51%，达到 4550 亿美元，其中超大规模企业部署的针对 AI 训练工作负载优化的加速服务器占了大部分增长。这便让英伟达的营收坐着火箭狂飙。

英伟达在AI市场上的表现?

扩展上下文输入至大模型

大模型

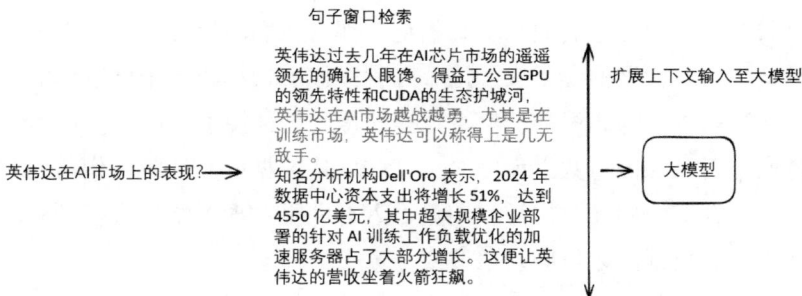

图 4.12　句子窗口检索法

2. 自动合并检索法

自动合并检索法（也称为父文档检索法[①]）的思路与句子窗口检索法类似——搜索更精细的信息片段，然后在将这些内容发送给 LLM 进行推理前扩大语境窗口。文档被分割成小的子块，这些子块又与更大的父块相关联，如图 4.13 所示。

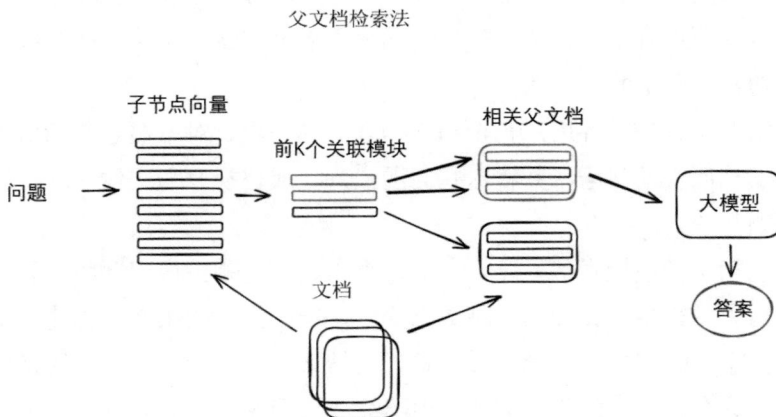

父文档检索法

子节点向量

前K个关联模块

相关父文档

问题

文档

大模型

答案

图 4.13　父文档检索法

在将文档分割成层次化的块结构（可根据章节结构分割文档）时，首先检索较小的数据块（叶子块），如果在最初检索到的前 k 个数据块（叶子块）中有超过 n 个数据块（叶子

---

① https://python.langchain.com/docs/modules/data_connection/retrievers/parent_document_retriever。

块）与同一个父节点（即更大的数据块）相连，那么我们会用这个父节点替换它们，并把它们作为提供给大语言模型的上下文。这个过程类似于自动将几个检索到的小数据块合并成一个较大的父数据块，因此得名。值得一提的是，这种搜索只在子节点的索引中进行。

在将向量嵌入存储在向量数据库中时，某些向量数据库允许将它们与元数据（或未向量化的数据）一起存储。用元数据注释向量嵌入有助于对搜索结果进行额外的后处理，如元数据过滤（添加元数据，如日期、章节或分章引用）。

将元数据与索引向量结合有助于提高搜索相关性，以下是元数据有用的一些场景。

- 如果搜索项目并且以最近时间为标准，则可以对日期元数据进行排序。
- 如果你搜索科学论文，并且事先知道要寻找的信息总是位于特定的部分，比如实验部分，那么可以将文章部分添加为每个区块的元数据，并对其进行过滤，以仅匹配实验。

用户的原始查询可能存在措辞不准确和缺乏语义信息的问题。因此，将用户查询的语义空间与文档的语义空间对齐至关重要。查询重写技术可以有效地解决这一问题，

然而，有时用户以几个单词或短句形式的输入查询与索引文档之间会出现错位，索引文档通常以长句甚至段落的形式编写。

这一策略主要是解决对齐用户查询和文档之间的差异。对齐概念包括引入假设问题，创建适合每个文档回答的问题，并将这些问题嵌入（或替换）为文件。这有助于解决文档之间的对齐问题和差异。

当需要从众多文档中检索信息时，高效地搜索、发现相关内容并将其整合成含有参考来源的答案变得尤为重要。在处理大型数据库时，一个高效的策略是构建两个索引：一个包含摘要，另一个包含文档的各个部分。这样的搜索分为两步：首先利用摘要筛选出相关文档，然后只在这个筛选出的相关文档集中继续深入搜索。分层索引如图 4.14 所示。

另一种策略是让大语言模型为文档的每个部分产生一个假设性问题，并把这些问题转换成数学上的向量。在实际操作中，这些问题向量构成一个索引，用于对用户的查询进行匹配搜索（这里采用问题向量而非原文档的内容向量构成索引），检索到相应问题后，再链接回原始文档的相应部分，作为大语言模型提供答案的背景信息。

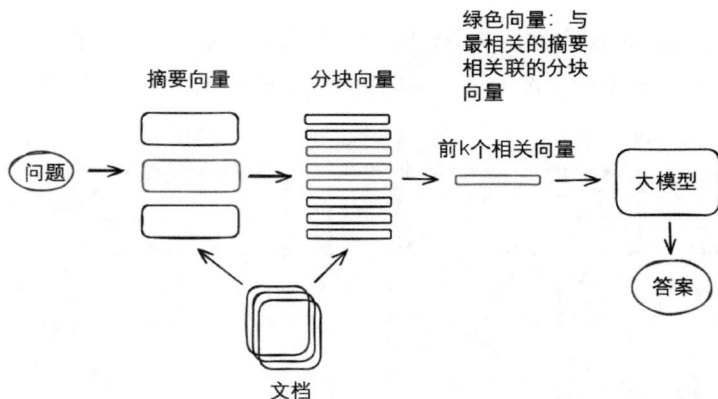

图 4.14 分层索引

　　相比直接使用文档内容，这种方法通过增强查询与假设问题之间的语义相似性，从而提升了搜索的精准度。此外，还有一种反向逻辑的方法，名为 HyDE[①]（hypothetical document embeddings），通过假设文档对齐查询和文档的语义空间。此方法基于假设生成的答案在嵌入空间中可能比直接查询更接近。利用 LLM、HyDE 生成一个假设文档（答案）作为响应查询，嵌入文档，并使用这种嵌入检索类似于假设文档的真实文档。与寻求嵌入相似性相反，该方法以查询为基础，强调从答案到答案的嵌入相似性。

　　HyDE 的目标是生成假设文档，以便最终查询向量 v 与向量空间中的实际文档尽可能紧密地对齐，如图 4.15 所示。

　　LlamaIndex 和 LangChain 都支持

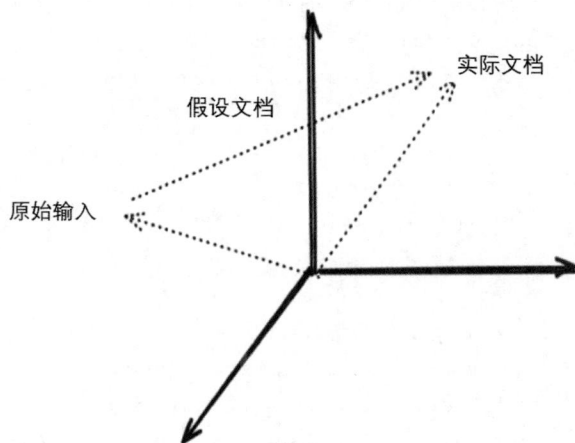

图 4.15 HyDE 的目标

---

① http://boston.lti.cs.cmu.edu/luyug/HyDE/HyDE.pdf。

HyDE，下面以 LlamaIndex 为例说明 HyDE 的实现过程。

将文件放在 YOUR_DIR_PATH 中。测试代码如下所示。

```python
import os
os.environ["OPENAI_API_KEY"] = "YOUR_OPENAI_API_KEY"

from llama_index.core import VectorStoreIndex, SimpleDirectoryReader
from llama_index.core.indices.query.query_transform import HyDEQueryTransform
from llama_index.core.query_engine import TransformQueryEngine

# 加载文档，构建向量存储索引
dir_path = "YOUR_DIR_PATH"
documents = SimpleDirectoryReader(dir_path).load_data()
index = VectorStoreIndex.from_documents(documents)


query_str = "what did paul graham do after going to RISD"
# 无转换查询：相同的查询字符串既用于嵌入查找，也用于摘要生成
query_engine = index.as_query_engine()
response = query_engine.query(query_str)

print('-' * 100)
print("Base query:")
print(response)


# 使用 HyDE 转换进行查询
hyde = HyDEQueryTransform(include_original=True)
hyde_query_engine = TransformQueryEngine(query_engine, hyde)
response = hyde_query_engine.query(query_str)

print('-' * 100)
print("After HyDEQueryTransform:")
print(response)
```

HyDE 似乎是无监督的，没有在 HyDE 中训练任何模型：生成模型和对比编码器都保持不变。

虽然 HyDE 引入了一种新的查询重写方法，但它确实有一些局限性。它不依赖于查询嵌入相似性，而是强调一个文档与另一个文档的相似性。然而，如果语言模型不精通该主题，它可能并不总是产生最佳结果，这可能会导致错误的增加。

通过智能混合各种技术，如基于关键字的搜索、语义搜索和矢量搜索，RAG 系统可以利用每种方法的优势。这种方法使 RAG 系统能够适应不同的查询类型和信息需求，确保一致检索最相关和上下文丰富的信息。混合搜索是对检索策略的有力补充，增强了 RAG 管道的整体性能。

其关键在于如何恰当地融合这两种不同相似度得分的检索结果。这个问题通常通过倒数排序融合（reciprocal rank fusion）算法来解决，该算法能有效地对检索结果进行重新排序，以得到最终的输出结果。

在 LangChain 中，这种方法是通过集成检索器（ensemble retriever）实现的，该类将定义的多个检索器结合起来，比如一个基于 faiss 的向量索引和一个基于 BM25 的检索器，并利用 RRF 算法进行结果的重新排序，如图 4.16 所示。

融合检索/混合搜索

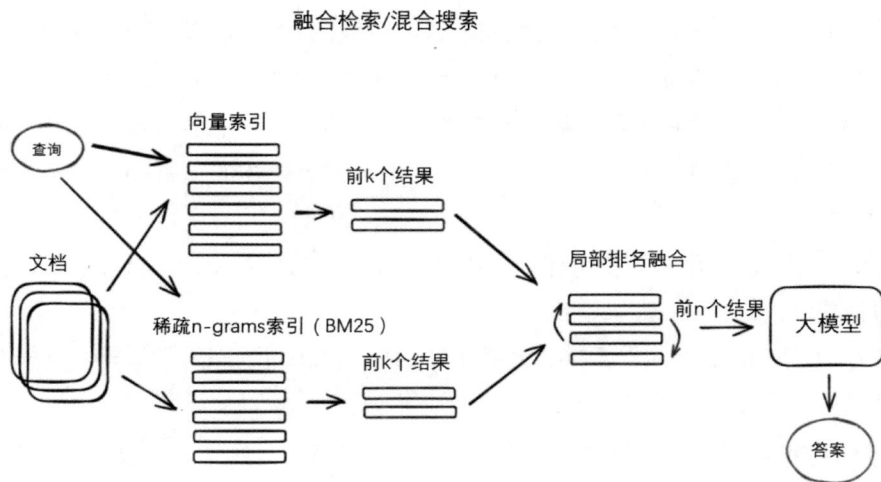

图 4.16　融合检索/混合搜索

混合或融合搜索通常能提供更优秀的检索结果,因为它结合了两种互补的搜索算法——既考虑了查询和存储文档之间的语义相似性,也考虑了关键词匹配。

3. 重排序模型

重新排序在检索增强生成过程中起着至关重要的作用。在简易 RAG 方法中,可以检索大量上下文,但并非所有上下文都与问题相关。而高级 RAG 相比于简易 RAG 一个重要的区别是检索后 0 过程的 "ReRank",它涉及对检索到的文档进行重新排序,以优先考虑最相关的信息。ReRank 通过各种算法或框架实现,比如基于文档多样性或与查询的相关性之类的标准来调整排序。重新排序的目的是向大语言模型提供最相关的信息,从而提高生成的响应的质量和相关性。

重新排序允许对文档进行重新排序和过滤,将相关文档放在最前面,从而提高 RAG 的有效性。

本节将介绍 RAG 的重新排序技术,并演示如何使用两种方法合并重新排序功能。

重新排序的任务就像一个智能过滤器。当检索器从索引集合中检索多个上下文时,这些上下文与用户的查询的相关性可能不同,一些上下文可能非常相关(在图 4.17 中用红框显示),而另一些上下文可能只有轻微的相关甚至不相关(在图 4.17 中用绿框和蓝框显示)。

重新排序的任务是评估这些上下文的相关性,并优先考虑最有可能提供准确和相关答案的上下文,让 LLM 在生成答案时优先考虑这些排名靠前的上下文,从而提高响应的准确性和质量。简单地说,重新排名就像在开卷考试中帮助你从一堆学习材料中选择最相关的参考文献,这样就可以更高效、更准确地回答问题。本节描述的重新排序方法主要可分为以下两种类型。

- 重新排序模型:这些模型考虑了文档和查询之间的交互特征,以更准确地评估它们的相关性。
- LLM: LLM 的出现为重新排名开辟了新的可能性。通过深入了解整个文档和查询,可以更全面地获取语义信息。

与 embedding 模型不同,重新排序模型以查询和上下文为输入,直接输出相似性得分,而不是嵌入。需要注意的是,重新排序模型是使用交叉熵损失进行优化的,允许相关性得分不限于特定范围，甚至可能是负的。

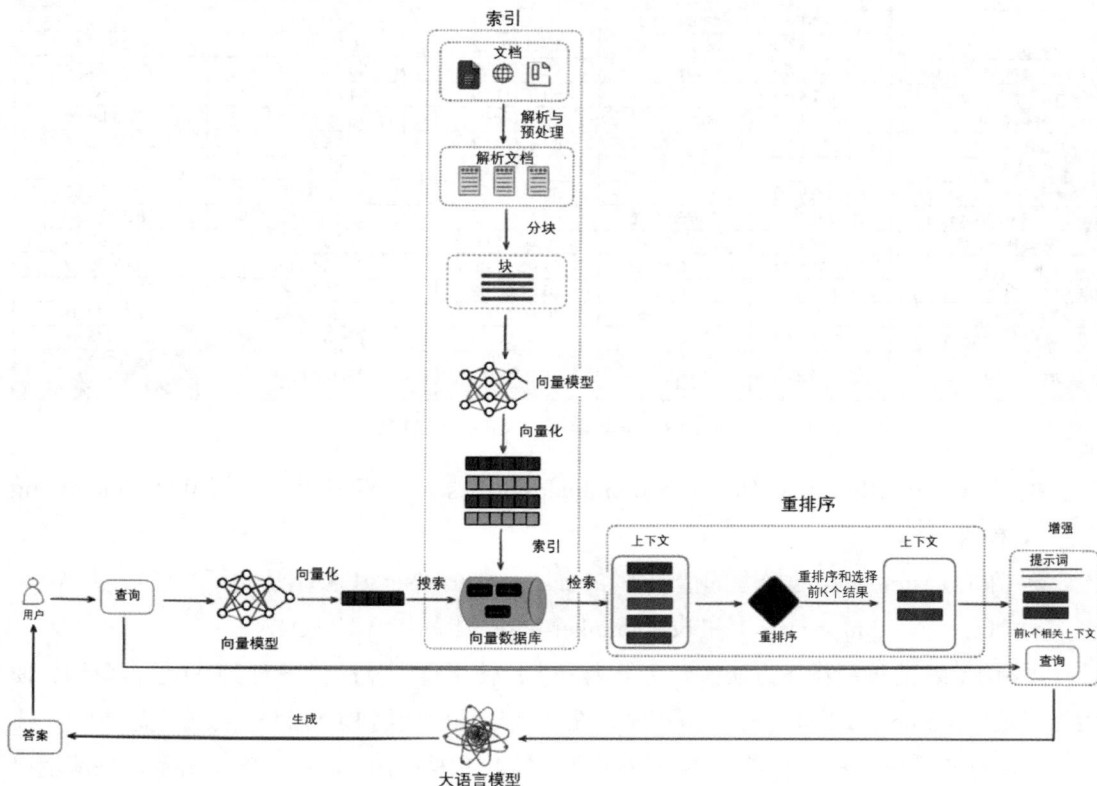

图 4.17　重新排序任务

重新排序模型的测评结果如图 4.18 所示，更详细的测评结果详见 Reranker 模型指标汇总[①]。

从这个评估结果可以看出以下内容。

● 无论使用何种 embedding 模型，重新排序都显示出更高的命中率和 MRR，这表明重新排序的显著影响。

[①] https://github.com/netease-youdao/BCEmbedding/blob/master/Docs/EvaluationSummary/reranker_eval_summary.md。

Embedding Models	WithoutReranker [hit_rate/mrr]	bge-reranker-large [hit_rate/mrr]	bge-reranker-v2-m3 [hit_rate/mrr]	CohereRerankMultilingualV3 [hit_rate/mrr]	bce-reranker-base_v1 [hit_rate/mrr]
OpenAI-ada-2	81.04/57.35	88.89/69.64	88.39/70.10	89.16/72.49	90.71/75.46
OpenAI-embed-3-small	83.01/58.10	89.20/69.86	89.20/70.22	90.02/72.78	90.91/75.49
OpenAI-embed-3-large	83.78/59.65	89.59/70.20	90.05/70.96	90.60/73.34	91.37/75.82
bge-large-en-v1.5	52.67/34.69	64.71/52.05	63.97/51.89	64.51/54.12	65.36/55.50
bge-large-zh-v1.5	69.81/47.38	80.11/63.95	79.33/64.64	79.95/66.23	81.19/68.50
bge-m3-large	84.67/61.25	89.94/70.17	89.40/70.57	90.13/72.93	91.72/76.14
llm-embedder	50.85/33.26	63.54/51.32	68.11/54.89	68.81/56.78	64.47/54.98
CohereV3-en	53.10/35.39	66.29/53.31	65.02/52.96	66.02/55.07	66.91/56.93
CohereV3-multilingual	79.80/57.22	86.76/68.56	86.15/68.72	87.11/71.04	88.35/73.73
JinaAI-v2-Base-zh	71.63/49.62	81.77/64.89	80.96/65.16	81.39/67.03	83.13/69.64
gte-large-en	53.17/34.71	65.02/52.04	64.05/51.86	64.55/53.68	65.67/55.87
gte-large-zh	59.48/39.38	71.56/58.27	70.67/58.89	71.01/60.22	72.37/62.71
e5-large-v2-en	61.03/40.67	71.52/56.61	70.90/57.01	71.28/58.62	72.37/60.91
e5-large-multilingual	79.14/55.54	87.35/68.50	86.92/68.77	87.73/71.15	88.97/73.81
bce-embedding-base_v1	85.91/62.36	91.80/71.13	91.02/71.43	91.87/73.34	93.46/77.02 96.36/78.93(★)

图 4.18　重新排序模型的测评结果

- 在 WithoutReranker 列中，bce-embedding-base_v1 模型优于所有其他 embedding 模型。
- 在固定 embedding 模型的情况下，bce-reranker-base_v1 模型达到了最佳表现。
- bce-embedding-base_v1 和 bce-reranker-base_v1 的组合是 SOTA。

现有 LLM 的重新排序方法大致可分为三类：使用重新排序任务对 LLM 进行微调、使用提示词（prompt）LLM 进行重新排序、在训练过程中使用 LLM 进行数据扩充。

提示词重新排序的方法的成本是较低的，图 4.19 是使用 RankGPT[①]的演示，该演示已集成到 LlamaIndex[②]中。

RankGPT 的想法是使用 LLM（如 ChatGPT、GPT-4 或其他 LLM）执行 zero-shot 段落重新排序，它应用排列生成方法和滑动窗口策略有效地对段落进行重新排序。

前两种方法是传统方法，对每个文档进行评分，然后根据该评分对所有段落进行排序。

此外，论文还提出了第三种方法：排列生成。具体来说，该模型不依赖于外部评分，而是直接对段落进行端到端排序。换句话说，它直接利用 LLM 的语义理解能力对所有候选

---

① https://arxiv.org/pdf/2304.09542.pdf。

② https://github.com/run-llama/llama_index/blob/v0.9.45.post1/llama_index/postprocessor/rankGPT_rerank.py。

段落进行相关性排序。然而，候选文档的数量往往非常大，而 LLM 的输入是有限的。因此，通常不可能一次输入所有文本。

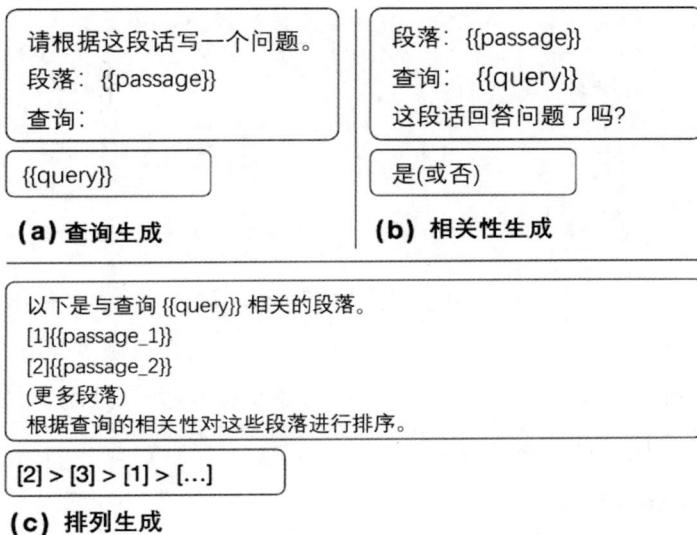

(a) 查询生成

请根据这段话写一个问题。
段落: {{passage}}
查询:

{{query}}

(b) 相关性生成

段落: {{passage}}
查询: {{query}}
这段话回答问题了吗?

是(或否)

(c) 排列生成

以下是与查询 {{query}} 相关的段落。
[1]{{passage_1}}
[2]{{passage_2}}
(更多段落)
根据查询的相关性对这些段落进行排序。

[2] > [3] > [1] > [...]

图 4.19　RankGPT①的演示

因此，引入了一种滑动窗口方法，它遵循了气泡排序的思想，如图 4.20 所示。每次只对前 4 个文本进行排序，然后移动窗口，对随后的 4 个文本排序。在对整个文本进行迭代后，我们可以获得性能最好的最优文本。

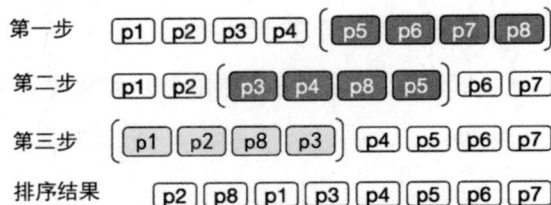

第一步　p1 p2 p3 p4 p5 p6 p7 p8
第二步　p1 p2 p3 p4 p8 p5 p6 p7
第三步　p1 p2 p8 p3 p4 p5 p6 p7
排序结果　p2 p8 p1 p3 p4 p5 p6 p7

图 4.20　滑动窗口方法

---

① https://arxiv.org/pdf/2304.09542.pdf。

注意，为了使用 RankGPT，需要安装较新版本的 LlamaIndex。代码很简单，基于上一节的代码，只需将 RankGPT 设置为重新排序即可。

```
from llama_index.postprocessor import RankGPTRerank
from llama_index.llms import OpenAI
reranker = RankGPTRerank(
    top_n = 3,
    llm = OpenAI(model="gpt-3.5-turbo-16k"),
    # verbose=True,
)
```

总的来说，这里介绍了重新排序的原则和两种主流方法。其中，使用重新排序模型的方法是轻量级的，并且花费较小。另一方面，使用 LLM 的方法在多个基准[①]测试上表现良好，但更昂贵，并且仅在使用 ChatGPT 和 GPT-4 时表现良好，而在使用 FLAN-T5 和 Vicuna-13B 等其他开源模型时其性能较差。

4. 提高索引数据的质量

由于索引的数据决定了 RAG 响应的质量，因此在建立索引之前，需要对数据执行很多预处理操作来保证数据质量。数据的质量要符合以下两个标准。

- 数据干净：可以应用一些自然语言处理中常用的基本数据清理技术，例如确保所有特殊字符都正确编码。
- 数据准确：确保信息一致且事实准确，以避免信息冲突误导 LLM。

下面是数据清洗的一些技巧。

- 清除特殊字符、奇怪的编码、不必要的 HTML 标记消除文本噪声（比如使用 regex）。
- 找出与主要主题无关的文档异常值并将其删除（可以通过主题提取、降维技术和数据可视化实现这一点）。
- 使用相似性度量删除冗余文档。

---

① https://arxiv.org/pdf/2304.09542.pdf。

5. 提示词压缩

构建高效的 RAG 系统的下一个关键是引入聊天逻辑,这与大语言模型出现之前的传统聊天机器人同样重要,都需要考虑对话上下文。这对于处理后续问题、指代或与先前对话上下文相关的用户命令至关重要。这一问题通过结合用户查询和聊天上下文的查询压缩技术得以解决。

常见的上下文压缩方法有几种,例如:

- 流行且相对简单的 ContextChatEngine,它首先检索与用户查询相关的上下文,然后将其连同聊天历史记录从内存缓冲区发送给大语言模型,使其在生成下一个答案时能够参考之前的上下文。
- 更复杂的 CondensePlusContextMode,在每次交互中,将聊天历史和最后一条消息压缩成一个新查询,然后将该查询发送到索引,检索到的上下文连同原始用户消息一起传递给大语言模型,以生成答案。

值得一提的是,LlamaIndex 还支持基于 OpenAI 智能体的聊天引擎,提供了更灵活的聊天模式,而 LangChain 也支持 OpenAI 的功能性 API。

6. 查询重写和扩展

查询重写主要利用 LLM 重新措辞用户查询,而不是直接使用原始的用户查询进行检索。这是因为对于 RAG 系统来说,在现实世界中原始查询不可能总是最佳的检索条件。

- HyDE(hypothetical document embeddings)是一种生成文档嵌入以检索相关文档而不需要实际训练数据的技术,如图 4.21 所示。首先,LLM 创建一个假设答案来响应查询。虽然这个答案反映了与查询相关的模式,但它包含的信息可能在事实上并不准确。接下来,查询和生成的答案都被转换为嵌入。然后,系统从预定义的数据库中识别并检索在向量空间中最接近这些嵌入的实际文档。
- Rewrite-Retrieve-Read。这项工作引入了一个新的框架 Rewrite-Retrieve-Read,从查询改写的角度改进了检索增强方法,如图 4.22 所示。之前的研究主要是调整检索器或 LLM。与之不同的是,该方法注重查询的适应性。因为对于 LLM 来说,原始查询并不总是最佳检索结果,尤其是在现实世界中。首先利用 LLM 进行改写查询,然后进行检索增强。同时，为了进一步提高改写的效果，应用小语言模型（T5）作为可训练的改写器，改写搜索查询以满足冻结检索器和 LLM 的需要。为了对改写器进行微调，该方法还使用伪数据进行有监督的热身训练。然后，将"先检索后生成"管道建模为强化学习环境。通过最大化管道性能的奖励，改写器被进一步训练为策略模型。

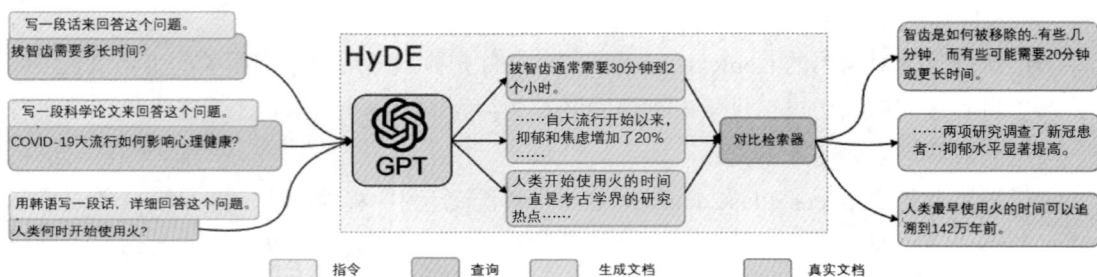

图 4.21　HyDE 技术

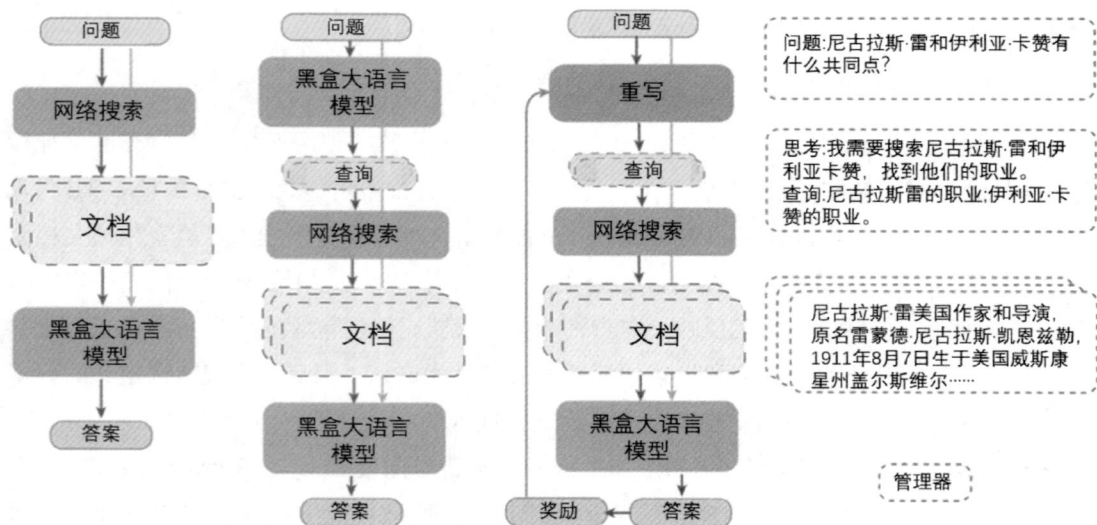

图 4.22　引入新框架 Rewrite-Retrieve-Read

子问题规划主要是为了将复杂问题拆解为子问题。该技术使用分而治之的方法处理复杂的问题。它首先分析问题，并将其分解为更简单的子问题，每个子问题会从提供部分答案的相关文件中检索答案。然后，收集这些中间结果，并将所有部分结果合成为最终响应。

子问题规划代表了生成子问题的过程，这些子问题需要适当地将其上下文化并生成答案，当这些答案组合在一起时，可以完全回答原始问题。添加相关上下文的过程在原理上类似于查询扩充。

- Step-Back Prompting。该工作探索了 LLM 如何通过抽象和推理两个步骤处理涉及许多低级细节的复杂任务，如图 4.23 所示。第一步是使用 LLM "后退一步"生成高层次的抽象概念，将推理建立在抽象概念的基础上，以减少在中间推理步骤中出错的概率。这种方法既可以在有检索的情况下使用，也可以在无检索的情况下使用。当在有检索情况下使用时，抽象的概念和原始问题都用来进行检索，然后这两个结果都用来作为 LLM 响应的基础。

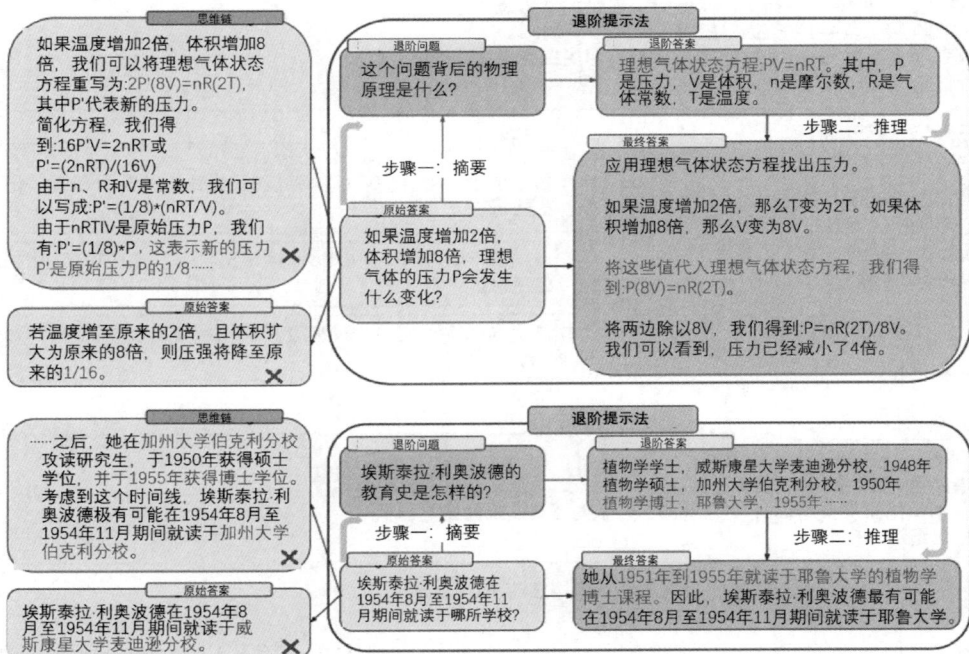

图 4.23　Step-Back Prompting

● CoVe（chain of verification）旨在通过系统的验证和完善的回答以尽量减少不准确性，从而提高大语言模型所提供答案的可靠性，特别是在事实性问题和回答场景中。它背后的概念是基于这样一种理念，即大语言模型生成的响应可以用来验证自身。这种自我验证过程可用于评估初始响应的准确性，并使其更加精确。

针对用户实际场景中日益复杂的问题，RAG 系统借鉴了 CoVe 技术，将复杂提示词拆分为多个独立且能并行检索的搜索友好型查询，让 LLM 对每个子查询进行定向知识库搜索，最终提供更准确、翔实答案的同时减少幻觉输出，如图 4.24 所示。

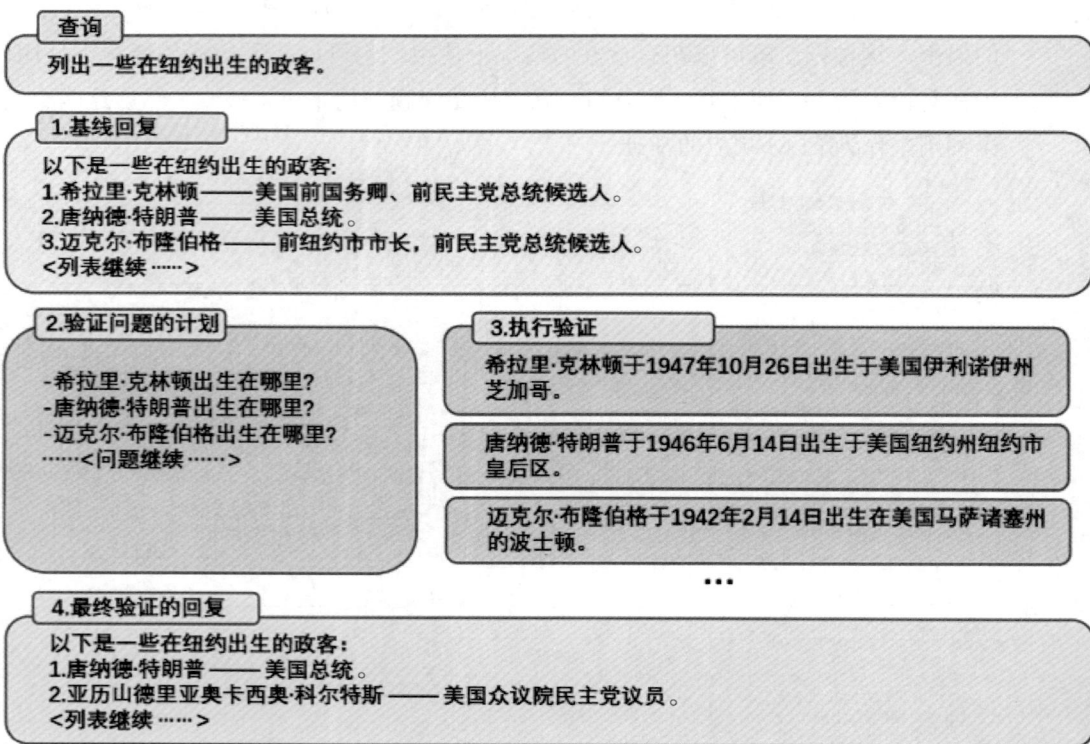

查询
列出一些在纽约出生的政客。

1.基线回复
以下是一些在纽约出生的政客:
1.希拉里·克林顿———美国前国务卿、前民主党总统候选人。
2.唐纳德·特朗普———美国总统。
3.迈克尔·布隆伯格———前纽约市市长，前民主党总统候选人。
<列表继续……>

2.验证问题的计划
-希拉里·克林顿出生在哪里?
-唐纳德·特朗普出生在哪里?
-迈克尔·布隆伯格出生在哪里?
……<问题继续……>

3.执行验证
希拉里·克林顿于1947年10月26日出生于美国伊利诺伊州芝加哥。

唐纳德·特朗普于1946年6月14日出生于美国纽约州纽约市皇后区。

迈克尔·布隆伯格于1942年2月14日出生在美国马萨诸塞州的波士顿。

……

4.最终验证的回复
以下是一些在纽约出生的政客:
1.唐纳德·特朗普———美国总统。
2.亚历山德里亚奥卡西奥·科尔特斯———美国众议院民主党议员。
<列表继续……>

图 4.24　CoVe 方法

图 4.24 所示的 CoVe 方法给定一个用户查询，一个大型语言模型会生成一个可能包含不准确内容（例如事实性幻觉）的基线回复。图中展示一个 ChatGPT 未能正确处理的查询。

为了改进这一点，验证链（CoVe）方法首先生成一组待询问的验证问题的计划，然后通过回答这些问题执行该计划，从而检查内容的一致性。我们发现，单个验证问题的回答准确率通常高于原始长篇内容生成中事实的原始准确率。最后，经过修订的回复会考虑到这些验证结果。验证链的分解版本在回答验证问题时，不会依赖于原始回复来给出条件，从而避免了重复并提高了性能。

- RAG-Fusion。在这种方法中，原始查询经过 LLM 生成多个查询，如图 4.25 所示。然后可以并行执行这些搜索查询，并将检索到的结果一并传递。当一个问题可能依赖于多个子问题时，这种方法就非常有用。RAG-Fusion 便是这种方法的代表，它是一种搜索方法，旨在弥合传统搜索范式与人类查询的多面性之间的差距。这种方法先是采用 LLM 生成多重查询，之后使用倒数排名融合（reciprocal rank fusion，RRF）重新排序。

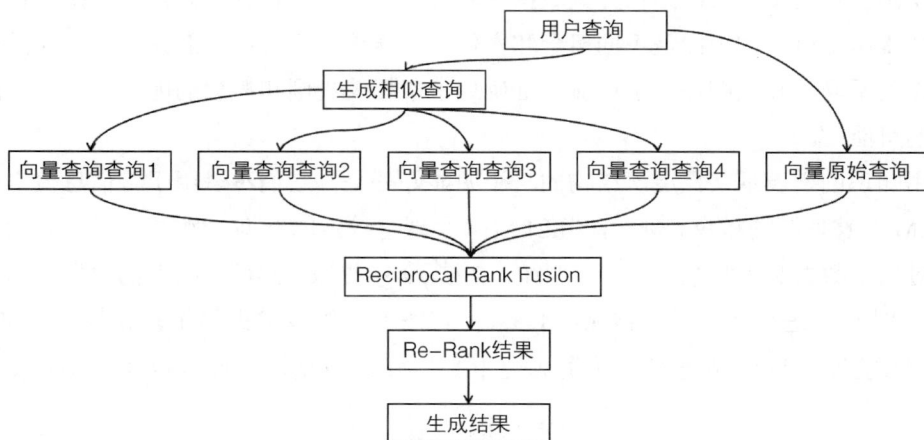

图 4.25　RAG-Fusion 方法

- ReAct。最近，在 RAG 系统中，使用 ReAct 思想将复杂查询分解成更简单的"子查询"，知识库的不同部分可能会围绕整个查询回答不同的"子查询"，如图 4.26 所示。这对组合图尤其有用。在组合图中，一个查询可以路由到多个子索引，每个子索引代表整个知识语料库的一个子集。通过查询分解，我们可以在任何给定的索引中将查询转换为更合适的问题。

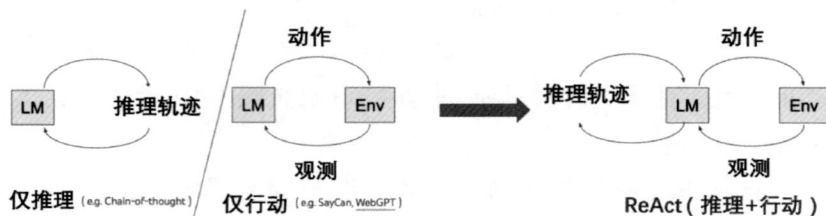

图 4.26　ReAct 思想

4.2.8　使用知识图谱增强 RAG

知识图谱是为文档层次结构提供数据基础的好方法，而数据基础对于保持一致性至关重要。从本质上讲，知识图是不同概念和实体之间连接的确定性映射。与向量数据库中的相似性搜索不同，知识图提供了可靠、准确地检索相关规则和概念的能力，大大降低了产生幻觉的可能性。

使用知识图谱表示文档层次结构的一个明显好处是，它们可以用于将信息检索过程转换为 LLM 能够理解的指令。例如，当 LLM 被呈现有特定的查询（例如，X）时，知识图谱可以通过指示数据必须从某个文档（例如，文档 a）中提取，然后将提取的数据与另一个文档（如，文档 b）进行比较来引导 LLM。这种有条不紊的技术提高了知识检索的准确性，并使 LLM 能够通过遵循逻辑步骤生成上下文良好的回复，从而提高了 RAG 系统的整体功效。

1. 知识图谱

知识图谱（knowledge graph，KG）或任何图都包括节点和边，其中每个节点表示一个概念，每个边表示一对概念之间的关系。这里介绍一种将任何文本语料库转换为知识图谱的技术，此处演示的知识图谱可以替换其他专业知识图谱。

知识图谱表示任意两个实体之间的关系，在这个结构中，节点表示诸如人、地点或事件之类的实体，而边表示这些实体之间的连接。知识图谱还包含第三个元素，通常被称为谓词或边缘标签，它阐明了关系的性质。

知识图谱就像智能网络一样，显示了现实世界中的事物是如何连接的。它存储在图形数据库中，并可视化为图形结构，形成我们所说的"知识图"。用户可以像实时聊天机器人对话一样使用图数据进行聊天。

知识图谱有多种用途。通过应用图算法，我们可以计算任何节点的中心度，从而深入了解一个概念在一系列工作中的重要性。分析连接和断开的概念集，或确定概念群落，可以提供对主题的全面理解。知识图谱使我们能够揭示看似不相关的概念之间的联系。

此外，知识图谱可以用于图检索增强生成（GRAG 或 GAG），并促进与文档的对话交互。与具有固有局限性的传统版本的 RAG 相比，这种方法通常产生更好的结果。例如，依赖简单的语义相似性搜索进行上下文检索可能并不总是有效的，尤其是当查询缺乏足够的上下文时，或者当相关信息分散在庞大的文本语料库中时。

2. 知识图的类型

知识图谱包括如下类型。

- 百科全书式 KG：这种常见类型通过整合百科全书、数据库和专家见解等不同来源的信息获取一般知识。例如，Wikidata 汇编了维基百科文章中的大量知识，产生了大量多样的 KG，其中包含数百万个实体和多种语言的关系。
- 常识性 KG：这些 KG 专注于日常知识，包含有关对象、事件及其关系的信息。它们有助于理解日常生活中使用的基本知识，通常是隐含的知识。例如，ConceptNet 包括常识性的概念和关系，帮助计算机更自然地掌握人类语言。
- 特定领域的 KG：这些 KG 针对医学、金融或生物学等特定领域量身定制，体积较小，但高度精确和可靠。例如，医学领域的 UMLS 包含详细的生物医学概念和关系，以满足专业知识需求。
- 多模态 KG：超越文本，这些 KG 包含图像、声音和视频，用于图像-文本匹配或视觉问答等领域。像 IMGpedia 和 MMKG 这样的例子无缝地融合了文本和视觉信息，以实现全面的知识表示。

3. 构建知识图谱

构建知识图谱有如下 4 个步骤，但这将根据业务需求和用例场景而有所不同。

（1）从内容中识别和捕获概念和实体，这些元素表示系统中的节点。

（2）识别概念之间的关系，形成结构的边缘。

（3）使用已识别的节点（概念）和边（关系）填充图形数据结构或图形数据库。

（4）将构建的图形可视化，以获得分析见解和潜在的艺术享受。

语料库数据流程图如图 4.27 所示，此流程将根据使用的数据库模型而有所不同。例如，如果使用图形数据库和数据科学数据库，那么数据将存储在后端系统中。如果使用内存中的占位符，那么可以使用 Pandas DataFrame 等。

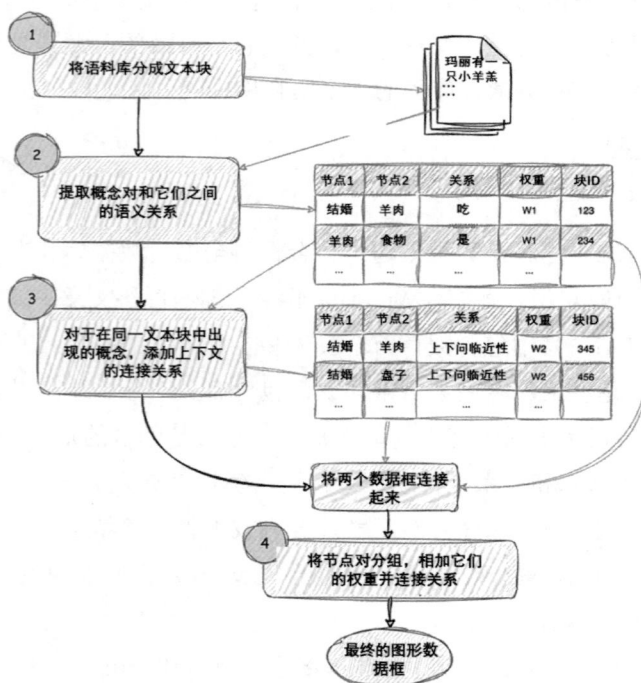

图 4.27　语料库数据流程图

在初始阶段，首先对文本语料库进行分段，每个片段被分配一个唯一的 chunk_id。在此之后，使用大语言模型从每个文本块中提取概念及其语义关系，为这些关系分配 W1 的权重。需要注意的是，同一对概念之间可能存在多种关系。

随后，考虑同一文本块内的上下文相关度，从而在概念之间建立权重为 W2 的附加关系。不同块中相同的概念对也可以建立权重为 W2 的附加关系。为了简化数据，可对相似的对进行分组，对它们的权重进行求和，并把它们的关系进行拼接。结果是一个统一的表示，每个不同的概念对都有一条边，并以特定的权重和关系列表作为其标识符。

4. 将 KG 与 LLM-RAG 集成

知识图谱与大语言模型的集成有望显著增强检索增强生成过程，从而改进知识表示和推理。这种协作方法有助于实现动态知识融合，确保真实世界的知识保持最新，并与文本空间不同。因此，在推理过程中提供的信息仍然是最新的和相关的。

此外，还可将知识图谱视为大语言模型可访问的动态数据库，用于查询最新的相关信息。事实证明，这种方法在回答问题等任务中非常有效，在这些任务中，保持最新信息至关重要。这些知识与 LLM 的集成是通过高级架构实现的，促进了文本标记和 KG 实体之间的深刻交互。这通过结构化的实时数据丰富了 LLM 的响应，提高了生成信息的质量。

使用知识图谱提升 RAG 技术包括在知识图谱中搜索相关事实，并将其作为上下文信息呈现给 LLM。这种方法能够生成精确、多样和真实的内容。例如，当 LLM 的任务是对最近的事件做出回应时，它可以在制订回复之前先咨询 KG 了解最新的事实，如图 4.28 所示。

此外，LLM 在制作准确描述 KG 信息的高质量文本方面发挥了重要作用。这对于产生真实的叙事、对话和故事具有巨大的潜力。无论是通过利用 LLM 的知识还是构建广泛的 KG 文本语料库，这一过程都显著增强了 KG 到文本的生成，特别是在训练数据有限的情况下。

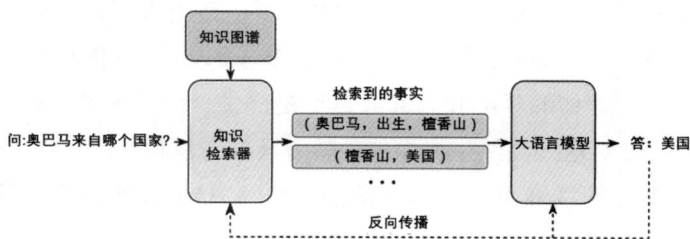

图 4.28　KG 与 LLM-RAG 集成

5. LLM 和 KG 推理

LLM 和 KG 的协同效应在推理任务中变得尤为明显。使用 LLM 解释文本问题并促进对 KG 的推理,建立了文本信息和结构信息之间的联系,增强了可解释性和推理能力。这种连贯的方法适用于各个领域,从对话系统中的个性化建议到通过结合领域知识图谱来加强特定任务的培训程序。

将知识图谱纳入检索增强生成系统具有巨大的潜力。通过利用 KG 中结构化和互连的数据,可以大大提高现有 RAG 系统的推理能力。这种强有力的融合有望缓解当前 RAG 管道中固有的局限性,从而提供更准确、更具上下文意识和细微差别的响应。

KG 是 LLM 可访问的强大信息库,使它们不仅能够检索事实,而且能够理解与这些事实相关的关系和潜在背景。这种理解水平的提高对于人工智能系统的发展至关重要,该系统能够与用户进行更有效地交互,提供不仅相关而且具有深刻见解的信息。

4.2.9 RAG 效果评估

RAG 的快速进步和在自然语言处理领域的广泛应用使得 RAG 模型评估成为大语言模型社区研究的一个重要领域。评估的核心目的是理解和优化 RAG 模型在各种应用场景中的性能。

过去,RAG 模型的评估通常集中在其在特定下游任务中的表现,并使用与任务相关的已建立的评价指标,比如问答任务的 EM 和 F1 分数,事实核查任务的准确性指标。像 RALLE 这样的工具也是基于这些特定任务的度量标准进行自动评估的。

然而,目前缺少专门评估 RAG 模型独特性的研究。接下来的部分将从特定任务的评估方法转向基于 RAG 独特属性的文献综合。这包括探讨 RAG 评估的目标、评估模型的不同方面,以及可用于这些评估的基准和工具。目标是提供一个关于 RAG 模型评估的全面概览,并概述那些专门针对这些高级生成系统独特方面的方法论。

RAG 模型的评估主要围绕两个关键组成部分展开:检索模块和生成模块。这种划分确保了对提供的上下文质量和产生的内容质量的彻底评价。

● 检索质量。评估检索质量对于确定检索组件获取上下文的有效性至关重要。来自搜索引擎、推荐系统和信息检索系统领域的度量标准被用来衡量 RAG 检索模块的性能。常用的度量指标包括命中率（hit rate）、平均倒数排名（MRR）、归一化折扣累积增益（NDCG）等。

● 生成质量。生成质量的评估侧重于生成器从检索上下文中合成连贯且相关答案的能力。这种评估可以根据内容的目标分为两类：未标记内容和标记内容。对于未标记内容，评估范围包括生成答案的忠实度、相关性和无害性。相反，对于标记内容，重点是模型产生的信息的准确性。此外，检索和生成质量评估都可以通过手动或自动评估方法进行。

现代 RAG 模型的评估实践强调 3 个主要质量得分和 4 个基本能力，这些综合信息共同构成了 RAG 模型的两个主要目标——检索和生成的评估。

RAG 模型的评估实践关注 3 个主要的质量评分：上下文相关性、答案忠实度和答案相关性。这些评分标准从多个角度评价 RAG 模型在信息检索和生成过程中的性能。

上下文相关性评估检索到的上下文的准确性和具体性，确保它与问题相关，从而减少处理不相关内容的开销。

答案忠实度确保生成的答案忠于检索到的上下文，保持与原始信息的一致性，防止产生矛盾。

答案相关性确保生成的答案直接关联提出的问题，从而有效地解答核心问题。

这些质量评分共同为评估 RAG 模型在处理和生成信息方面的有效性提供了全面的视角。

RAG 模型的评估覆盖了指示其适应性和效率的 4 个重要能力：噪声健壮性、负面拒绝、信息整合和反事实健壮性。这些能力对于评价模型在多样化挑战和复杂情境下的表现至关重要。

● 噪声健壮性关注模型处理噪声文档的能力。

● 负面拒绝评估模型在检索文档无法提供必要知识时拒绝回应的能力。

● 信息整合考察模型综合多个文档信息以回答复杂问题的技能。

● 反事实健壮性测试模型识别并忽视文档中已知错误的能力。

　　上下文相关性和噪声健壮性是评估检索质量的重要指标，而答案忠实度、答案相关性、负面拒绝、信息整合和反事实健壮性则是评估生成质量的关键。这些评估方面的具体度量标准在文献中进行了总结，但目前这些度量还不是成熟或标准化的评估方法。尽管如此，一些研究也已经开发出针对 RAG 模型特性的定制度量指标，如表 4.3 所示。

表 4.3　针对 RAG 模型特性的定制度量指标

	上下文相关性	保真度	答案相关性	噪声健壮性	负面拒绝率	信息整合度	反事实健壮性
Accuracy	√	√	√	√	√	√	√
EM					√		
Recall	√			√			
Precision	√						
R-Rate							√
Cosine Similarity			√				
Hit Rate	√						
MRR	√						
NDCG	√						
BLEU	√	√	√	√			
ROUGE/ROUGE-L	√	√	√	√			

　　下面介绍 RAG 模型的评估框架，该框架包含基准测试和自动评估工具。这些工具提供用于衡量 RAG 模型性能的定量指标，并且帮助我们更好地理解模型在各个评估方面的能力。知名的基准测试如 RGB 和 RECALL 专注于评价 RAG 模型的关键能力，而最新的自动化工具如 RAGAS、ARES 和 TruLens 则利用大语言模型评定质量得分。这些工具和基准测试共同形成了一个为 RAG 模型提供系统评估的坚实框架，相关细节在表 4.4 中有所总结。

表 4.4　RAG 模型系统评估的坚实框架

评估框架	评估目标	评估维度	定量指标
RGB	检索质量 生成质量	噪声健壮性 负面拒绝率 信息集成度 反事实健壮性	Accuracy EM Accuracy Accuracy
RECALL	生成质量	反事实健壮性	Rate (Reappearance Rate)

续表

评估框架	评估目标	评估维度	定量指标
RAGAS	检索质量 生成质量	上下文相关性 保真度 答案相关性	* * Cosine Similarity
ARES	检索质量 生成质量	上下文相关性 保真度 答案相关性	Accuracy Accuracy Accuracy
TruLens	检索质量 生成质量	上下文相关性 保真度 答案相关性	* * *
CRUD	检索质量 生成质量	创意生成 知识密集型问答 错误修正 文本摘要	BLEU ROUGE-L BertScore RAGOuestEval

4.2.10 智能体

通用人工智能将是 AI 的终极形态，这几乎已成为业界共识。类似地，构建智能体（agent）则是 AI 工程应用当下的"终极形态"。

Agent 的核心思想是使用大语言模型选择要采取的行动序列。在 LangChain 中行动序列是硬编码的，而 Agent 则采用语言模型作为推理引擎来确定以什么样的顺序采取什么样的行动。

Agent 相比 LangChain 最典型的特点是"自治"，它可以借助 LLM 专长的推理能力，自动化地决定获取什么样的知识，采取什么样的行动，直到完成用户设定的最终目标。

因此，作为一个智能体，需要具备以下核心能力，如图 4.29 所示。

● 规划：借助于 LLM 强大的推理能力，实现任务目标的规划拆解和自我反思。
● 记忆：具备短期记忆（上下文）和长期记忆（向量存储），以及快速的知识检索能力。
● 行动：根据拆解的任务需求正确地调用工具以达到任务的目的。
● 协作：通过与其他智能体交互合作，完成更复杂的任务目标。

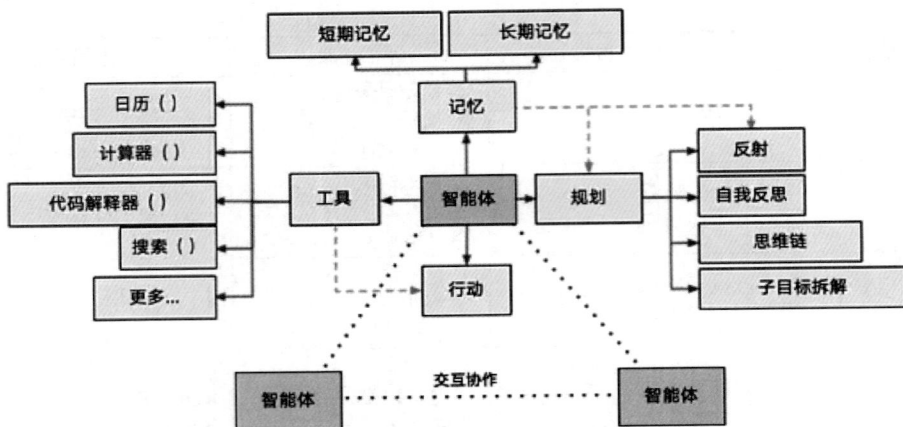

图 4.29　智能体需要具备的核心能力

要构建更强大的 AI 工程应用，只有生成文本这样的"纸上谈兵"能力自然是不够的。工具不仅仅是"肢体"的延伸，更是为"大脑"插上了想象力的"翅膀"。借助工具，才能让 AI 应用的能力真正具备无限的可能，才能从"认识世界"走向"改变世界"。

LangChain 创建智能体的代码示例如下所示。

```python
import random

from langchain.agents import create_openai_tools_agent, AgentExecutor
from langchain_core.prompts import ChatPromptTemplate, MessagesPlaceholder,
HumanMessagePromptTemplate, SystemMessagePromptTemplate
from langchain_core.tools import tool
from langchain_openai import ChatOpenAI

# 创建 LLM
llm = ChatOpenAI()

# 定义 Tool
@tool
def get_temperature(city: str) -> int:
    """获取指定城市的当前气温"""
```

```
        return random.randint(-20, 50)


# 创建 Agent 提示词模板
prompt = ChatPromptTemplate.from_messages([SystemMessagePromptTemplate
        .from_template('You are a helpful assistant'),
        MessagesPlaceholder(variable_name='chat_history', optional=True),
        HumanMessagePromptTemplate.from_template('{input}'),
        MessagesPlaceholder(variable_name='agent_scratchpad')
])

# 创建 Agent
tools = [get_temperature]
agent = create_openai_tools_agent(llm, tools, prompt=prompt)

# 执行 Agent
agent_executor = AgentExecutor(agent=agent, tools=tools, verbose=True)
print(agent_executor.invoke({'input': '今天杭州多少度？'})['output'])
```

代码示例输出如下所示。

```
> Entering  new  AgentExecutor  chain...  Invoking:  get_temperature  with
{'city': 'Hangzhou'} 16 今天杭州的气温是 16 度。
> Finished chain. 今天杭州的气温是 16 度。
```

4.2.11 开源方案

本节介绍一些流行的开源 RAG 方案。

1. QAnything[①]

QAnything 是致力于支持任意格式文件或数据库的本地知识库问答系统，可断网安装

---

① https://github.com/netease-youdao/QAnything/tree/master。

使用。任何格式的本地文件都可以置于其中，即可获得准确、快速、有效的问答体验。

目前已支持格式：PDF（pdf）、Word（docx）、PPT（pptx）、XLS（xlsx）、Markdown（md）、电子邮件（eml）、TXT（txt）、图片（jpg，jpeg，png）、CSV（csv）、网页链接（html）。

QAnything 具有以下特点。

- 数据安全，支持全程拔网线安装使用。
- 支持跨语种问答，中英文问答随意切换，无论文件是什么语种。
- 支持海量数据问答，两阶段向量排序，解决了大规模数据检索退化的问题，数据越多，效果越好。
- 高性能生产级系统，可直接部署企业应用。
- 易用性，无须烦琐的配置，一键安装部署，方便使用。
- 支持选择多知识库问答。

QAnything 系统架构如图 4.30 所示。

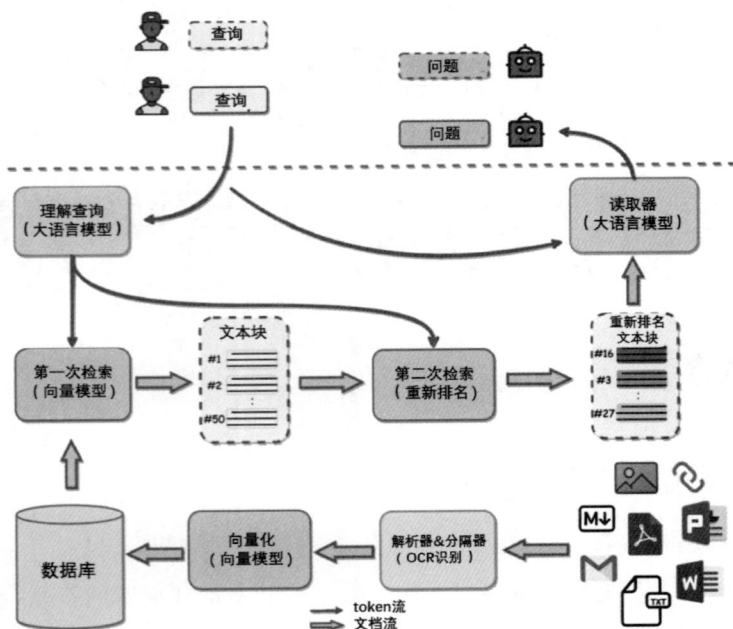

图 4.30　QAnything 系统架构

2. RAGFlow[①]

RAGFlow 是一款基于深度文档理解而构建的开源 RAG 引擎。RAGFlow 可以为各种规模的企业及个人提供一套精简的 RAG 工作流程，结合大语言模型针对用户各类不同的复杂格式数据提供可靠的问答以及有理有据的引用。RAGFlow 的主要特点如下。

- 高质量的输入，高质量的输出。基于深度文档理解，能够从各类复杂格式的非结构化数据中提取真知灼见。真正在无限上下文（token）的场景下快速完成大海捞针式的测试。

- 基于模板的文本切片。不仅仅是智能，更重要的是可控可解释。多种文本模板可供选择。

- 有理有据、最大程度降低幻觉。文本切片过程可视化，支持手动调整。有理有据：答案提供关键引用的快照并支持追根溯源。

- 兼容各类异构数据源。支持丰富的文件类型，包括 Word 文档、PPT、Excel 表格、txt 文件、图片、PDF、影印件、复印件、结构化数据、网页等。

- 全程无忧、自动化的 RAG 工作流。全面优化的 RAG 工作流可以支持从个人应用乃至超大型企业的各类生态系统。大语言模型 LLM 以及向量模型均支持配置。基于多路召回、融合重排序。提供易用的 API，可以轻松集成到各类企业系统。

RAGFlow 系统架构如图 4.31 所示。

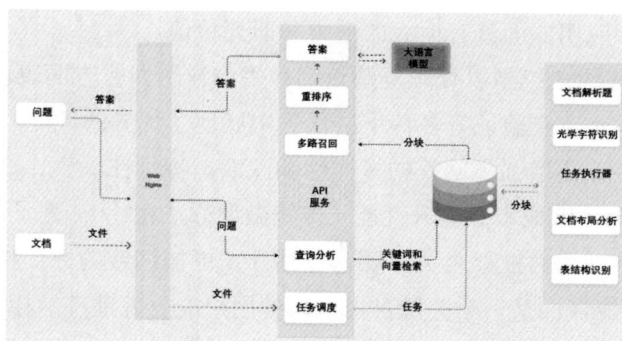

图 4.31　RAGFlow 系统架构

---

① https://github.com/infiniflow/ragflow。

4.2.12　展望

尽管 RAG 技术已经取得了重大进展，但仍有若干挑战需要深入研究。其中包括如何处理 LLM 的上下文窗口大小限制、提升 RAG 的健壮性、探索结合 RAG 和微调（RAG+FT）的混合方法、扩展 LLM 在 RAG 框架中的角色、研究规模法则在 RAG 中的适用性，以及实现生产就绪的 RAG。特别地，需要在 RAG 模型中找到平衡上下文长度的方法，提高对抗性或反事实输入的抵抗力，并确定 RAG 与微调的最佳整合方式。同时，需要确保 RAG 在生产环境中的实用性和数据安全性，解决检索效率和文档召回率的问题。这些挑战的探索和解决将推动 RAG 技术向前发展。

RAG 技术已经发展到不仅限于文本问答，而是包含图像、音频、视频和代码等多种数据模态。这一扩展催生了在各个领域整合 RAG 概念的创新多模态模型。例如，RA-CM3 作为一个多模态模型，能够检索和生成文本与图像；BLIP-2 利用图像编码器和 LLM 进行视觉语言预训练，实现图像到文本的转换；而"Visualize Before You Write"方法则展示了在开放式文本生成任务中的潜力。音频和视频方面的 GSS 方法和 UEOP 实现了数据的音频翻译和自动语音识别，而 Vid2Seq 通过引入时间标记帮助语言模型预测事件边界和文本描述。在代码领域，RBPS 通过检索与开发者目标一致的代码示例擅长处理小规模学习任务，而 CoK 方法则通过整合知识图谱中的事实来提高问答任务的性能。这些进展表明，RAG 技术在多模态数据处理和应用方面具有巨大的潜力和研究价值。

RAG 技术在丰富语言模型以处理复杂查询和生成详尽回答方面表现出极大潜力，它已经在开放式问题回答和事实验证等多种下游任务中展现了优异的性能。RAG 不但提升了回答的精准度和关联性，还增强了回答的多样性和深度。特别在医学、法律和教育等专业领域，RAG 可能会减少培训成本并提升性能（传统微调方法相比）。为了最大化 RAG 在各种任务中的效用，完善其评估框架至关重要，包括开发更加细致的评估指标和工具。同时，增强 RAG 模型的可解释性是一个关键目标，以便用户能更好地理解模型生成回答的逻辑，促进 RAG 应用的信任度和透明度。

RAG 生态系统的发展显著受到其技术栈进化的影响。随着 ChatGPT 的兴起，LangChain 和 LLamaIndex 等关键工具因其提供的相关 API 而快速流行，成为 LLM 领域的核心工具。

即便新兴技术栈在功能上不如它们，也可通过专业化的服务来凸显差异化，例如 Flowise AI 通过低代码途径使用户能够轻松部署 AI 应用。同样，HayStack、Meltano 和 Cohere Coral 等技术因其独到的贡献而备受瞩目。

传统软件和云服务提供商也在拓展服务以提供 RAG 为中心的解决方案，如 Weaviate 的 Verba 和亚马逊的 Kendra。RAG 技术的演变呈现出不同的专业化方向，包括定制化、简化和专业化，以更好地适应生产环境。

RAG 模型及其技术栈的共同成长表现在技术进步为基础设施设定了新的标准，技术栈的增强又推动了 RAG 能力的进一步演化。RAG 工具包正在成为企业应用的基础技术栈，但一个完全集成的综合平台仍需要进一步创新和发展。

第 5 章
AI 硬件加速

5.1　GPU AI 计算加速

在当前数字化转型的浪潮中，人工智能作为推动科技革新与产业变革的核心力量，正发挥着前所未有的作用。然而，随着 AI 应用场景的日益多样化以及算法复杂度的持续增加，计算性能和效率逐渐成为限制其进一步发展的关键因素。面对这一挑战，图形处理器（GPU）凭借其强大的并行处理能力和高效的内存管理机制，成为加速 AI 计算不可或缺的利器。最初，GPU 是为了高效执行图形渲染等高度并行的任务而设计，它配备了大量处理核心，能够同时处理多个数据流，极大地提升了计算速度。随着时间的推移和技术的进步，GPU 的应用范围已远超图形处理领域，在 AI 计算中展现出了独特的优势。无论是在深度学习模型的训练阶段还是推理过程中，GPU 都能通过其卓越的并行计算能力显著缩短处理时间，提高整体计算效率。本章将深入探讨 GPU 如何在 AI 计算加速方面发挥作用，包括其应用原理、技术优势及实际案例分析。首先，我们将从 GPU 的架构特点入手，详细解析它是如何支持高效的并行计算和优化内存访问的。接下来，通过对不同型号的 GPU 在 AI 计算性能上的对比分析，揭示它们的技术亮点与性能差异。最后，结合具体的实践案例，展示 GPU

在提升 AI 计算效率方面的实际成效及其潜在价值,旨在为读者提供一个全面、深刻的视角,理解 GPU 在突破 AI 计算瓶颈中的重要作用。

5.1.1　GPU 的工作原理

早期的个人计算机仅能支持字符界面显示,这意味着 CPU 只需将字符信息写入显示缓存即可完成显示任务。例如,在一个 80×80 的字符界面上,最多需要计算 6400 个字符位置的值,这些都可以通过单线程的 CPU 逐个处理来实现。

随着技术的发展,3D 游戏开始出现,但那时显卡的主要功能只是为屏幕上的像素提供缓存空间,所有的图形处理工作依然由 CPU 单独承担。然而,随着图形用户界面和 3D 图形显示技术的进步,屏幕分辨率从最初的 800×600 像素迅速提升至 1080p、2K 乃至 4K,对应的像素点数量也达到了数百万甚至更多。为了确保流畅的游戏体验,至少需要达到每秒 30 帧的刷新率,这就要求 CPU 在一秒内完成数千万到上亿次的像素着色计算。对于擅长串行处理的 CPU 来说,这种高密度的并行计算任务显得力不从心,导致图像出现明显的延迟或卡顿现象。为了解决这一问题,工程师开发了专门用于图形处理的硬件——GPU(graphics processing unit,图形处理器)。GPU 能够高效地执行图形变换、光照效果、光栅化等复杂的图形计算任务,极大地缓解了 CPU 的压力,并显著提升了图形渲染的速度与质量。

现代显示器采用像素点阵列方式显示图像,每个像素点都是一个小方形区域,可以发出红、绿、蓝三种基本颜色的混合光,通过调整 RGB 三元组(r, g, b)的值来改变颜色,如图 5.1 所示。以 1080p 分辨率为例,它包含超过 200 万个像素点;而 4K 分辨率则有约 800 万个像素点。每个像素的颜色由 RGB 三色组成,通常占用 3 字节(即 24 位),其中每种颜色占 1 字节(8 位),数值范围从 00 到 FF(即 0 到 255)。比如,黄色的 RGB 值为#FFFF00 (255, 255, 0),意味着红色和绿色分量均为最大值 FF(255),而蓝色分量为 0。

操作系统将图像的"像素编码"写入显存中的帧缓冲区,显示器随后根据帧缓冲区内的像素值进行图像显示,这一过程如图 5.2 所示。

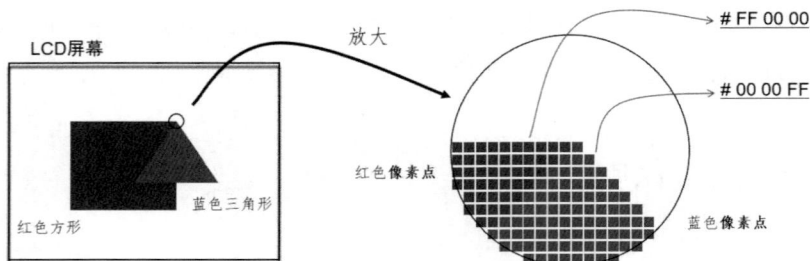

图 5.1　屏幕显示的图像形状由像素点排列组成

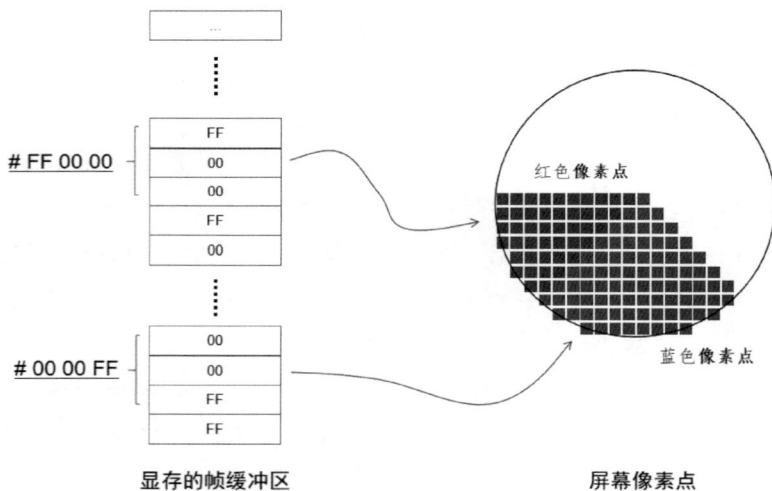

图 5.2　从帧缓冲到像素点

对于图像资源，根据其格式类型，处理方式有所不同。例如，照片、视频等光栅格式的图像资源，通过解码计算可以直接获取图像的每个像素点值。这类图像资源是"直接"包含像素点信息的，其像素数据在解码后即可用于显示。

相比之下，2D 和 3D 矢量格式的图像资源则有所不同。这类图像数据由形状、顶点、法线、纹理等组成，需要经过渲染处理后，才能在显示器屏幕上显示图像。早期，GPU 也被称为"3D 加速卡"，其主要职责是处理 3D 图像的渲染任务。例如，一个三维空间中的骰子，从不同方位观察时，呈现出的图像会有所不同，如图 5.3 所示。

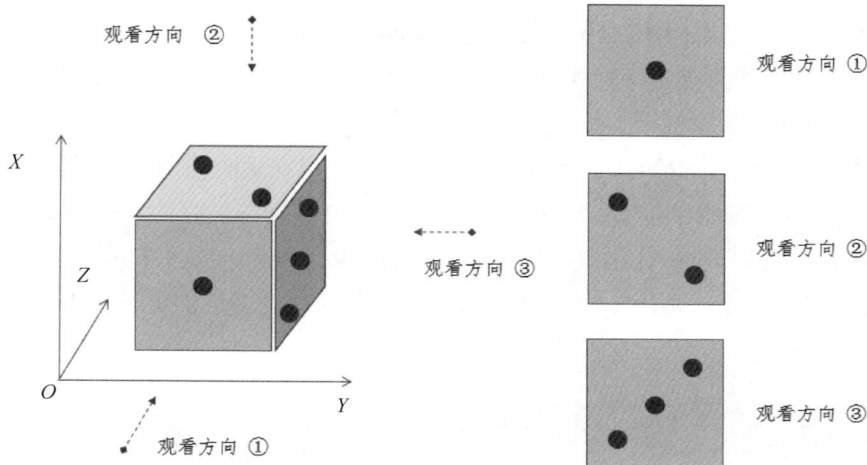

图 5.3　三维物体图像与观看方向相关

三维图像在屏幕上的显示效果与观看角度和距离密切相关。3D 形状会根据观察角度的不同进行坐标变换，然后投射到屏幕的二维坐标空间中，并计算出每个像素点的值。这一过程正是 3D 图像的渲染过程，如图 5.4 所示。

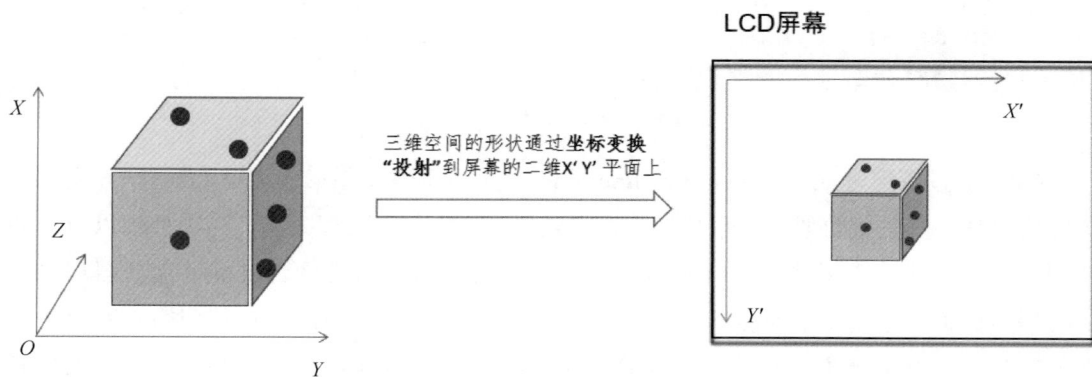

图 5.4　三维物体通过空间坐标变换"投射"到屏幕上

在 3D 游戏和工业建模等领域，渲染一个复杂的 3D 场景需要处理数百万个多边形的坐标变换以及光影特效。由于游戏角色与观察视角持续变化，三维模型需要实时调整其位置、大小及旋转角度，这要求系统能够迅速完成相应的渲染计算以满足应用需求。普通个人计算机的 CPU 通常配备 4 核至 8 核的处理单元，即使是最新一代英特尔酷睿 i9 处理器提供的 24 核 32 线程配置，面对如此庞大的数据量时，也难以在短时间内完成所需的计算任务，从而实现 3D 游戏场景的即时渲染。相比之下，现代 GPU 拥有更强的并行计算能力。例如，Nvidia GeForce RTX 4060 Ti 搭载了 4352 个 CUDA 核心（如图 5.5 所示），而高端型号如 RTX 4090 则配备了多达 16384 个 CUDA 核心，使得它们在图形渲染过程中能够高效地执行大规模并行计算。

显卡型号	GPU	CUDA核数	显存大小	显存速度	显存带宽
RTX 4090	AD102-300	16384	24GB G6X 3...	21.0 Gbps	1008 GB/s
RTX 4080 SUPER	AD103-400	10240	16GB G6X 2...	TBC	TBC
RTX 4080	AD103-300	9728	16GB G6X 2...	22.4 Gbps	717 GB/s
RTX 4070 Ti SUPER	AD102-175 AD103-275	8448	TBC	TBC	TBC
RTX 4070 Ti	AD104-400	7680	12GB G6X 1...	21.0 Gbps	504 GB/s
RTX 4070 SUPER	AD103-175 AD104-350	7168	TBC	TBC	TBC
RTX 4070	AD104-250	5888	12GB G6X 1...	21.0 Gbps	504 GB/s
RTX 4060 Ti 16GB	AD106-351	4352	16GB G6 12...	18.0 Gbps	288 GB/s
RTX 4060 Ti 8GB	AD106-350	4352	8GB G6 128b	18.0 Gbps	288 GB/s
RTX 4060	AD107-400	3072	8GB G6 128b	18.0 Gbps	288 GB/s

图 5.5　NVIDIA 40 系显卡参数

GPU 通过图形管线（graphics pipeline）这一流程实现 3D 图形的渲染（如图 5.6 所示）。该管线包括多个关键阶段：几何变换、顶点处理、光栅化、纹理处理、光影处理以及最终的图像输出。开发者可以利用 OpenGL、DirectX 或 Vulkan 等图形 API 编写着色器程序，从而精确控制图形管线中的渲染过程。在复杂的游戏 3D 场景中，GPU 能将数百万个多边形分配给数千个流处理器单元（即 CUDA 核心）进行并行处理。凭借其强大的并行处理能力，GPU 能够在每秒内生成数十到上百帧的画面，确保游戏画面既逼真又流畅（如图 5.7 所示）。

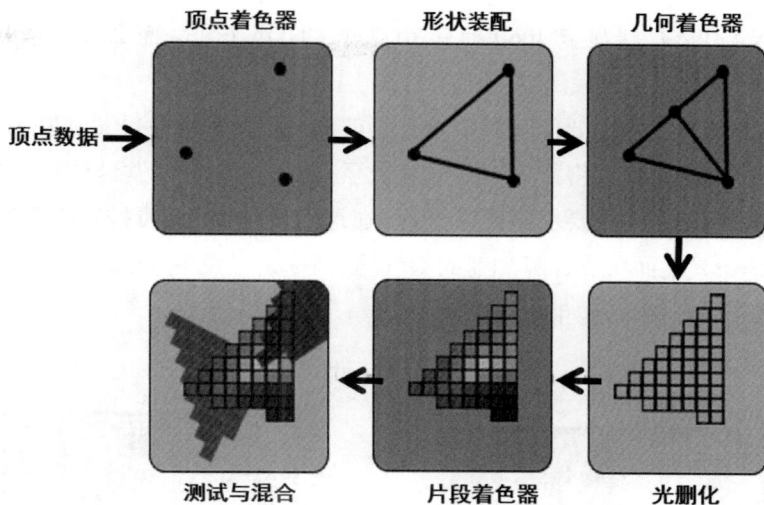

图 5.6　图像管线处理过程

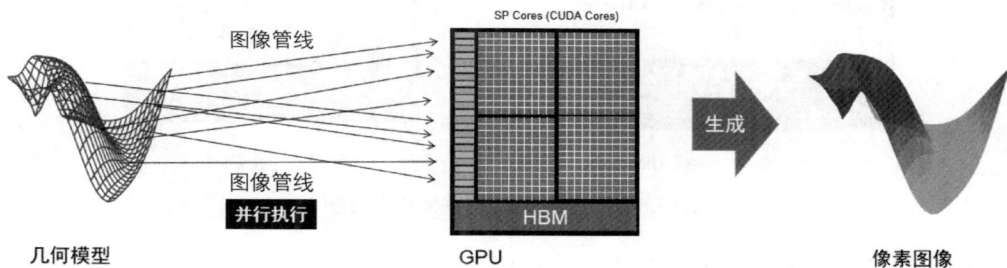

图 5.7　GPU 并行处理示意图

5.1.2　GPU AI 加速原理

在图像渲染过程中，GPU 更注重数据处理的并行性，而非单线程的执行速度。通过增加并行度，GPU 能够有效降低图像渲染延迟并提升吞吐量。而增加核心数量是提升并行度最为直接且有效的方式。经过二十多年的发展，GPU 芯片的核心数量从几十个、数百个，发展到如今的上万个。高端显卡与低端显卡芯片的核心差异之一便是核心数量的不同。例如，Nvidia RTX 4 代入门级显卡 4060 拥有 3072 个 CUDA 核心，而高端显卡 4090 则配备了 16384 个 CUDA 核心。

GPU 的异构计算加速主要依赖其多核并行架构来提升计算吞吐量。在 CPU + GPU 的异构计算体系中，CPU 负责将待处理数据发送至 GPU，向 GPU 发送计算指令，并接收最终的计算结果；而 GPU 则主要承担计算任务。在这一架构中，负责控制整个程序的 CPU 被称为"主机（Host）"，而负责计算加速的 GPU 则被称为"设备（Device）"。主机与设备之间通过 PCIe 总线进行连接，如图 5.8 所示。

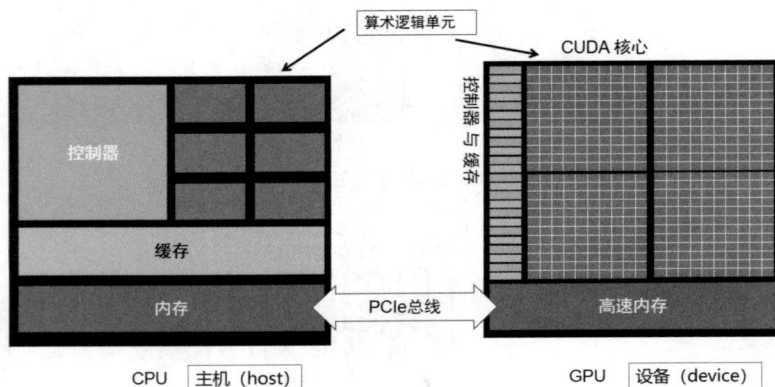

图 5.8　GPU 计算的硬件架构示意图

在深度学习、机器学习等人工智能（AI）计算场景中，向量和矩阵计算是最为常见的任务。以一维向量计算为例，GPU 的并行计算特性使其成为 AI 计算的理想选择。对于一个 N 维向量 $a\boldsymbol{X} + \boldsymbol{Y}$ 的计算，其第 i 个分量 $\boldsymbol{Z}[i]$ 的计算公式为：

$$z_k = a \times x_k + y_k$$

该公式涉及一次浮点数乘法和一次浮点数加法。

$$\boldsymbol{Z} = \begin{bmatrix} z_1 \\ z_2 \\ \vdots \\ z_{n-1} \\ z_n \end{bmatrix} = a \times \begin{bmatrix} x_1 \\ x_2 \\ \vdots \\ x_{n-1} \\ x_n \end{bmatrix} + \begin{bmatrix} y_1 \\ y_2 \\ \vdots \\ y_{n-1} \\ y_n \end{bmatrix}$$

如果使用 CPU 进行计算，通常会采用如下的程序逻辑：通过 for 循环依次计算 Z 的各个分量，其过程如图 5.9 所示，代码如下：

```
for (int i = 0; i < n; i++) {
    Z[i] = a * X[i] + Y[i];
}
```

使用 CPU 计算时，其执行步骤如下：

（1）从内存中加载 X[i] 和 Y[i] 到 CPU 缓存。

（2）CPU 执行浮点数乘法和加法运算。

（3）将计算结果 Z[i] 从 CPU 缓存写回到内存中。

上述步骤需重复执行 N 次。对于每个分量的计算，都需要完成两次内存数据的搬运操作以及两次浮点数运算操作。

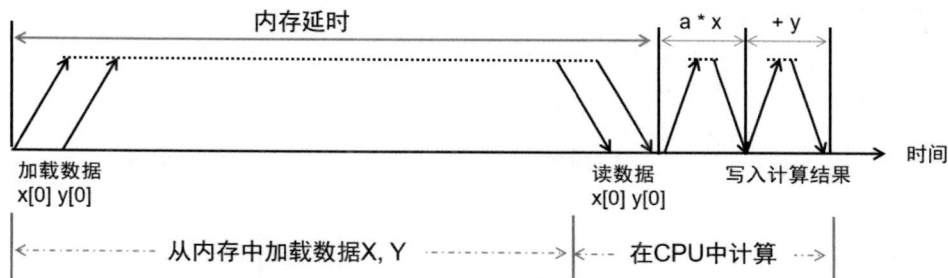

图 5.9　计算耗时

在采用单核 CPU 进行顺序执行时，计算任务的执行时间是 NT。由于每个 Z 分量的计算都是独立的，这意味着程序可以利用多线程并行化加速处理过程。在这种情况下，如果我们将任务分配给 P 个并行运行的核心，那么总耗时将减少至 NT/P。例如，当 N 等于 1000 且使用 4 核心的 CPU 时，计算所需的时间将是 $1000 \times T / 4 = 250T$；而当使用拥有 1000 核心的 GPU 参与计算时，这个时间进一步缩短为 $1000 \times T / 1000 = 1T$，即每个核心只需执行一次操作即可完成整个任务。对于那些计算密集型且能够被并行化的任务而言，GPU 相比 CPU 能提供显著的速度提升，这种提升有时甚至可达数百倍乃至上千倍。然而，在单次 Z 分量的计算周期中，数据加载时间往往超过了实际计算所需的时间，这表明内存延迟对整体性能有着显著的影响。

GPU 加速计算的总时间不仅仅取决于其核心数量，还受到诸如 PCIe 带宽、显存带宽以及并行程序设计效率等因素的影响。为了最小化数据传输延迟，现代显卡通常配备更快速度的 DDR6x 内存及 PCIe 4.0 接口。在编写并行程序时，应尽量减少从主存到显存的数据传输次数，遵循"一次性加载，多次计算"的原则，以最大化发挥 GPU 多核架构的优势。否则，过多的数据搬运等非计算活动会消耗大量时间，导致 GPU 利用率低下。

相较于 CPU，GPU 在处理大规模并发任务方面表现尤为出色，尤其是在多个核心同时执行相同的代码段时。正如前面提到的一维向量计算示例所示，在并行环境下，所有并行线程执行相同的指令集，这正是 GPU 内部流式多处理器（streaming multiprocessor，SM）采用的单指令多线程（single instruction multiple threads，SIMT）并发执行机制的特点。这种机制允许 GPU 高效地管理大量线程，并通过优化资源分配来实现高性能计算，如图 5.10 和图 5.11 所示。

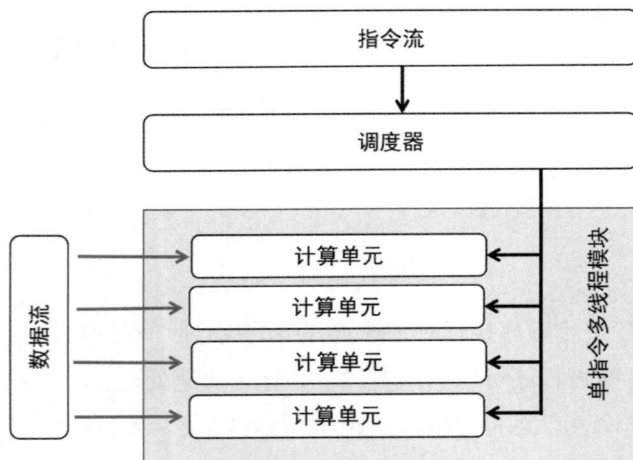

图 5.10　SIMT 执行示意图

在 NVIDIA Ampere 架构下的 Tesla A100 GPU 集成了大量的 SM 单元，并配备了分层的一级和二级缓存系统，如图 5.12 所示。每个 SM 单元包含多个线程束，每个线程束能够并行执行多个线程，从而实现高度的并行处理能力。此外，每个 SM 还内置了高效的线程调度器以及丰富的寄存器资源，这使得 GPU 内部可以支持大规模的线程并发执行，极大地提升了整体计算吞吐率。

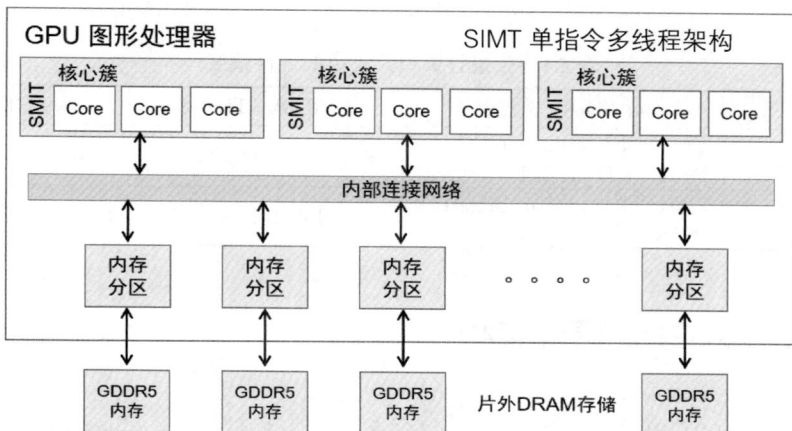

图 5.11　GPU SIMT 架构图

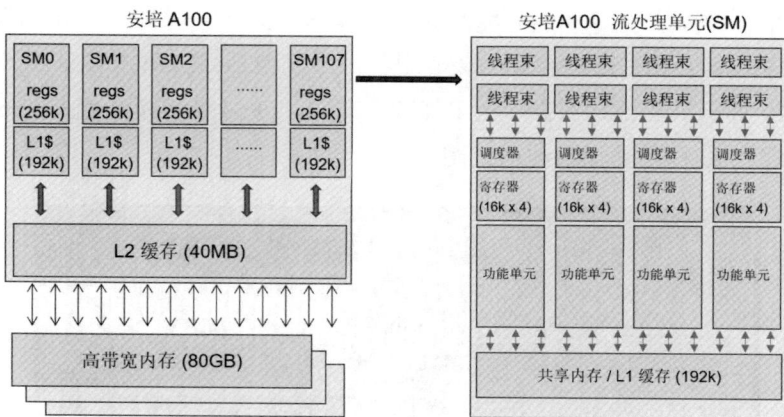

图 5.12　NVIDIA A100 架构示意图

在深度学习应用中，神经网络中的全连接层和卷积层等计算任务在 GPU 上被转化为高效的矩阵运算。这些矩阵运算会被分配到各个 SM 中进行处理。为了加速深度学习训练与推理过程，Ampere 架构的 SM 引入了增强版的张量计算单元（tensor core）。张量计算单元

支持混合精度计算，能够在确保计算准确性的同时显著提高计算吞吐量，从而大幅提升 AI
计算效率。最新的第三代张量计算单元已经扩展至支持包括 TF32、BF16、FP16、FP32 及
INT8 在内的多种数据类型，适用于广泛的深度学习场景，如表 5.1 所示。

表 5.1 张量计算单元支持的混合精度

	NVIDIA A100	NVIDIA Turing	NVIDIA Volta
Tensor Core 精度	FP64、TF32、bfloat16、FP16、INT8、INT4、INT1	FP16、INT8、INT4、INT1	FP16
CUDA Core 精度	FP64、FP32、FP16、bfloat16、INT8	FP64、FP32、FP16、INT8	FP64、FP32、FP16、INT8

5.1.3 NVIDIA GPU 硬件架构

在 NVIDIA A100 GPU 的硬件架构中，包含 8 个图形处理簇（graphics processing clusters，
GPC），每个 GPC 下包含多个纹理处理簇（texture processing clusters，TPC），而 TPC 内部
则集成了若干流式多处理器（streaming multiprocessors，SM）。这种层次化的架构设计如图
5.13 和图 5.14 所示。SM 作为 A100 的核心组件，不仅包括 CUDA 核心、共享内存和寄存
器等关键部件，而且其内部拥有众多的 INT32、FP32、FP64 计算单元以及 Tensor Core，能
够并发执行数百个线程，其详细结构见图 5.15。

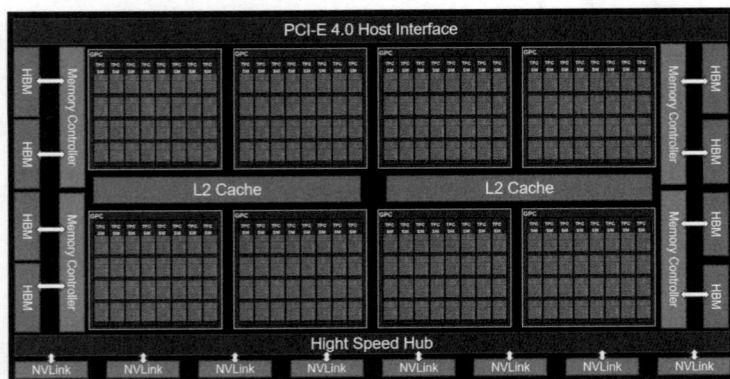

图 5.13 A100 GPU 架构图 1

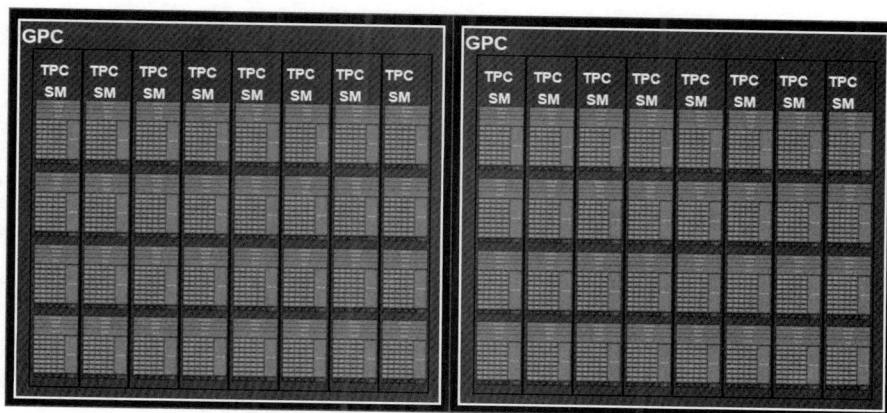

图 5.14 A100 GPU 架构图 2

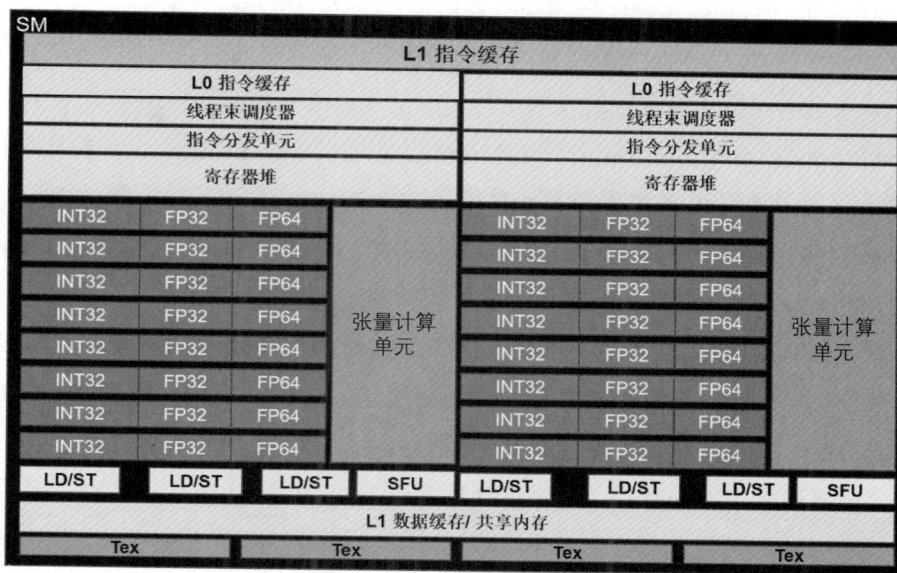

图 5.15 SM 硬件架构图

SM 是 NVIDIA GPU 架构的核心所在，其内部包含以下组件。

● 向量计算单元（CUDA core）：提供单精度（FP32-FPU）和双精度（FP64-DPU）浮点运算能力，以及整数运算单元（INT32-ALU）。

- 张量运算单元（tensor core）：支持混合精度计算，包括 FP16、BF16、INT8、INT4 等多种数据类型，专为加速深度学习训练与推理设计。
- 特殊函数单元（special function units，SFU）：用于执行复杂的数学运算，例如正余弦函数和反平方根。
- 线程束调度器（warp scheduler）：负责管理线程的调度，确保线程任务被高效地分配到相应的计算单元上。
- 指令分发单元（dispatch unit）：将指令传递给具体的计算单元进行处理。
- 多级缓存系统（multi-level cache）：包含 L0/L1 指令缓存、L1 数据缓存及共享内存，用于加速数据访问。
- 寄存器堆（register file）：存储临时数据和线程状态信息。
- 存储访问单元（load/store）：负责从全局内存加载数据并将其写回。

图 5.16 展示了向量计算单元的发展历程。向量计算单元最初源自图形显卡中的流处理器（Stream Processor, SP），是 SM 中最基本的执行单元，所有线程的指令和操作都在 SP 上执行。自 Fermi 架构起，SP 改称为向量计算单元，并通过 CUDA 编程模型来控制指令执行。因此，在现代 NVIDIA 显卡中，流处理器的数量等同于向量计算单元的数量。Fermi 架构时期，一个向量计算单元同时包含了浮点运算单元和整数运算单元。到了 Volta 架构时期，向量计算单元演变为独立的 FP32 FPU 和 INT32 ALU，实现了 FP32 和 INT32 的并发执行，并且引入了张量运算单元以进一步提升性能。随后的 Turing 和 Ampere 架构继续扩展了张量运算单元的功能，增强了对多种混合精度计算的支持。

在深度学习场景中，计算任务通常以线程束的形式在 SM 内组织，线程束是 SM 的基本执行单元。每个线程束由 32 个并行线程组成，这些线程按照 SIMT（single instruction multiple threads）模式运行，即所有线程同步执行相同的指令但各自处理不同的数据。当一个线程束执行时，如果实际需要的工作线程少于 32 个，则只有部分线程处于激活状态，其余线程保持非激活状态，等待后续的任务分配。这样的设计使得 A100 能够在保证高效率的同时灵活应对各种规模的计算需求。

费米架构　　　　　　　　　　　　　　伏特架构

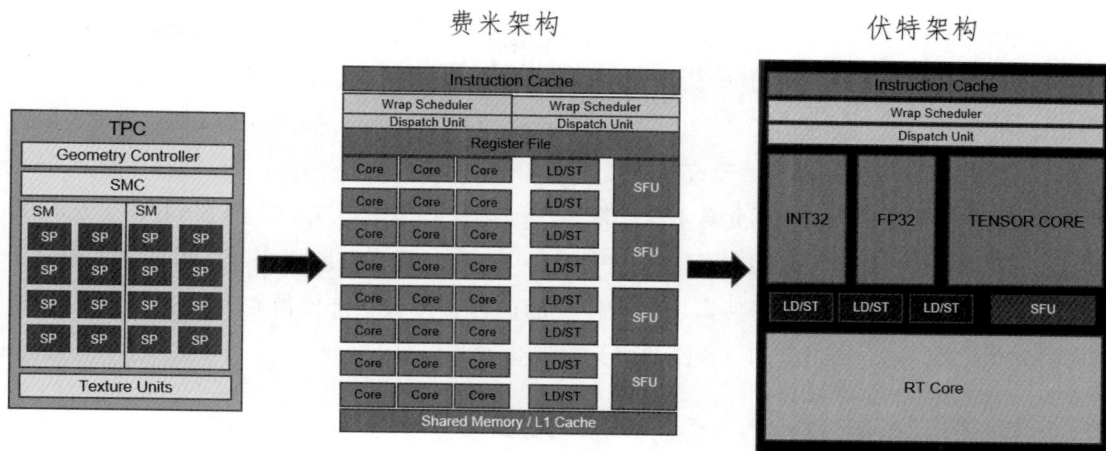

图 5.16　CUDA Core 发展过程

5.1.4　CUDA 计算框架

CUDA（compute unified device architecture）是一个强大的通用并行计算平台，提供了一套全面且通用的 GPU 编程框架，使得开发者能够充分利用 GPU 的强大计算能力，将其应用于更广泛的计算任务中。自 2007 年 Nvidia 推出 CUDA 的第一个版本以来，这一技术已经深刻改变了计算领域的格局。

近年来，GPU 的通用计算功能在多个领域得到了广泛而深入的应用。在加密货币"挖矿"领域，GPU 的并行计算能力被用于高效地解决复杂的哈希算法问题；在生物学中，GPU 加速的计算模型被用于 DNA 序列分析，显著提高了生物信息学研究的效率；在物理领域，GPU 被用于大规模的数据分析和复杂的模拟计算，帮助科学家更快地探索自然规律；在人工智能领域，深度学习模型的训练和推理过程通过 GPU 的并行加速，效率得到了显著提升。得益于 GPU 的强大算力支持，大型语言模型（LLM）得以迅速发展，为自然语言处理领域带来了革命性的变化。

围绕 CUDA，NVIDIA 构建了一个强大的生态系统，推出了一系列高性能的数学计算加速库和人工智能相关的代码库。例如，cuBLAS 库提供了高效的线性代数运算支持，

cuSPARSE 库专注于稀疏矩阵运算，而 cuDNN 库则为深度神经网络的开发提供了优化的计算功能。这些库极大地简化了开发流程，提高了开发效率。同时，CUDA 支持多种高级编程语言和框架，包括 OpenACC、LLVM、Fortran 和 Python 等，如图 5.17 所示。CUDA 的编程模型基于并行计算架构，允许开发者使用 C/C++等高级语言编写并行程序。在底层，CUDA 利用基于 LLVM 构建的编译器，将高级语言代码高效地编译为可在 GPU 上运行的程序。除了 C/C++语言，CUDA 还支持 Python、Fortran 等多种编程语言，并兼容 OpenCL 和 DirectCompute 等应用程序接口。这种广泛的语言和接口支持使得 CUDA 能够满足不同开发者的需求，进一步推动了 GPU 通用计算的普及和发展

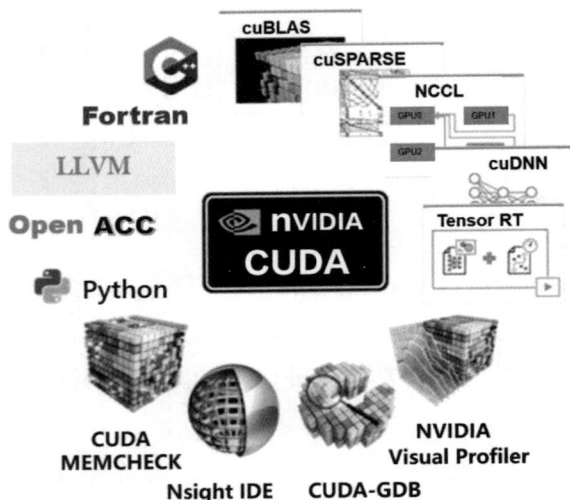

图 5.17 CUDA 技术生态

在软件集成方面，如图 5.18 所示，CUDA 为开发者提供了一套完整的工具和驱动支持，以确保高效的 GPU 编程和应用开发。具体而言，CUDA 提供了 CUDA Toolkit 工具集和 CUDA Driver 驱动程序。CUDA Toolkit 工具集是开发 CUDA 程序的核心组件，它集成了 CUDA 编译器（nvcc），能够将 CUDA 代码编译为 GPU 可执行的二进制文件。此外，工具集还包含 CUDA C++核心库，为开发者提供了丰富的 CUDA 编程接口和运行时支持。同时，工具集中还配备了一系列开发工具，例如调试器、性能分析器等，帮助开发者优化和调试代码，

提高开发效率。CUDA Driver 驱动程序是 CUDA 架构的重要组成部分，主要负责驱动 NVIDIA GPU 硬件。它提供了内存管理功能，支持高效的数据传输和内存分配。此外，CUDA Driver 还提供了图形、图像接口，使得开发者能够利用 GPU 进行图形渲染和图像处理任务。

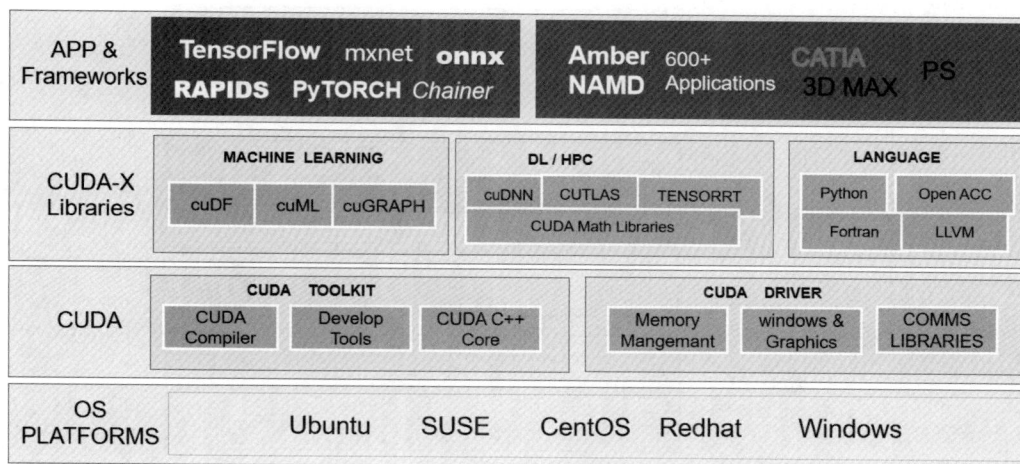

图 5.18　CUDA 软件集成

在高性能计算和机器学习领域，CUDA 进一步提供了 CUDA-X Libraries，这是一套针对特定应用领域的高性能库集合。针对深度学习神经网络，CUDA-X Libraries 提供了丰富多样的基础加速库、训练加速库和推理加速库。这些库经过高度优化，能够充分利用 GPU 的并行计算能力，显著提升深度学习模型的训练和推理效率。在应用框架层，CUDA 对主流的 AI 框架提供了广泛的支持，包括 PyTorch、TensorFlow 和 ONNX 等。这些框架通过与 CUDA 的深度集成，能够无缝利用 GPU 的强大计算能力，为开发者提供高效、便捷的深度学习开发环境。

如图 5.19 所示，CUDA 是一种 CPU 与 GPU 协同工作的异构计算框架。在此框架中，CPU 扮演主机，负责程序的整体控制和初始化工作；而 GPU 则作为设备，专注于执行高度并行化的计算任务。主机与设备之间能够进行高效的数据交换，从而实现两者的紧密协作。

具体流程如下：首先，主机端（即 CPU）完成必要的初始化，并将需要处理的数据传输到设备端（即 GPU）。随后，GPU 利用其强大的并行处理能力对数据进行计算。计算完成后，结果会被传回主机端以供进一步处理或输出。在 CUDA 编程模型中，通过调用核函数（kernel function）实现并行计算任务。核函数是在 GPU 上执行的代码段，使用__global__关键字声明，这意味着它们可以从主机端调用并在设备端运行。

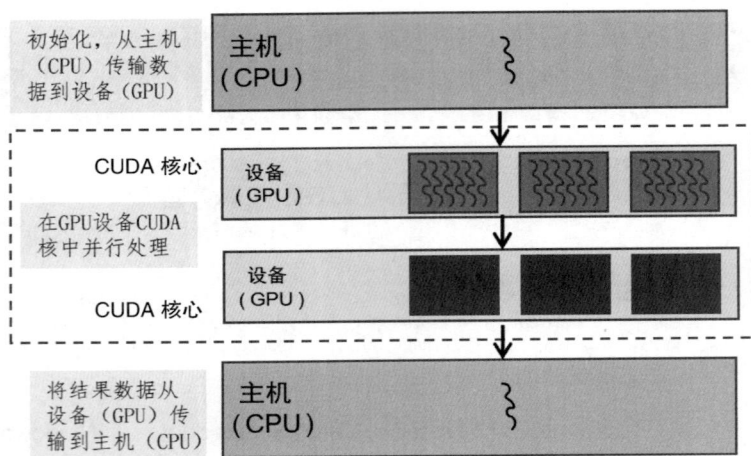

图 5.19　CUDA 框架程序执行过程

在 CUDA 架构下，一个完整的应用程序包含两部分代码：一部分是运行于 CPU 上的标准 C/C++代码，另一部分则是定义在 GPU 上执行的核函数。当调用该核函数时，必须指定其执行配置，这通常涉及网格（grid）和线程块（block）的概念。这些概念定义了核函数如何被组织成多层级结构来并发执行多个线程。每个线程块由若干线程组成，而多个线程块构成了整个网格。

5.1.5　NVIDA GPU 发展

经过多年的演进，NVIDIA GPU 架构从 2010 年的 Fermi 发展到了如今的 Hopper，并且在 2025 年又迎来了新的里程碑。最初，2010 年的 Fermi 架构通过 CUDA 核心替代了先前的流处理器（SP），成为首个集成共享存储与缓存层的完整 GPU 计算架构，为后续的发展奠定了基础，如表 5.2 所示。

表 5.2 NVIDIA 显卡发展过程

架构名称	Fermi	Kepler	Maxwell	Pascal	Volta	Turning	Ampere	Hopper
中文名字	费米	开普勒	麦克斯韦	帕斯卡	伏特	图灵	安培	郝柏
发布时间	2010	2012	2014	2016	2017	2018	2020	2022
核心参数	16 个 SM, 每个 SM 包含 32 个 CUDA Core, 一共 512 个 CUDA Cores	15 个 SMX, 每个 SMX 包括 192 个 FP32+64 个 FP64 Cuda Cores	16 个 SM, 每个 SM 包括 4 个处理块, 每个处理块包括 32 个 CUDA Cores+8 个 LD/ST 单元+8 SFU	GP100 有 60 个 SM, 每个 SM 包括 64 个 CUDA Core, 32 个 DP Cores	80 个 SM, 每个 SM 包括 32 个 FP64+64 Int32=64 FP 32+8 Tensor Cores	102 核心, 有 92 个 SM,SM 重新设计, 每个 SM 包含 64 个 Int32+64 个 FP32+8 个 Te-nsor Cores	108 个 SM, 每个 SM 包含 64 个 FP32+ 64 个 INT32+ 32 个 FP64+4 个 Tensor Cores	132 个 SM, 每个 SM 包含 128 个 FP32+ 64 个 INT32+ 64 个 FP64+4 个 Tensor Cores
特点	首个完整的 GPU 计算架构, 支持与共享存储结合层次的 cache 架构, 支持 ECC	游戏性能大幅提升, 首次支持 GPU Direct 技术	每组 SM 单元从 192 个减小到 128 个, 每组拥有更多逻辑控制电路	NVLink 第一代, 双向互联带宽160GB/s, P100 拥有 56 个 SM HBM	NVLink 2.0, Tensor Cores 第一代, 支持 AI 运算	Tensor Core 2.0, RT Core 第一代	Tensor Core 3.0, NVLink 3.0, 结构稀疏 矩阵 MIG1.0	Tensor Core 4.0, NV-Link 4.0, 结构稀疏 4.0, 结构稀疏 矩阵 MIG 2.0
纳米制程	40/28nm	28nm	28nm	16nm	12nm	12nm	7nm	4nm
晶体管数	30 亿	71 亿	80 亿	153 亿	211 亿	186 亿	283 亿	800 亿
代表型号	Quadro 7000	K80 K40M	M5000 GTX 9XX	P100 P6000 RTX 1080	V100 TiTan V	T4, 2080Ti RTX 5000	A100 30 系列	H100

随着技术的进步，2016 年的 Pascal 架构引入了 NVLink 技术，提供了高达 160GB/s 的双向互联带宽，极大地提升了多 GPU 系统之间的通信效率。随后，在 2017 年的 Volta 架构中，第一代 Tensor 核心被引入，专门针对神经网络卷积运算进行加速，这标志着 AI 计算的新纪元。

基于 Ampere 架构的 A100 显卡不仅支持第二代 Tensor 核心和 NVLink 3.0，还具备多实例 GPU 功能，允许单个 A100 GPU 分割成多个独立的小型 GPU，从而提高了云端数据处理中的资源分配效率。A100 凭借其先进的 Tensor 核心和高吞吐量，在训练复杂的神经网络、深度学习以及 AI 推理任务中具有卓越的表现，如图 5.20 所示。2022 年，H100 GPU 进一步增强了 Tensor 核心的功能，支持双精度（FP64）、单精度（FP32）、半精度（FP16）以及整数（INT8）运算，大幅提升了 AI 训练和推理的速度。相较于 A100，H100 的 Tensor 核心性能提高了 4 倍以上，如图 5.21 所示。

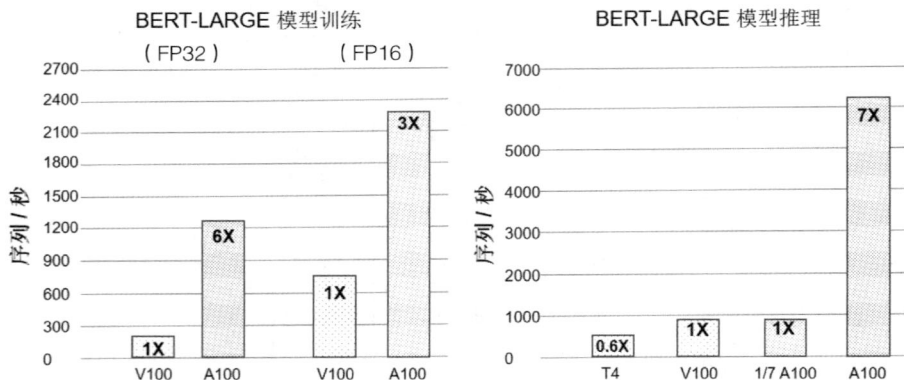

图 5.20　A100 推理训练加速

在最新的进展中，NVIDIA 于 CES 2025 发布了 RTX 50 系列显卡，采用了全新的 Blackwell 架构，带来了更强的计算能力和图形处理性能。这些新显卡集成了第四代 DLSS（深度学习超级采样）技术，其中 DLSS 4 结合了多帧生成、光线重建和超级分辨率等多种先进技术，显著提升了游戏帧数和图像质量。此外，NVIDIA 还推出了 SmoothMotion 技术，这是一种驱动级的帧生成技术，能够在两帧图像之间插入由 AI 推理生成的额外帧，实现帧率的有效提升，无须针对性的 DLSS 支持，简化了玩家的使用门槛。

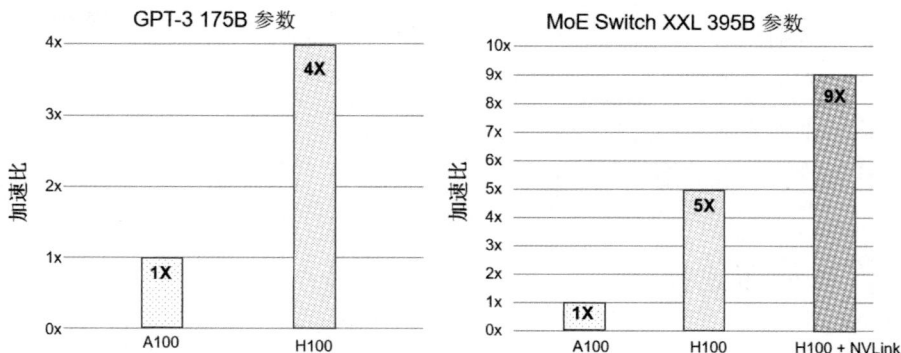

图 5.21　H100 与 A100 性能比较

同时，NVIDIA 还在 GTC 2025 大会上展示了新一代计算芯片——Blackwell Ultra 和未来的"期货"芯片 Rubin。特别是 Blackwell Ultra，它不仅拥有更多的 CUDA 核心数量和更好的能耗表现，还配备了更快速度的 GDDR7 显存，使得显存带宽大幅提升。而 Rubin 则预示着未来几年内可能的技术路径，其设计旨在满足不断增长的 AI 模型训练和推理需求。NVIDIA 持续在其显卡技术上进行创新，不仅推动了图形处理能力的边界，也为高性能计算和人工智能领域带来了前所未有的机遇和发展空间。随着这些新技术的应用，我们可以看到更多关于图形渲染质量和计算效率的突破。

5.2　大模型推理

随着人工智能技术的迅猛发展，大模型已成为深度学习领域的热门话题。大模型凭借其强大的表示能力和泛化性能，在图像识别、自然语言处理、语音识别等众多领域取得了显著成果。然而，大模型的部署与推理过程并非易事，需要解决诸多技术难题。本节将围绕大模型部署、模型压缩技术、大模型推理框架与算法，以及大模型推理部署的案例展开深入讨论，旨在为读者提供一套完整的大模型推理与部署的解决方案。

本节主要涉及以下有关大模型部署的内容。

- 大模型压缩技术。
- 大模型推理框架。
- 大模型推理算法。
- 大模型推理部署的案例。

5.2.1　大模型压缩技术

大模型具有的大规模参数为其提供了强大的表达能力和学习能力，同时也付出了巨大的存储和计算代价，这对大模型推理的算力资源的规模提出了极高的要求。同时巨大的参数量也降低了模型执行速度并导致回答的延迟。模型压缩是一种用于减小模型大小和计算复杂性同时尽可能地保持其性能的技术，此外，模型压缩还能提高模型的推理速度并降低存储成本。本节将从大模型经典压缩技术、大模型量化技术和低秩分解这三个方面来对大模型压缩技术进行介绍。

1. 经典压缩技术

模型经典压缩技术分为剪枝和知识蒸馏。

其中剪枝是一种通过删除或压缩模型中的冗余参数减小深度学习模型和计算复杂度的技术。根据剪枝的方式和效果可以把剪枝分为非结构化剪枝和结构化剪枝。

非结构化剪枝是一种通过移除个别参数，而不是改变整个网络结构减小模型的方法。这种方法通过设置低于某个阈值的参数为 0 来进行操作，从而导致特定的参数被删除，而使网络形成不规则的稀疏结构。为了存储和计算这些被剪枝的模型，需要使用专门的压缩技术。然而，非结构化剪枝通常需要对模型进行大量的重新训练以恢复准确性，这在大模型的应用场景中需要付出很大的代价。

与非结构化剪枝技术不同，结构化剪枝在保持整体网络结构的同时，有效地减少了模型的复杂性和内存占用。具体来说，结构化剪枝通常会基于一些预定义的规则进行操作。这些规则包括删除那些在整个网络中贡献较小的连接或者分层结构，或者删除那些在特定任务上表现较差的连接或分层结构等。通过这种方式，可以有效地减少网络中的冗余信息，从而提高模型的效率和性能。

　　总的来说，非结构化剪枝和结构化剪枝各有优缺点，选择哪种方法取决于具体的任务需求和应用场景。

　　知识蒸馏（knowledge distillation，KD）是一种通过将大型模型迁移到小型模型中，来实现模型压缩的方法，也被称为教师-学生神经网络学习算法。其中一个已经训练好的大型模型称为教师模型，最终得到的完成知识迁移的小型模型称为学生模型。通过这种方法，可以在保持模型性能的同时，显著减小模型的大小和计算复杂度，从而提高模型的推理速度并降低部署成本。根据是否将大模型的涌现能力提炼成小模型，可以把知识蒸馏方法分为标准知识蒸馏（standard KD）和基于 EA 的知识蒸馏（EA-based KD，evolutionary algorithm-based knowledge distillation）。标准知识蒸馏是知识蒸馏的基础版本，它主要关注如何有效地从教师网络提取知识并将其传递给学生网络。在标准知识蒸馏中，教师网络通常是一个性能优越但计算复杂度较高的大型网络，而学生网络则是一个较小、计算效率更高的网络。通过优化学生网络的参数，使其能够模仿教师网络的输出，标准知识蒸馏能够实现知识的有效传递。这种方法的关键在于如何定义和度量知识，以及如何设计有效的损失函数指导学生网络的训练。相比之下，基于 EA 的知识蒸馏是知识蒸馏的一个扩展版本，它引入了进化算法优化知识蒸馏的过程。进化算法是一种基于自然选择和遗传机制的优化算法，能够自动搜索和发现最优的解决方案。在基于 EA 的知识蒸馏中，进化算法被用来搜索最佳的学生网络结构或参数配置，以进一步提高知识蒸馏的效果。这种方法能够自动地探索不同的网络结构和参数组合，从而找到更适合特定任务的学生网络。总的来说，标准知识蒸馏和基于 EA 的知识蒸馏都是知识蒸馏的重要方法，它们各自具有不同的特点和优势。标准知识蒸馏提供了一种基础的、易于实现的知识蒸馏框架，而基于 EA 的知识蒸馏则通过引入进化算法进一步优化知识蒸馏的效果。

2. 大模型量化技术

　　模型量化是在深度学习领域中用于模型压缩和加速计算的另一种技术手段。它主要是通过将原本使用高精度数据类型（如 float32）表示的网络模型中的权重转换为低精度数据类型（如 int8）来进行存储和计算的过程。通过模型量化可以显著减小模型文件的存储空间需求，这有利于减小模型以便于模型在移动设备和嵌入式系统中的部署。而且低精度数据类型的运算通常比高精度运算更快，尤其是在专门针对低精度优化过的硬件上，这使得量化后的模型可以大幅度提升推理速度。同时数据尺寸的缩小还会减少内存和处理器之间的传输时间和能耗，这能有效节省内存带宽。

模型量化需要建立浮点数和整型数据之间的映射关系，根据这种映射关系可以把量化分为线性量化和非线性量化。

线性量化中相邻量化值之间的间隔是固定的，如果用量化公式来表示线性量化，则量化公式和反量化公式如下所示。

$$Q = \text{clamp}\left(\text{round}\left(\frac{r}{s} \right) - Z \right)$$
$$R = s * (Q + Z)$$

其中 Q 表示量化后的整型数据，r 表示原来的浮点值，s 表示缩放因子，Z 表示调整参数用来调整零点的映射，R 表示反量化后的结果。量化的过程是浮点值除以缩放因子，然后做舍入和 clamp 操作。反量化就是用量化值乘缩放因子。因为量化过程引入了舍入和 clamp 操作。由于神经网络训练过程中的权重值并非线性量化一样分布均匀，所以量化值之间的间隔不固定的非线性量化在理论上比线性量化的效果更好。非线性量化能够更有效地捕捉与分布相关的细节。在数据密集的区域，量化间隔较小，因此量化精度较高。相反，在数据稀疏的区域，量化间隔较大，导致量化精度较低。然而，非线性量化的实现更加复杂且通用硬件加速困难，因此线性量化更加常用。

在线性量化中，根据浮点值的零点是否映射到量化值的零点，即量化公式中 Z 值是否为 0，可以将线性量化分为对称量化和非对称量化。

对称量化的 Z 值为 0，对于有符号数的量化，它表示的浮点值范围是关于原点对称的，对于无符号数的量化，它表示的浮点值范围是大于或等于 0 的。非对称量化的 Z 值不为 0，可以根据浮点数的范围选取任意想要表示的范围，因此非对称量化的效果通常比对称量化好，但是需要额外的存储空间和更加复杂的计算。

除此之外，根据量化的精度和量化粒度的不同还能将量化分为统一精度量化和混合精度量化以及逐层量化和逐通道量化。

针对量化压缩模型的时机，可以将模型量化方式分为以下 3 类。

- 量化感知训练（quantization-aware training, QAT）：在模型训练过程中就考虑到量化的影响，通过模拟量化过程把量化目标无缝地集成到模型的训练过程中。这种量化方式可以使 LLM 在训练过程中适应低精度表示，增强其处理由量化引起的精度损失的能力。这种技术侧重于保持在 LLM 在量化过程之后的更高性能。

- 量化感知微调（quantization-aware fine-tuning，QAF）：在模型的微调过程中对其进行量化，通过将量化意识整合到微调中，从而在模型压缩和保持性能之间取得平衡。主要目标是确保 LLM 在量化为较低位宽后仍保持性能。

- 训练后量化（post-training quantization, PTQ）：在模型训练完成后，依据训练好的模型权重和部分样本数据进行量化。这种量化方式在减少 LLM 的存储和计算复杂性的同时，无须对 LLM 架构进行修改或进行重新训练。它的优势在于其简单性和高效性，但同时也会引入一定程度的精度损失。

本节主要对 PTQ 进行介绍。PTQ 根据需要量化的参数可以分为权重量化和全量化，其中权重量化仅对模型的权重进行量化，将浮点数类型的权重量化成整型，从而可以压缩模型大小。全量化是对模型的权重和激活值都进行量化，在压缩模型大小的同时也能减少推理过程的资源消耗，其中全量化根据量化的实时性分为动态量化和静态量化。

静态量化是指与激活值和模型权重相关的参数是在离线时计算好的，推理的时候可直接使用。因此静态量化需要在量化前根据一定的数据和方法确定量化参数。确定静态量化的方法通常有 MinMax 法、指数平滑法、直方图截断法和 KL 散度校准法。

动态量化是指与激活值相关的量化参数在推理阶段进行实时计算，效果较静态量化更好，但是会给推理过程带来额外的开销。

3. 低秩分解

低秩分解是一种广泛应用于机器学习和数据分析领域的技术，适用于处理大型稀疏或冗余数据矩阵。它的核心思想是假设一个高维的矩阵可以用多个较低维度的矩阵进行近似表达。用低秩分解技术进行模型压缩的关键在于对一个大的权重矩阵 W 进行分解，得到两个矩阵 U 和 V，使得 $W \approx U \times V$，其中 U 是一个 $m \times k$ 矩阵，V 是一个 $k \times n$ 矩阵，其中

k 远小于 m 和 n。U 和 V 的乘积近似于原始的权重矩阵，这样就大幅减少了参数数量和计算开销。

5.2.2　大模型推理框架

随着大模型时代的到来，除了各种大模型百花齐放之外，大模型的推理框架也层出不穷，本节将对业内较为常用的推理框架进行简单的介绍。

1. vLLM

vLLM 是一个开源的大模型推理工具，拥有业界领先的服务吞吐量，是一种易用的大模型加速工具。该框架主要通过 PagedAttention 技术高效地对管理注意力机制中的键和值进行了管理，从而解决了大模型推理过程中的内存瓶颈问题，实现了比 HuggingFace Transformers 高 14～24 倍、比 Hugging Face TGI 高 2.2～2.5 倍的吞吐量。除此之外，vLLM 还具备多项优势，使其在大语言模型的部署和应用中表现出色。首先它支持连续批处理请求，这意味着它可以有效地管理多个推理请求，提高整体的处理能力和效率。在硬件优化方面，vLLM 对 CUDA 内核进行了充分优化，能够充分利用 GPU 的计算能力，确保在 GPU 上的推理性能得到最大化，实现更快的推理速度。同时，vLLM 与流行的 HuggingFace 模型无缝集成，方便用户利用现有的模型和工具进行开发。在服务层面，vLLM 支持高吞吐量服务，能够满足大规模并发请求。它还支持各种解码算法，包括并行采样、波束搜索等，为用户提供灵活多样的生成策略。此外，vLLM 还具有兼容 OpenAI 的 API 接口，方便用户与其他 OpenAI 生态系统中的工具和服务进行集成。在输出和分布式推理方面，vLLM 支持流式输出，能够实时生成并返回结果，提高用户体验。同时，它还支持分布式推理中的张量并行，能够在多机多卡环境下实现高效的模型推理。最后，vLLM 兼容多种 GPU 硬件，包括 NVIDIA 和 AMD 的 GPU，使得用户可以根据自身需求选择合适的硬件平台进行部署。因此，和其他框架相比 vLLM 更适用于大批量提示词输入，以及对推理速度要求高的场景，比如智能客服系统、信息检索等。

尽管 vLLM 框架在大模型推理方面提供了许多优势，但它也可能存在一些局限性或缺点。首先，与 HuggingFace 等框架相比，vLLM 的推理结果可能存在不一致性。这意味着在相同的模型、参数和提示词条件下，vLLM 的推理结果可能与其他框架有所不同，这可能会给使用者带来一定的困扰和不确定性。其次，由于 vLLM 采用了新的技术和算法优化推理性能，因此可能存在一定的学习曲线。开发者需要花费一定的时间熟悉和理解 vLLM 的设计理念和工作机制，以便能够充分利用其优势。最后，如果想要在 vLLM 上添加自定义模型，则需要模型要具备和 vLLM 中现有模型类似的框架，否则自定义模型的添加会变得十分复杂。

综上所述，虽然 vLLM 框架具有许多优点，但在使用时也需要注意其潜在的缺点和局限性。开发者在使用 vLLM 时，应根据具体需求和场景进行权衡和选择，以便获得最佳的推理性能和效果。想要对该框架进行更深入的了解可以参考 https://docs.vllm.ai/en/latest/index.html。

2. Hugging Face TGI

Hugging Face 是一家专注于自然语言处理、人工智能和分布式系统的公司，为了训练聊天机器人的自然语言能力，该公司的团队构建了一个底层库，包括了众多最前沿的机器学习模型和数据集。经过几年的发展，Hugging Face 的开源社区已经演变成了最大的开源模型托管服务平台，相当于人工智能界的 GitHub。

HuggingFace TGI（text generation inference）是 Hugging Face 推出的大模型推理部署框架，专门为了支持主流大模型和量化方案而设计。TGI 的目标是在服务效率和业务灵活性之间取得平衡，它通过结合 Rust 和 Python 编程语言的优势实现这一目标。TGI 框架充分利用了 Rust 语言的性能优势，使得计算密集型任务能够高效地完成。同时，通过使用 Python 语言，TGI 也保留了易用性和广泛的社区支持，从而在处理更高层次的逻辑时提供了灵活的业务逻辑处理能力。这种结合使得 TGI 能够在保持高性能的同时，为用户提供更加灵活和便捷的使用体验。作为支持 HuggingFace Inference API 和 Hugging Chat 上的 LLM 推理的工具，TGI 具有一系列重要特性。首先，TGI 框架支持当前流行的大语言模型，用户可以利用它来部署和运行多种不同的预训练模型。这使得用户能够方便地利用最新的大语言模型进行推理任务，满足各种应用场景的需求。在模型优化方面，TGI

提供了大模型的量化支持，有助于减少模型的内存占用及提高推理速度。这对于资源受限的环境尤为重要，使得模型在有限的资源条件下依然能够保持出色的性能。此外，TGI支持 flash-attention 和 Paged Attention 等技术，以在主流的模型架构上优化用于推理的加速操作，从而进一步提高推理的性能和效率。TGI 还具备丰富的生产级特性，如流式输出、基于张量并行的多 GPU 快速推理等。这些特性确保了在实际部署中能够高效和稳定地提供服务，满足用户对高性能和稳定性的要求。TGI 还支持传入请求的连续批处理，用于提高模型的总吞吐量。这些特性使得 TGI 在处理大规模数据和复杂任务时表现出色。TGI 与 Hugging Face 的其他工具和服务紧密集成，为用户提供了一个无缝的体验。用户可以利用 transformers 库进行模型的训练和微调，然后将模型部署到 TGI 中进行推理。同时，TGI 还与模型 Hub 进行集成，使得用户可以方便地获取和分享模型。在部署方面，TGI 提供了灵活的选择。用户可以在自己的基础设施上部署 TGI，以满足特定的需求和环境。同时，用户也可以选择直接使用 Hugging Face 提供的推理终端服务，享受额外的便利性和选择。

总的来说，HuggingFace TGI 是一个强大的工具，更适用于推理依赖 HuggingFace 模型，并且不需要为核心模型增加多个适配器的场景。想要对其进行更深入的了解可以参考 https://github.com/huggingface/text-generation-inference。

3. Faster Transformer

Faster Transformer 是由英伟达（NVIDIA）推出的一个用于实现基于 Transformer 的神经网络推理的加速引擎。它主要用于优化 Transformer 的 encoder 和 decoder 模块，而不修改模型架构，以实现快速、高效地推理。Faster Transformer 的底层由 CUDA 实现，依赖高度优化的 cuBLAS、cuBLASLt 和 cuSPARSELt 库，支持 FP16 和 FP32 两种计算模式。其中，FP16 可以充分利用 Volta 和 Turing 架构 GPU 上的 Tensor Core 计算单元，从而大大提高计算效率。在不同的模型和任务中，Faster Transformer 相较于原始的 TensorFlow 和 PyTorch 实现，提供了显著的速度提升。

Faster Transformer 的核心优势在于其优化策略。它减少了 Kernel 调用次数，通过合并多个小 Kernel 为较大的 Kernel，减少了 GPU 的启动时间和空闲时间，从而提高了整体计算效率。此外，它还利用了高效的数学库，如 NVIDIA 的 cuBLAS 库，执行矩阵乘法等计算密集型操作，这些库针对 GPU 进行了深度优化，进一步提升了计算速度。对于特定的操作，如 GELU 激活函数、Layer Normalization 和 SoftMax 等，Faster Transformer 也进行了专门的优化，以进一步提升推理性能。这些优化措施使得 Faster Transformer 在多种 Transformer 模型（如 BERT、GPT、T5 等）和不同的任务中都能展现出显著的速度提升。特别值得一提的是，对于小批量数据，Faster Transformer 的优化效果尤为突出。它减少了因频繁 Kernel 调用导致的 GPU 空闲时间，因此在处理小批量数据时，能够更高效地利用 GPU 资源，实现更快的推理速度。综上所述，Faster Transformer 是一个功能强大、高效灵活的 Transformer 模型推理加速库，它通过多种优化策略提升了计算效率，适用于需要处理大规模数据的推理任务，为深度学习领域的研究者和开发者提供了强大的工具，助力他们更快地处理大规模数据和复杂的 NLP 任务。想要对其进行更深入的了解可以参考 https://github.com/NVIDIA/FasterTransformer。

4. DeepSpeed

DeepSpeed 是由微软公司开发的一个开源深度学习优化库，它的核心目标在于提高大规模模型训练的效率和可扩展性。随着深度学习模型规模的不断增大，训练这样的模型变得越来越具有挑战性，需要消耗大量的计算资源和时间。DeepSpeed 通过一系列创新的技术手段，解决了这一挑战，使得大规模模型的训练变得更为高效和便捷。

它通过多种技术手段加速训练过程，包括模型并行化、梯度累积、动态精度缩放、本地模式混合精度等。此外，DeepSpeed 还提供了一些辅助工具，如分布式训练管理、内存优化和模型压缩等，以帮助开发者更好地管理和优化大规模深度学习训练任务。

DeepSpeed-MII 是 DeepSpeed 中的一个开源的 Python 库，旨在使大模型的低延迟、低成本推断变得不仅可行而且易于访问。DeepSpeed-MII 库提供了多种深度学习模型的高效实现，和原生的 PyTorch 实现版本相比，DeepSpeed-MII 库中的模型拥有更低的延迟和推理成本。此外，DeepSpeed-MII 还提供了一套易于使用的工具和接口，使得开发者能够轻松地将大模型集成到他们的应用中，并享受高效的推理性能。想要更深入地了解它支持的模型和任务可以参考 https://github.com/microsoft/DeepSpeed-MII。

5. FlexFlow Serve

FlexFlow Serve 是一个专门为大语言模型服务设计的开源编译器和分布式系统,它致力于提供低延迟、高性能的模型推理能力。该系统通过一系列创新技术,显著提升了 LLM 服务的运行效率和响应速度,使得开发者能够更高效地部署和应用大语言模型。

FlexFlow Serve 的关键技术之一是投机推理,它结合了多种小型投机模型共同预测 LLM 的输出。这些预测被组织成 token 树结构,每个节点代表一个候选的 token 序列。这种结构使得系统能够并行验证所有候选 token 序列的正确性,从而大幅提高推理速度。此外,FlexFlow Serve 使用 LLM 作为 token 树验证器,而不是增量解码器,这进一步降低了生成 LLM 的端到端推理延迟和计算需求,同时保证了模型的质量。为了进一步优化性能,FlexFlow Serve 还提供了基于 Offloading 的推理方法。这种方法允许在单个 GPU 上运行大型模型,通过将张量保存在 CPU 内存中,并在计算时仅将张量复制到 GPU,从而减少了 GPU 的内存压力。此外,FlexFlow Serve 还支持 int4 和 int8 量化技术,通过对张量进行压缩和解压缩操作,进一步降低了计算资源的消耗。

FlexFlow Serve 支持多种模型架构,包括 Huggingface 的所有模型,如 LlamaFor CausalLM、OPTForCausalLM、RWForCausalLM 和 GPTBigCodeForCausalLM 等。这使得开发者能够方便地利用 FlexFlow Serve 部署和应用各种流行的 LLM。此外,FlexFlow Serve 还提供了多个用于评估其性能的提示数据集,如 Chatbot 指令提示、ChatGPT 提示、WebQA、Alpaca 和 PIQA 等。这些数据集使得开发者能够全面评估 FlexFlow Serve 在不同场景下的推理性能。与现有的系统相比,FlexFlow Serve 在单节点多 GPU 推理和多节点多 GPU 推理方面的性能均有显著提升。这使得 FlexFlow Serve 成为一个高效、可靠的大语言模型服务框架,为开发者提供了强大的技术支持。

综上所述,FlexFlow Serve 是一个功能强大、性能卓越的 LLM 服务框架,它通过一系列创新技术优化了推理性能,支持多种模型架构和数据集,为开发者提供了高效、灵活的模型部署和应用解决方案。如果想要对其进行更深入的了解,可以参考 https://github.com/flexflow/FlexFlow/tree/inference。

6. LMDeploy

LMDeploy 是一个由 MMDeploy 和 MMRazor 团队联合开发，在英伟达设备上部署 LLM 的全流程解决方案。它涵盖了模型轻量化、推理部署和服务 3 个主要部分，旨在帮助用户更有效地在有限的计算资源上部署和运行大语言模型。

在模型轻量化方面，LMDeploy 通过一系列技术手段（如量化、压缩等）优化大模型，以便在有限的计算资源上高效运行。这不仅可以降低模型的内存开销，还能提高模型的推理速度。在推理部署方面，LMDeploy 实现了高效的推理引擎 TurboMind，它基于 FasterTransformer 实现，并支持 InternLM、LLaMA、vicuna 等多种模型在 NVIDIA GPU 上的推理。这个推理引擎经过深度优化，旨在提高推理速度和精度。同时，LMDeploy 还支持交互推理方式，通过缓存多轮对话过程中的关键信息，避免重复处理历史会话，从而提高推理效率。在服务方面，LMDeploy 提供了完备的工具链和接口，方便用户将模型部署为一个可用的服务。这包括 API 服务、交互式对话、代码集成等，使得用户可以通过多种方式调用和使用模型。此外，LMDeploy 还支持与多种框架的无缝对接，如 OpenCompass、PyTorch、gRPC 和 RESTful 等，为用户提供更灵活的选择。总的来说，LMDeploy 是一个功能强大且易于使用的解决方案，能够帮助用户更有效地在英伟达设备上部署和运行大语言模型，提高模型的推理速度和精度，降低部署和运行的成本。想要对其进行更深入的了解可以参考 https://github.com/InternLM/lmdeploy。

总结一下，每个框架都有其独特的优势和适用场景。vLLM 在大模型推理加速方面表现出色，特别是剪枝技术；Hugging Face 提供了丰富的模型库和易用的工具；Faster Transformer 和 DeepSpeed 在性能优化方面有深入的研究；FlexFlow Serve 则提供了灵活性和可扩展性；而 LMDeploy 则为大语言模型的部署提供了全面的支持。用户在选择框架时，应根据具体的业务需求、模型类型、性能要求和资源限制决定最合适的框架。

5.2.3　大模型推理算法

在自然语言处理任务中，原始的文本数据需要通过分词等预处理步骤被切分成一个个的 token。这些 token 可以是单个的字、词，也可以是特定的标识符。这些 token 构成了模型处理文本时的基本单位。然后模型会将这些 token 映射到一个连续的向量空间中，这个映射的结果就是该 token 对应的 embedding。这个向量空间中的每个点（即每个 embedding）都对应一个 token，这个空间中的距离可以反映 token 之间的语义相似度，这样使得模型能够进行计算并理解文本的含义。在自然语言模型的推理过程中，输入文本转化成的 embedding 是模型理解文本内容的基础，也是后续推理步骤的输入。对于 GPT 而言，后续会将这些 embedding 进行注意力计算，产生一个注意力权重矩阵，这个矩阵的每个元素表示当前生成的词与序列中其他词之间的关联强度。基于注意力权重矩阵，GPT 对输入文本的编码向量进行加权平均，生成一个聚合的上下文向量。这个上下文向量作为生成下一个词的依据，模型根据它预测并生成输出。这个过程是迭代进行的，直到模型生成完整的输出序列或达到预设的生成长度。了解了 GPT 的大体推理流程后，那么它在生成各种任务回答的时候，又是如何保证回答的多样性的呢？这就需要用到一些生成算法，假设大模型使用暴力穷举法进行推理。其中该算法是一种基于计算机运算速度快的特性，通过遍历所有可能情况来找出解的方法，而大模型通常具有高达千亿级别的参数数量，以及复杂的内部结构，暴力穷举法在处理如此大规模的数据和参数时，会面临计算资源耗尽、时间成本过高的问题，使得这种方法在实际应用中变得不可行。因此大模型通常采用更高效的优化算法和技术提升自身的性能和准确性。下面将对这些生成算法进行简单介绍。

1. 集束搜索

集束搜索（beam search）是一种重要的搜索算法，它的核心思想是在每一步生成过程中，不仅考虑当前步的最优选择，还考虑之前步骤的累积概率，从而找到一个全局相对较好的序列。这种搜索算法在大模型的推理框架中，存在一个名为 num_beams 的超参数，通过设置该参数的值设置每次选择的可能结果的个数。该策略使用广度优先策略建立搜索树，并在树的每一层对节点进行排序，在每一个步骤仅保留预先确定的个数（即 num_beams）的节点，这些节点具有最高的条件概率，并继续在下一步扩展。

例如，假设模型推理的输出从"My favorite"这句话后面开始，假设 num_beams 的值为 2，模型输出的后面的 token 分别为 A，B，C 且 A，B，C 对应的概率分别为 0.7，0.1 和

0.2。由于 num_beams=2，那么集束搜索会选择最大概率 A 和 C，也就是会得到"My favorite
A"和"My favorite C"用来进行下一个 token 的预测。假设"My favorite A"后面得到的
token 分别为 D，E，F 且 D，E，F 对应的概率分别为 0.6，0.3 和 0.1。"My favorite C"后面
得到的 token 分别为 H，I，K 且 H，I，K 对应的概率分别为 0.5，0.2 和 0.3。那么"My favorite
AD"的概率为 0.7×0.6=0.42，根据这种计算方法可以获得 6 个概率，分别选取两个最大概
率送入下一个 token 的预测过程中。通过不断迭代这个过程，直到序列的每一步条件概率连
乘起来最大，最终就能获得一个相对较好的回答序列，示例如图 5.22 所示。

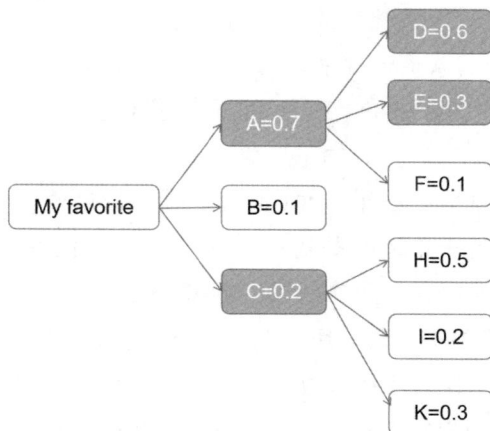

图 5.22　模型推理输出示例

由于该算法的每一步都会剪掉一些概率较低的节点，因此它不一定能找到全局的最优
解，这就需要通过调整 num_beams 的值进行调优以获取较好的结果。随着 num_beams 值的
增加，每一步需要考虑的候选序列数量呈指数级增长，这会导致计算资源的需求大幅增加，
尤其是内存和计算时间，但是较大的搜索空间可能增加找到全局最优解的概率，进而导致
找到更优或更多样化的序列。相反，较小的 num_beams 值降低了计算资源的需求，搜索过
程会更快，但这可能会以牺牲结果质量为代价。因此选择合适的 num_beams 值需要在计算
效率和结果质量之间做出权衡。在实际应用中，通常需要通过试验确定最佳的 num_beams
值，这取决于具体任务的需求、可用的计算资源以及对结果质量的要求。一般来说，较大

的 num_beams 值适用于计算资源充足且需要高质量结果的场景，而较小的 num_beams 值适用于计算资源有限或对速度有较高要求的场景。

2. Top-p Sampling

Top-p Sampling 是一种在自然语言生成中广泛使用的文本采样策略，该策略通过让模型选择累积概率大于一定阈值 p 的最可能的 token 作为下一步的输入，来生成最终的文本。与集束搜索不同，模型会首先计算下一步生成的所有 token 的概率，将概率按递减的次序依次累加，直到这些概率达到或超过阈值 p，然后从这些 token 中选择一个生成下一个 token。

例如，假设阈值 p=0.8，模型输出的后面的 token 分别为 A，B，C 且 A，B，C 对应的概率分别为 0.7，0.4 和 0.5。A 和 C 的概率相加超过了 0.8，那么下一步就会从 A，C 中向下进行 token 预测，假设下一步中 D，E，F 的概率分别为 0.4，0.3，0.3，三者相加才能超过 p，那么就会选择 D，E，F 再进行向下运算。

使用 Top-p Sampling 的好处在于，通过设定一个概率阈值，它可以在一定程度上增加生成的多样性，避免生成过于单调或重复的回答。同时，由于考虑了概率的累积，这种采样方法能够更灵活地适应不同概率分布的模型输出，使得生成的文本更加自然和流畅。在实际应用中，p 值的设定需要根据具体场景选择，p 值过高可能导致模型的回答更加保守单一，而 p 值过低则可能导致回答中引入过多噪声。总的来说，这种文本生成策略通过灵活的阈值设定可以引入更多的随机性和多样性，对于不同场景和任务具有更好的适应性，也能生成更加自然的文本。

3. Top-k Sampling

Top-k Sampling 是不同于 Top-p Sampling 的一种采样策略，该策略在生成文本时选择概率最大的前 k 个 token 作为下一步的输入，并将保留的这 k 个 token 的概率进行归一化，将归一化后的概率进行随机采样，然后把采样得到的结果拼接到文本序列中进行下一个 token 的预测，不断迭代这个过程，直到生成的文本序列长度满足要求。与集束搜索相比，Top-k Sampling 只会有一个序列进行后续的 token 预测，而集束搜索则会保留 num_beams 个序列。在实际应用中，k 值的设定需要根据具体场景选择，k 值过高可能导致模型的回答更加保守单一，而 k 值过低则可能导致回答中引入过多噪声。

4. 投机采样

对于一般的语言模型，采用的生成序列数据的算法是标准自回归采样算法，该算法基于自回归模型，即模型利用之前的信息预测下一个值。标准自回归采样算法的逻辑简单而言就是先设定一个初始化序列、设定目标序列的长度并准备训练好的语言模型。然后开始一个 while 循环，在循环的每一次迭代中，模型的输入是到目前为止已经生成的元素序列，输出是下一个元素的预测，其中这个预测通常基于模型的概率分布，可以通过随机采样或选择概率最高的元素来实现。然后将模型生成的下一个元素添加到当前序列的末尾。这样直到序列达到设定目标序列的长度，循环结束，最终获取到生成的完整序列。通过这种方式，自回归采样算法就能够利用已生成的历史序列信息，一步一步地构建出完整的序列。然而这对于参数量巨大的大语言模型而言是极为耗时的。

投机采样是一种大模型推理优化技术，该算法引入一个近似的小参数模型辅助解码，用大模型进行"并行"解码来评估小模型的采样结果。它引入小模型的依据是：常见的单词和句子更容易被模型预测，可以用较为简单的模型来近似。这种方式不仅提高了推理速度，而且能保证和大模型的采样分布完全相同。接下来的部分将对随机采样算法进行简单的介绍。

首先需要设定一个训练好的大模型、一个近似的小模型、初始化序列 S 和设定好的目标序列的长度 L。然后使用小模型进行自回归采样，得到小模型的输出概率和小模型的多个预测 token，比如 a，b，c，d。把这些 token 拼接到 S 上得到 Sa，Sb，Sc，Sd，把它们并行输入到大模型中，得到大模型的输出概率，通过概率来判断 Sa，Sb，Sc，Sd 是否能被接受。若接受，则拼接到序列里成为新的 S 进行后续循环采样，不接受，则去掉，直到序列 S 的最终长度达到 L。

由于这种方法不需要重新训练模型，也不需要对模型的结构进行修改，因此既可以降低推理成本，又可以实现推理加速。但这种策略需要选择合适的应用场景，比如对回答的多样性要求较高的文学诗词类场景。如果近似模型和大模型生成的结果差异可能较大，那么投机采样策略就不太适合。

5.2.4　大模型推理部署的案例

前述章节介绍了大模型的基础知识，本节将通过实际的案例介绍大模型从推理到部署的全流程。本节所描述的具体案例都是依托于中国移动磐智 AI 平台，因此本节开始先对磐智 AI 平台进行简单的介绍。磐智 AI 平台是中国移动推出的一款功能强大的 AI 模型全生命周期管理服务解决方案。该平台旨在为租户提供一站式的 AI 服务，从数据标注、模型训练到推理部署，再到能力开放，全程覆盖，确保租户能够高效、便捷地管理和应用 AI 模型。大模型从推理到上线发布主要用到的有磐智 AI 平台的运营管理平台、学习平台、推理平台和对话平台 4 个模块，如图 5.23 所示，接下来将先对这 4 个模块的功能进行简单的介绍，然后再通过具体部署的案例介绍整个大模型（从推理发布到提供给用户使用的流程）。

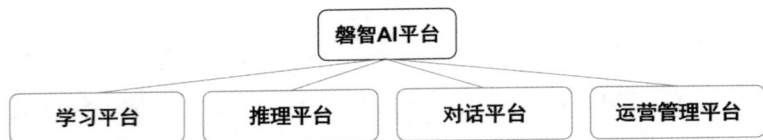

图 5.23　磐智 AI 平台

1. 运营管理平台

运营管理平台是一个综合性管理工具，它集成了平台用户、资源、项目、任务等多项管理功能。该平台不仅提供了对各项资源的监控，包括资源使用情况、服务能力以及用户行为等，还通过问题工单和问答助手等功能，有效提升了问题反馈和解决的效率。通过运营管理平台模块，磐智 AI 平台可以实现运营过程的全面监控和高效管理，从而优化资源配置，提升运营效率。其中它的资源管理是对大规模、多集群的算力和存储等资源的管理，提供多种算力资源（GPU/NPU/CPU）的虚拟化与混合调度能力，可实现各类资源的租户隔离、动态分配、弹性伸缩、运维监控与报警。磐智平台的用户在学习平台和推理平台上对模型进行的训练和推理都依赖于运营平台管理的资源。只有用户先在运营平台上进行了资源的申请和配置才能在学习平台和推理平台上进行模型的训练和推理。

2. 学习平台

学习平台是一项提供深度学习功能的平台服务，旨在帮助用户建立深度学习训练流程并提高模型的训练效率。学习平台预置主流机器学习/深度学习框架，为算法研发和模型训练提供多种环境。同时基于 DevOps 理念构建的资源调度平台，可实现从源代码的自动编译、测试、部署、一键发布、监控运维的一站式流程，为 AI 服务的快速发布提供高效支撑。本节主要介绍与学习平台有关的模型推理和部署的功能，这部分功能主要依赖于交互式建模、模型管理和能力发布模块。交互式建模以任务为基本使用单位，在新建任务页面可以选择对应的模型运行镜像，以及对模型的运行资源（比如 GPU、内存等）进行配置。平台内部已经预制了很多模型现成镜像，比如通义千问 14B、ChatGLM2-6B 等，可以根据需要直接在选择镜像处选择需要的镜像环境。如果所需的镜像没有内置，也支持手动添加镜像并上传到学习平台。选择好镜像并配置好其他资源后，即完成了任务的创建和启动。平台支持进入任务的编辑页面，默认会连接到容器环境，此时可以进行与容器的相关操作、上传需要的数据文件、编辑推理和训练脚本、进行模型训练和导出以及制作镜像等。最后将导出的模型和镜像进行关联以生成具体的能力，后续的能力通过发布上线，就能在推理平台上进行部署和暴露服务接口，详情在后续章节会通过一个具体的案例进行介绍。

3.　推理平台

推理平台是一个全面支持 AI 模型部署的强大平台。该平台不仅提供算法模型部署和服务发布的核心功能，而且能够根据 AI 应用系统的实际需求，高效地管理底层资源并进行任务调度。在算法模型部署方面，推理平台不仅支持从学习平台生成的具体能力进行部署，同时还支持用户本地上传模型镜像，并对手动构建能力进行服务部署，这两种部署方式为用户提供了极大的灵活性。同时，平台还具备一键发布的能力，并通过 API 网关接口，为业务提供便捷的 AI 服务。在技术支持方面，推理平台支持 Http、WebSocket、gRPC 等多种协议的高性能网关，满足了不同场景下的技术需求。除了部署功能，推理平台还包含一系列管理模块，如集群管理、镜像管理、部署管理等，这些模块共同协作，确保平台的稳定运行和高效服务。同时，该平台还提供了服务监控和链路跟踪功能，帮助用户实时监控资源使用、服务状态、调用次数等关键信息，快速定位故障。推理平台还非常注重安全性，支持对接入应用的管理，包括应用授权、签名校验、数据加密等安全措施，确保平台的安全稳定运行。在服务管理方面，推理平台支持服务配置及 API 分组管理，实现服务伸缩、流量控制、黑白名单等功能，为用户提供更加灵活、高效的服务管理模式。最后，推理平台还支持海量服务的并行调度和管理，具备弹性扩缩容量的能力，确保平台能够满足不同规模的业务需求。同时，该平台还可实现 AI 能力服务的数据持久化存储，为用户提供更加可靠的服务保障。

4. 对话平台

智能对话平台是一个开放的语义平台，主要面对客服、助手垂直场景，旨在通过语义识别以及知识搜索，实现一问一答、多轮对话以及简单闲聊。通过机器人自动应答，解决用户的问题，减少人工客服的工作量，进而提升应答效率。智能对话平台便于外部系统接入，支持 H5 接入及 API 接口形式接入。H5 页面支持无密接入及加密接入，提供丰富的各项功能，且支持接入大模型，从而提供更泛化的语义理解能力。

5. 大模型部署实战

DeepSeek R1 是一款开源的 AI 语言模型，其强大的性能在科技界引起了广泛关注，甚至已对 GPT-4 等行业巨头构成竞争。

与其他模型不同，DeepSeek R1 支持本地部署，可在个人计算机上运行。这样用户能够更好地掌控模型，保护隐私，同时根据自身需求进行定制和优化。

对于许多用户来说，如何在普通笔记本电脑上运行强大的 AI 模型是个难题。Ollama 的出现，正是为了解决这一问题。Ollama 是专为本地运行大语言模型设计的工具，操作简单，用户即便没有深厚的技术背景，也能轻松上手。

首先，需要在机器上安装并运行 Ollama。前往 Ollama 官网（ollama.com），下载与操作系统匹配的版本。

打开终端或命令提示符，输入以下命令：

```
ollama --version。
```

若出现版本号则表示安装成功，反之，请仔细检查安装步骤是否正确。

Ollama 支持多种模型，包括 DeepSeek R1（15 亿参数）。要下载该模型，可使用以下命令，如图 5.24 所示：

```
ollama pull deepseek-r1:1.5b
```

```
C:\Users\91941>ollama pull deepseek-r1:1.5b
pulling manifest
pulling aabd4debf0c8... 100%                                1.1 GB
pulling 369ca498f347... 100%                                387 B
pulling 6e4c38e1172f... 100%                                1.1 KB
pulling f4d24e9138dd... 100%                                148 B
pulling a85fe2a2e58e... 100%                                487 B
verifying sha256 digest
writing manifest
removing any unused layers
success
```

图 5.24　DeepSeek R1 安装过程

下载完成后，可以通过列出所有可用模型以验证是否下载成功：

```
ollama list
```

要启动 DeepSeek R1 模型，可使用以下命令。运行成功的界面，如图 5.25 所示：

```
ollama run deepseek-r1
```

```
C:\Users\91941>ollama run deepseek-r1:1.5b
>>> hi
<think>

</think>

Hello! How can I assist you today? ☺

>>> hello
<think>
```

图 5.25　DeepSeek R1 运行成功

模型运行起来后，就可以通过提问或输入提示词进行测试。

5.3　大模型分布式训练

5.3.1　大模型分布式训练简介

大型模型分布式训练，简而言之，就是将一个庞大的任务分割成许多小块，然后分配给多个计算设备同时处理。想象一下，如果你是一位厨师，要烹饪一份复杂的大餐，你可能会把不同的食材分配到不同的厨师手中，让他们同时动手，最后再把所有的成品汇总起来。在深度学习中，就是把数据和计算分配给多个 CPU、GPU 或者其他处理单元，让它们同时工作，加速训练过程。这就像一个大团队一起合作，完成了一项庞大的任务，这比单个人或设备独自完成要快得多。

5.3.2　大模型分布式训练的必要性

大型模型的分布式训练至关重要，尤其在需要训练或微调具有大量参数的模型时，传统的单机训练方法已无法满足需求。这就像一个人无法独自完成所有工作，需要团队合作才能完成一样。因此，利用分布式训练能够显著提升大型模型的训练效率和效果。首先，数据量庞大，单个设备难以应对，如同厨师难以独自处理大量食材。通过分布式训练，数据被分割成小批，多个计算节点并行处理，如同团队协作，从而高效地完成任务。其次，分布式训练充分利用集群资源，避免浪费，确保每位成员充分投入工作。此外，分布式训练还可加速训练过程，提升模型性能和容量，类似于团队合作创造出更丰富、更强大的菜品。最重要的是，它使研究人员和开发者能更快速地迭代模型设计和调整超参数，提高研发效率。因此，大型模型的分布式训练是一场团队协作，为解决复杂问题提供有力支持，助力我们更快地探索和创新。

5.3.3　大模型分布式训练并行技术

大型模型分布式训练的核心在于其分布式并行技术，主要包括数据并行和模型并行。数据并行将训练数据分成多个小批次，在不同的计算节点上同时进行处理；而模型并行则将模型的不同部分分配到不同的节点上进行计算。这些分布式并行技术的灵活应用，是实现高效大型模型训练的关键。

1. 数据并行

在数据并行中，训练数据被分成多个小批次，并分配给不同的计算节点进行处理，每个节点都有一份完整的模型副本。它们独立地计算各自批次数据的损失函数和梯度，并通过通信机制将梯度汇总到主节点，进行参数更新。数据并行的优势在于其简单易实现，适用于处理大规模数据集的情况，而且能够显著降低训练时间，尤其在大规模数据集上。然而，数据并行也面临一些挑战，包括参数更新和通信开销、同步问题以及资源利用不均衡等。

如图 5.26 所示，数据被分割成多个部分，每个 GPU 独立运行完整的模型，且各自处理不同的数据片段。因此，每张 GPU 卡均须具备运行完整模型的能力。

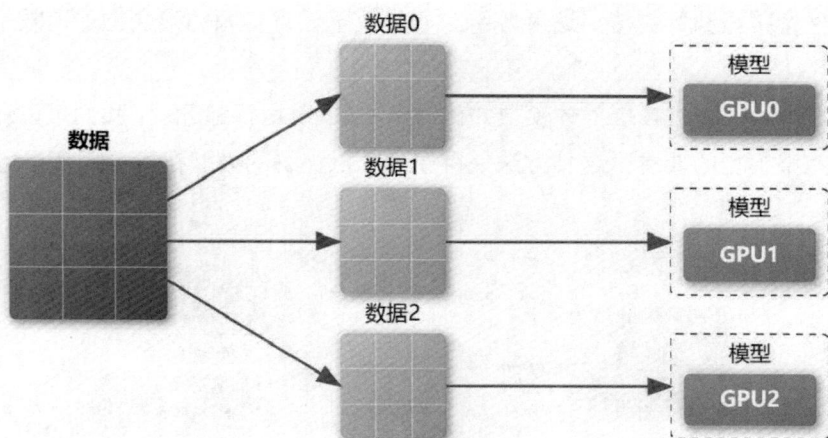

图 5.26　数据并行

2. 模型并行

在模型并行中，模型的不同部分被分配到不同的计算节点进行处理，每个节点负责计算部分模型的输出和梯度，并通过通信机制将部分梯度进行汇总和更新。与数据并行相比，模型并行更适用于处理大型模型的训练，特别适用于模型参数量较大的情况。通过将模型分解成多个部分并分配到不同的节点处理，可以克服单个节点内存或计算能力的限制，从而加速训练过程。然而，模型并行也面临一些挑战。首先，需要设计合适的分割策略和通信机制，以确保模型的一致性和收敛性。其次，节点之间的通信开销和同步问题可能会成为性能瓶颈，特别是在处理大规模模型时。

流水线并行类似于汽车工厂的生产线，每个工人在流水线上负责不同的任务，从而使汽车可以在整个生产过程中顺利地完成。在模型训练中，流水线并行将不同的计算任务分配给不同的计算节点，每个节点负责处理模型训练的不同阶段。例如，一个节点负责前向传播计算，另一个节点负责反向传播计算，而其他节点负责参数更新。每个节点之间通过通信机制协调工作，确保整个训练过程的连贯性和正确性。流水线并行适用于需要连续处理的任务，其中每个阶段都依赖于前一个阶段的结果，可以有效地利用计算资源，提高训练效率。流水线并行训练的一个明显缺点是训练设备容易出现空闲状态，因为后一个阶段需要等待前一个阶段执行完毕。这种等待时间导致了计算资源的浪费，加速效率不如数据并行高。

如图 5.27 所示，通过按层拆分模型并在每个 GPU 上运行部分层，我们可以避免每张显卡必须运行完整模型的要求。这种方法使得原本难以训练的模型在拆分后变得可训练。

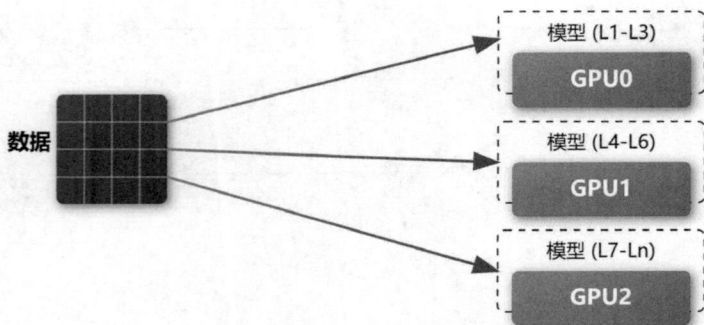

图 5.27　流水线并行

张量并行类似于一家餐馆的工作方式，其中每个工作人员专注于处理不同种类的原材料。例如，一位厨师专门负责准备蔬菜，另一位厨师负责处理肉类，而其他厨师则负责烹饪主菜。在模型训练中，不同的计算节点负责处理模型的不同部分，比如其中一个节点负责处理模型的前半部分，而另一个节点负责处理模型的后半部分。每个节点独立地计算梯度并更新参数，然后将结果汇总到主节点，以完成参数更新。张量并行适用于大型模型的训练，其中模型可以被自然地分解成多个部分进行并行处理。

如图 5.28 所示，这种策略不仅将模型按层拆分，还进一步细分了每层的权重。例如，GPU0 专注于训练 L0 和 L1 的第 0 部分，而 GPU1 则负责 L0 和 L1 的第 1 部分。这种并行处理方式使得训练超大参数模型成为可能。

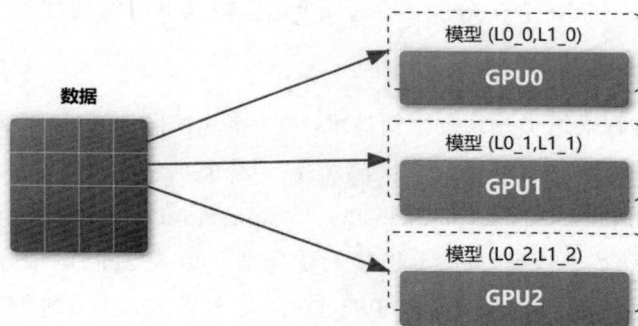

图 5.28　张量并行

张量并行适用于可自然分解为多个部分的模型，流水线并行则适用于需连续处理的任务，每个阶段都依赖前一个结果。这些并行方式可结合使用，如数据并行+流水线并行+张量并行，具体选择需要根据实际情况而定。

5.3.4　如何便捷地进行分布式训练

在没有使用框架进行训练时，进行分布式训练可能会遇到一些困难。为了更方便地实现分布式训练，我们可以利用一些强大的分布式训练框架，比如 Megatron-LM 和 DeepSpeed 等。这些框架提供了丰富的功能和接口，可以帮助我们轻松地实现分布式训练，充分发挥集群中的计算资源。通过这些分布式训练框架，我们能够轻松地搭建分布式训练环境，加速模型训练过程，提高工作效率，为深度学习模型的开发和应用带来更多可能性。相比之下，如果不使用这些框架，我们可能需要手动编写复杂的分布式训练代码，处理节点间的通信和同步，这会增加开发和维护的难度，降低开发效率。因此，使用分布式训练框架可以大大简化分布式训练过程，提高训练效率和开发体验。

1. Megatron-LM 框架

Megatron-LM 框架基于 PyTorch，实现了一种简单高效的层内模型并行方法（TP），通过切分矩阵的形式实现，可以训练具有数十亿参数的 Transformer 模型。其优点在于无需新的编译器或更改库，只需在 PyTorch 中插入几个通信操作即可实现。

2. DeepSpeed 框架

DeepSpeed 框架则采用了一系列创新技术，包括新型内存优化技术 ZeRO-1，极大地推进了大模型训练的进程。后续微软公司又陆续推出 ZeRO-2、ZeRO-3 技术，将这三个阶段称为 ZeRO-DP（zero-powered data parallelism）。除此之外，DeepSpeed 还支持自定义混合精度训练处理、一系列基于快速 CUDA 扩展的优化器，以及 ZeRO-Offload 到 CPU 和磁盘/NVMe 等功能。这两个框架均支持 TP、PP、DP 这三种范式，并且能够支持万亿参数模型的训练，为大模型的训练提供了强大的技术支持。

当然，Megatron-LM、DeepSpeed 也可以结合使用，比如 Megatron-DeepSpeed，这是 NVIDIA 的 Megatron-LM 的 DeepSpeed 版本。

5.3.5 案例分享

接下来通过一个文本分类实战项目，深入浅出地展现分布式训练的操作过程。我们采用简单的数据并行训练方法，以便大家能够快速掌握其核心理念。步骤如下。

（1）安装 DeepSpeed：首先需要安装 DeepSpeed 库，可以通过 pip 安装。

```
pip install deepspeed
```

（2）数据准备：选用一个直观易懂的二分类数据集（酒店评论集）进行情感倾向的判断，数据集第一条如图 5.29 所示。

```
from datasets import load_dataset

dataset = load_dataset("csv", data_files="./ChnSentiCorp_htl_all.csv",
split="train")
dataset = dataset.filter(lambda x: x["input"] is not None)
```

```
dataset['input'][0],dataset['label'][0]
```

✓ 0.0s

('距离川沙公路较近,但是公交指示不对,如果是"蔡陆线"的话,会非常麻烦.建议用别的路线.房间较为简单.', 1)

图 5.29　数据集第一条

（3）加载 BERT tokenizer：加载底模，使用 tokenizer 对文本进行处理，模型需要使用处理后的数据进行训练。

```
tokenizer = BERTTokenizer.from_pretrained('./bert-base-chinese')
```

（4）数据预处理：将原始数据处理为模型所需的格式。

```
def preprocess_data(texts, labels, tokenizer, max_length):
    dataset = []
    for idx in range(len(texts)):
        text = str(texts[idx])
        label = labels[idx]
        encoding = tokenizer(text, padding='max_length', truncation=True,
        max_length=max_length, return_tensors='pt')
        data_point = {
            'input_ids': encoding['input_ids'].flatten(),
            'attention_mask': encoding['attention_mask'].flatten(),
            'labels': torch.tensor(label, dtype=torch.long)
        }
        dataset.append(data_point)
    return dataset
```

预处理后的数据样本，如图 5.30 所示：

```
Input IDs: tensor([[ 101, 6983, 2421, ...,    0,    0,    0],
          [ 101, 6983, 2421, ..., 3918, 1915,  102],
          [ 101, 2791, 7313, ...,  102,    0,    0],
          ...,
          [ 101,  671, 1057, ...,    0,    0,    0],
          [ 101, 5018,  671, ...,    0,    0,    0],
          [ 101, 2523, 5653, ..., 1168, 6983,  102]], device='cuda:0')
Attention Mask: tensor([[1, 1, 1,  ..., 0, 0, 0],
          [1, 1, 1,  ..., 1, 1, 1],
          [1, 1, 1,  ..., 1, 0, 0],
          ...,
          [1, 1, 1,  ..., 0, 0, 0],
          [1, 1, 1,  ..., 0, 0, 0],
          [1, 1, 1,  ..., 1, 1, 1]], device='cuda:0')
Labels: tensor([1, 1, 1, 0, 1, 1, 1, 1, 1, 1, 0, 1, 0, 1, 1, 1], device='cuda:0')
```

图 5.30　预处理之后的数据样本

（5）模型初始化如下所示。

```
# 初始化 BERT 模型
model = BERTForSequenceClassification.from_pretrained('./bert-base-chinese',
num_labels=2)

# 定义优化器和损失函数
optimizer = AdamW(model.parameters(), lr=2e-5)
loss_fn = torch.nn.CrossEntropyLoss()
```

（6）配置 DeepSpeed：核心配置如下所示。

● train_batch_size：每次训练模型时处理的数据量。它决定了每个训练步骤中模型"看"到的样本数量。

● gradient_accumulation_steps：梯度更新需要达到的训练步数。它决定了在执行一次模型参数更新之前梯度会被累积多少次。这对于减少内存占用和加速训练特别有用。

● zero_optimization：优化级别，数值越大，优化级别越高。通过将优化器状态、梯度和模型参数分片，减少了内存占用和通信开销，从而实现更高效的训练。该配置启用了 ZeRO-2 的第二阶段优化。

```
{
   "train_batch_size": 128,
```

```
  "gradient_accumulation_steps": 1,
  "optimizer": {
    "type": "Adam",
    "params": {
      "lr": 0.00015
    }
  },
  "zero_optimization": {
    "stage": 2
  }
}
```

（7）集成到训练脚本：在初始化过程中，DeepSpeed 会根据配置文件中的参数对模型和优化器进行修改，以适应训练需求。

```
model, optimizer, _, _ = deepspeed.initialize(model, optimizer, training_
data=dataloader, lr_scheduler=None,config='ds_config.json')

# 训练循环
for epoch in range(3):    # 根据需要调整 epoch 数量
    model.train()
    total_loss = 0
    for batch_idx, batch in enumerate(dataloader):
        input_ids = batch['input_ids'].to(device)
        attention_mask = batch['attention_mask'].to(device)
        labels = batch['labels'].to(device)

        optimizer.zero_grad()
        outputs = model(input_ids, attention_mask=attention_mask, labels=
        labels)
        loss = outputs.loss
        logits = outputs.logits
        loss.backward()
```

```
        optimizer.step()

        total_loss += loss.item()

    avg_loss = total_loss / len(dataloader)
    print(f'第 {epoch+1}/3 轮，平均损失：{avg_loss}')
```

（8）保存模型：在训练完成后，保存训练好的模型参数，训练结果如图 5.31 所示。

```
# 保存训练好的模型
logger.info("Saving trained model...")
model.save_pretrained('my_bert')
```

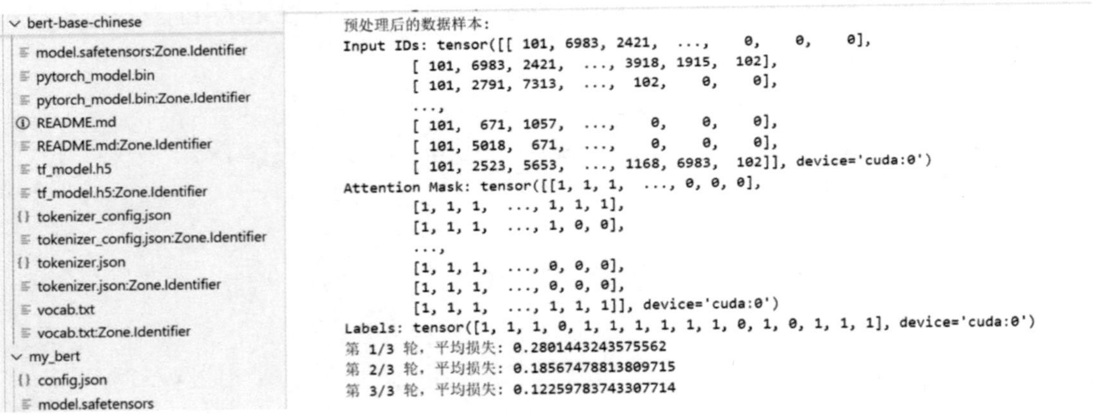

图 5.31　训练结果

通过以上步骤，你就可以使用 DeepSpeed 库进行训练，同时充分利用多个 GPU 或多个节点的计算资源，从而加速模型训练过程，缩短训练时间。

6 chapter

第6章
AI 智能体和大模型未来发展

6.1 智能体入门

智能体（Agent）是一个有着悠久历史的概念，我们不妨从哲学启迪的角度追溯其起源，探究"智能体"这一概念在时代发展及不同领域的渗透中，产生了什么样的变化。

关于智能体的最早起源，可以追溯到公元前 350 年左右的亚里士多德（Aristotle）时期，哲学家在哲学作品中描述的拥有欲望、信念、意图和行动能力的实体，在计算机科学兴起后，它转变为使计算机能够理解用户的想法并代表他们自主执行操作的"智能体"。

中国的哲学家同样有关于智能体的描述。春秋战国时期，老子在《道德经》中描述的"道生一，一生二，二生三，三生万物"与智能体如"道"一般自身演化、生生不息的特征不谋而合；庄子在"庄周梦蝶"中不知自己是庄子还是蝴蝶，放在当今的语境下，这梦便是包含着"蝴蝶"等生成智能体的"元宇宙"之梦。人类对于工具的极致追求，同样蕴含着智能体的思想，春秋战国时期鲁班打造的能飞三天三夜的"木鹊"与墨家的机关城，三国时期的木牛流马和指南车，唐代"酌酒行觞"的木人"女招待"，以及明朝帮人们"干活"的多种"机关转捩"木头人，都是当代智能体的雏形。

18 世纪，法国思想启蒙运动哲学家丹尼斯·狄德罗（Denis Diderot）曾说，"如果有只鹦鹉能回答任何问题，我将毫不犹豫地宣称它是智慧的（intelligent）。"这里的鹦鹉当然不仅指一种鸟类，狄德罗表达的是一个深刻的概念，即高度智能的有机体可以有着类似于人类的智能。

时间来到 1950 年，英国数学家、逻辑学家、密码学家阿兰·图灵（Alan Turing）将"高度智能的有机体"概念扩展到人造实体，并提出了著名的图灵测试：在一个封闭的对话环境中，一个人类评判员与两个对话对象进行交互：一个是人类，另一个是机器。评判员的任务是通过对话判断哪一个是人类，哪一个是机器。如果评判员不能确定哪一个是机器，那么机器就通过了图灵测试，即表现出了人类水平的智能。这个测试是人工智能的基石，旨在探索机器是否可以显示与人类相当的智能行为。这些人工智能系统的基本构建块称为"Agent"，即能够使用传感器感知其周围环境、做出决策、然后使用制动器采取响应行动的人工智能实体。

随着人工智能的发展，术语"Agent"在人工智能研究中找到了自己的位置，它被用来描述显示智能行为，并具有自主性、反应性、主动性和社交能力等素质的实体。此后，Agent 的探索和技术进步成为人工智能领域的焦点。

1995 年，伍德里奇（Michael Wooldridge）和詹宁（Nicholas R. Jennings）在论文 *Intelligent Agents: Theory and Practice* 中将 AI 智能体定义为一个计算机系统：它位于某个环境中，能够在这个环境中自主行动，以实现其设计目标。他们还提出 AI Agent 应具有自主性、反应性、社会能力与主动性等 4 个基本属性。

随着时间的推移，AI Agent 逐渐在多个学科与领域中得到了广泛认可与接纳。它的定义也随之深化，被进一步阐释为具备感知其环境并采取行动，以最大限度地提高成功机会的系统。在这一更为丰富的定义下，我们可以观察到 AI Agent 在各种领域的多样的实际应用。

机器人流程自动化（robotic process automation，RPA）是一种典型的 AI Agent。RPA 系统能够模拟人类在计算机上执行的一系列操作，如数据输入、文件处理、网页交互等，从而自动化完成烦琐且重复的任务。同时，AI Agent 也已渗透到我们生活的各个角落，如智能客服系统、智能作业辅导、智能家居助手（百度的小度、小米的小爱同学）等。随着技术的不断进步和应用场景的不断拓展，AI Agent 将在更多领域展现其强大的潜力和价值。

伴随着 AI 技术的发展，到 2000 年左右，Agent 已经衍生出不少种类。根据其感知的智能和能力程度的不同，罗素、诺维格在《人工智能：现代方法》一书中将 AI Agent 分为5 类。

为了更好地阐述 5 类智能体的特征，我们将在以下的介绍中使用同一个例子。假设我们有一个智能出租车系统，它的任务是安全地将乘客送抵目的地，它不断演化，变得更加"智能"。

- 简单反射智能体：反射智能体是最简单的智能体，它只能了解当前感知（如智能出租车根据交通状况、交通信号灯等做出决策），而完全忽略历史感知。反射智能体使用"条件-行动规则"：如果某种条件成立，则采取某种行动。例如：如果交通灯为红色，则出租车停车等待；如果前方车辆密集，则出租车减速慢行。

- 基于模型的智能体：基于模型的智能体会维持某种取决于感知历史的内部模型，从而反映无法从当前状态观察到的情况。这种关于"世界如何运作"的知识被称为世界模型。例如，智能出租车系统会维护一个关于城市交通规律的世界模型，用于预测绿灯持续时间或交通拥堵等。这些信息与当前感知共同作为条件，并进入"条件-行动规则"，来共同确定出租车下一步的动作。

- 基于目标的智能体：智能体需要目标信息描述期望的情况。此时的智能出租车不仅考虑当前交通状况，还考虑乘客的目的地。例如，在路口，出租车可以左转、右转或直行。正确的决定取决于出租车想要到达的地方

- 基于实际应用程序的智能体：基于实际应用的智能不仅考虑目标是否实现，同时考虑智能体的"幸福感"，即在达到目标的多种实现方式中选择最优的一个。例如，在有多种路线可以抵达目的地的情况下，智能出租车要结合路线长度、交通状况、红绿灯数量选择可以在最短时间内抵达的路线。

- 学习型智能体：具有从过去的经验中学习的能力，并根据学习能力采取行动或做出决定。智能出租车系统可以从过去的行驶经验中学习，并根据这些经验改进决策。例如，智能出租车如果发现某条路段经常拥堵，就可以通过学习，避开这个路段，选择更快的替代路线。

在大模型出现之前，智能体的实现主要依赖强化学习，然而，强化学习智能体在实际应用中面临着一些局限性和挑战。

- 样本效率低。基于强化学习的智能体通常必须与环境进行多次交互才能学习有效的策略。然而，如果去观看它的训练的过程，会发现智能体会探索很多明显不可能的方向，例如，在赛车类游戏中尝试转圈或者倒车。因此，强化学习中产生的很多样本实际上是无效的。这使得强化学习在某些应用场景中可能会带来计算成本过高的问题。

- 奖励函数设计困难。在许多任务中，我们往往难以设计出一个合理的奖励函数。通常情况下，我们只能通过最终结果对 AI 进行奖励或惩罚。然而，如果 AI 需要完成一系列较长的操作序列才能获得最终结果，即使这些动作有好有坏，它们也会根据最终结果受到相同的评价。这可能导致智能体无法有效地学习。

- 学习过程不稳定。在强化学习中，平衡问题、奖励设计问题、超参数设置不合理等都可能导致学习过程的不稳定，使得智能体性能出现剧烈波动或无法收敛到理想状态。这个问题在强化学习智能体处理非稳态环境时更加严重。

基于强化学习的智能体倾向于在其训练的特定任务上专门化，并且可能无法有效地泛化到新的任务或环境中。这意味着针对每个新问题，需要从头开始训练一个新的智能体。目前一些研究人员尝试利用迁移学习应对这一问题，然而当源任务和目标任务之间存在显著差异时，迁移学习的有效性可能达不到预期效果，并且可能存在负迁移。目前泛化能力的限制依旧是强化学习智能体面临的一个严峻挑战。

近期，随着大语言模型不断汲取海量的语料知识，其在实现人类水平智能方面展现出了令人瞩目的潜力，从而引发了围绕基于 LLM 的智能体的研究热潮。

这些智能体以 LLM 作为核心大脑或控制器，通过结合多模态感知和工具利用等策略，大幅扩展了其感知和行动能力。凭借思想链（CoT）和问题分解等技术，它们展现出卓越的推理和规划能力。同时，通过从反馈中学习并执行新动作，这些智能体能够与环境进行高效交互。值得一提的是，依靠大语言模型通过大规模语料预训练获得的少样本和零样本泛化能力，基于 LLM 的智能体可以实现任务之间的无缝转移，而无须更新参数。

基于 LLM 的智能体已经在社会科学、自然科学和工程等多个领域获得应用，并可有效地完成各种复杂任务。

6.2　基于大模型的智能体

基于 LLM 的智能体可以分为两种类型：单智能体与多智能体。它们在应用领域、记忆和重新考虑机制、数据要求、模式和工具集等方面都存在着显著差异。在本节中，我们将分别介绍这两种智能体系统。

6.2.1　单智能体

基于大模型的智能体结构通常包含三个核心组成部分：控制模块、感知模块和行动模块（如图 2.1 所示）。

- 控制模块，作为智能体的核心，由大语言模型主导，承担着记忆存储、信息处理、思维运算、决策制订等关键任务。
- 感知模块的核心目的则是拓宽智能体的感知空间，不再局限于纯文本领域，而是扩大至包括文本、听觉和视觉模态的多模态领域。这一扩展使得智能体能够更全面、更有效地捕捉和利用周围环境的信息，从而做出更准确的判断和决策。
- 行动模块则是智能体与外界环境交互的桥梁，它赋予智能体具身行动能力、工具使用能力，使其能够更好地适应环境变化，通过反馈与环境交互，甚至能够影响和塑造环境。

我们可以用一个具体例子更直观地了解智能体是怎么工作的，如图 6.1 所示。

假设人类向智能体询问客厅的电视遥控器在哪里。

感知模块接收到这一指令，结合感知到的信息，例如客厅摄像头捕捉的实时画面、听觉模块识别到的遥控器可能发出的声音等，构建起多模态的感知空间。

随后，控制模块分析感知模块提供的信息，结合先前的记忆和学习到的知识，进行推理和判断。如果大脑模块确定遥控器的位置，它会向行动模块发出指令。

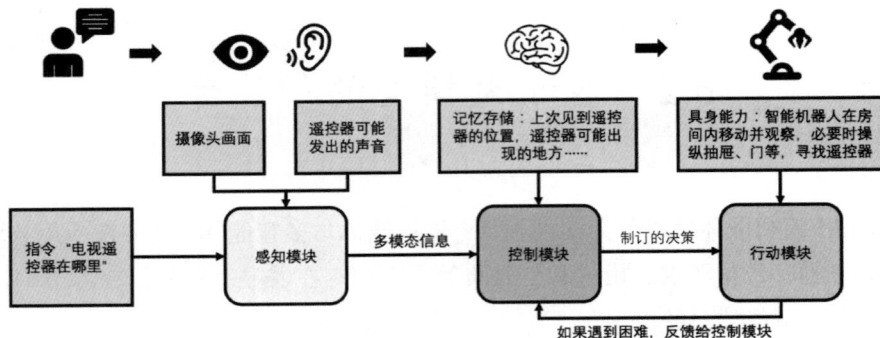

图 6.1　人类向智能体询问客厅的电视遥控器在哪里

行动模块接收到指令后，操控客厅内的机器人或智能家居设备，使它们移动到遥控器的位置，并将其取回。

如果行动模块在执行过程中遇到任何困难，如无法找到遥控器或遇到障碍物，它会将这些信息反馈给控制模块，以便制订进一步的决策和调整。

通过重复上述过程，智能体可以不断优化自己的感知和行动能力，适应复杂多变的环境，并为人类提供更加便捷和高效的服务。

基于大模型的智能体结构如图 6.2 所示。

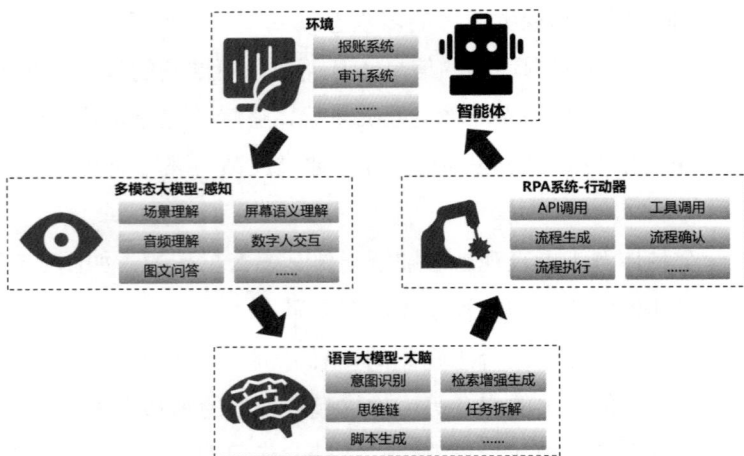

图 6.2　基于大模型的智能体结构示意图

1．控制模块

控制模块作为智能体的核心模块，相当于人类的大脑，能够处理不同的信息、产生不同的思想、控制不同的行为。控制模块主要由大语言模型构成，我们将它的能力总结归纳为 5 个部分：自然语言交互、知识、记忆、推理与规划、迁移性和泛化性。接下来逐一介绍这 5 大能力。

语言作为沟通的媒介，承载着丰富的信息。以大语言模型为核心的智能体，在自然语言交互方面展现出卓越的能力，主要体现在三个方面：首先，智能体具备出色的多轮交互对话能力，使得智能体可以与人类进行自然而流畅的沟通，结合上下文的信息，准确理解人类指令，并做出恰当决策；此外，智能体还具备强大的意图理解能力，它不仅能够理解表面上的文字表达，更能深入挖掘背后隐藏着的说话者的信念、欲望和意图，从而准确把握人类的意图，增进人类对智能体的信任；最后，智能体还具备高质量的文本生成能力，如多语言能力，确保人类能够轻松理解智能体的意图和回应，进而促进双方的无障碍交互。

大语言模型，如 GPT 系列、LLaMa 系列和 T5 系列，具有强大的上下文感知能力，模型能够根据对话历史和上下文进行推断和回应，从而保持对话的连贯性和一致性。这一能力可以帮助智能体更好地理解和处理各种问题。然而，即使是人类也不能保证无歧义地进行对话，与传统的文本理解任务相比，多轮对话面临着更多挑战。首先，多轮对话的互动性强，涉及多个发言者，缺乏连续性；其次，多轮对话可能涉及多个主题，对话的信息也可能是冗余的，使得文本结构更加复杂。

一般来说，多轮交互对话主要分为三个步骤：了解自然语言对话的历史，决定采取什么行动，以及生成自然语言响应。

- 意图识别。对于智能体来说，理解隐含意义对于与人类的沟通，与其他智能体间的合作都至关重要。大语言模型展现了强大的理解人类意图的潜力，但当涉及模糊的指令或其他含义时，依然存在重大挑战。
- 高质量文本生成。大语言模型目前已经具备了出色的能力，能够持续生成多语言的高质量文本内容，生成内容的连贯性和准确性也在稳步增强。在评估对话质量的关键指标中，如语法错误检查、内容相关性和适当性等，大语言模型均展现出了令人满意的性能。更重要的是，这些生成的内容并非简单地复制训练语料，而是在有效响应人类提示的同时，展现出一定的创造性。

研究人员曾采用替代用途任务（alternative uses task，AUT）测试评估大语言模型的创造性。这一方法要求参与者发掘日常物品的更多使用方式，以评估其创造力。测试使用生成答案与输入的语义距离作为创造力的评判，结果表明，GPT-3.5 与 GPT-4 的创造力语义距离分数可以匹敌甚至超越人类表现。

我们给出了一个例子，如表 6.1 所示，你是否能区分人类和 AI 的回答呢？

表 6.1　易拉罐的替代用途

人　　类	GPT-4
as a mirror 镜子	miniature drum set 迷你鼓套装
to create toys 制作玩具	quirky plant pot 古怪的植物盆
as art 艺术品	impromptu cookie cutter 临时的饼干切割器
as a reminder of Andy Warhol 安迪·沃霍尔风格的产品	homemade camp stove 自制露营炉
as a key ring with the clip from the can 用罐子的夹子当钥匙圈	whimsical wind chimes 异想天开的风铃
as jewelry 饰品	miniature herb garden 微型植物园

2. 知识

基于海量语料训练的大语言模型具有存储大量知识的能力，除了语言知识之外，常识性知识和专业领域知识也是 LLM 智能体的重要组成部分。

- 语言知识：语言知识包括语法、词法、句法语义和语用学，只有拥有语言知识，智能体才能理解句子并进行对话。

- 常识性知识：常识性知识是指那些我们通常在年幼时就被传授的、关于世界普遍事实的基础知识。举例来说，人们都知道药物是用来治病的，雨伞是用来防雨的，这类信息通常不会在上下文中明确提及。因此，缺乏相应常识性知识的智能体可能无法理解语义，甚至做出错误决策，例如下雨时不带雨伞。

- 专业领域知识：专业领域知识，即指针对某一特定领域所必需的知识储备，如编程、数学、医学等。对于智能体而言，拥有专业领域知识，对于高效解决特定领域内的问题至关重要。例如，如果一个智能体被设计用于执行编程任务，那么它必须掌握编程知识，如代码的结构和语法规则。同理，如果智能体被用于医学诊断，那么它应当具备医学领域的专业知识，如疾病的名称、症状以及相应的治疗方案和药物名称。

3. 记忆

智能体的大脑中的"记忆"功能扮演着关键角色，它不仅负责存储智能体过去的观察、思考以及行动序列，还在处理复杂、连续的任务时提供必要的支持。记忆机制使智能体能够回顾先前的策略，借鉴过去的经验应对陌生的环境。

在电影《记忆碎片》中，主角因患上失忆症而生活在一片混沌之中，每个醒来的瞬间都伴随着对过去的遗忘，这使得他不得不依赖零碎的记忆碎片拼凑出真相。类似地，智能体记忆机制的实现面临着同样的挑战。

第一个挑战是记忆的长度限制，它源自大语言模型依赖的 Transformer 架构对输入长度的限制。智能体以自然语言格式处理历史交互信息，并将这些记录附加到每个后续输入中。当记录的长度超过限制时，系统不截断部分内容，这可能导致重要信息的丢失。第二个挑战是提取相关记忆的困难。随着智能体积累的历史观察、思考以及行动序列不断增加，记忆负担也随之加重。在大量的记忆中筛选出与当前情境相关的内容变得愈发困难，这增加了在相关主题之间建立联系的难度。这种情况可能导致智能体的响应与上下文不一致，从而影响其性能。

为了应对上述两大挑战，研究人员提出了多种增强记忆能力的方法和记忆检索方法，以期提升智能体在复杂环境中的表现和适应性。

增强记忆能力的方法介绍如下。

- 提高 Transformer 的长度限制：Transformer 的固有长度限制了基于大模型的智能体的记忆长度。随着序列长度的增加，由于自注意力机制中成对 token 的计算，计算需求呈平方级增长。对此，可以采取文本截断、分段输入、强调文本关键点、修改注意力机制等方法缓解这一问题。

- 用向量或数据结构压缩记忆：采用适当的数据结构压缩记忆是一种有效的策略，目前主流的方法包括：利用嵌入向量存储记忆、计划或对话历史，或者将句子转化为三元组形式进行存储。这些方法提高了智能体的记忆检索效率，促进了智能体对互动的及时响应。

记忆检索方法介绍如下。

记忆检索能力至关重要，它确保智能体能够访问最相关和准确的信息。记忆自动检索方法主要考虑三个指标：最近性、相关性和重要性。记忆得分由这些指标的加权组合确定，得分最高的记忆在模型上下文中被优先考虑。

4. 推理与规划

推理能力是智能体进行分析、决策的基石，对于解决复杂任务起着至关重要的作用。目前学术界对于开发大语言模型的推理能力提出了多种不同的看法与策略，其中最具代表性的是思维链（chain-of-thought，CoT）方法，通过指导 LLM 在输出答案之前生成基本原理来激发大语言模型的推理能力。此外，还有自一致性（self-consistency）、自我完善（self-refine）、选择推理（selection-inference）等。

思维链通过特定的提示词，让大语言模型将复杂问题分解为子问题，并依次进行求解。许多研究已经证明，CoT 可以显著提升大模型的性能。下面我们通过一个"硬币翻转"问题，来看思维链是如何帮助 GPT-3.5 得出正确答案的。

直接推理：此时大模型给出了错误的答案，如图 6.3 所示。

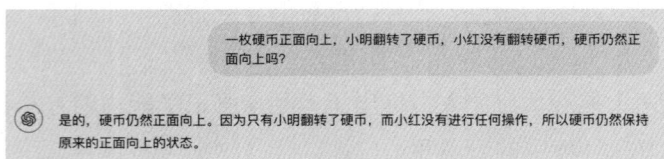

图 6.3　直接推理

思维链（零样本）：我们在提示词中简单地加入"让我们一步步思考"，就可以激发大模型强大的推理能力，如图 6.4 所示。

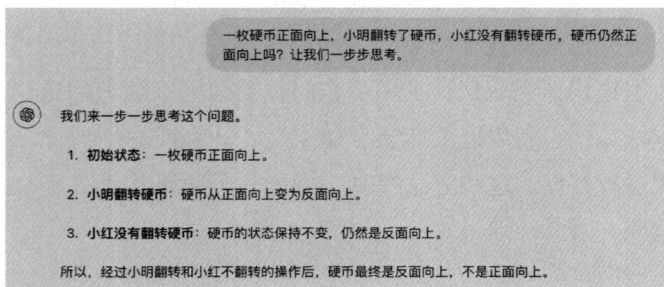

图 6.4　思维链（零样本）

思维链（少样本）：在提出问题前，我们给出一个或几个例子，并在示例回答中给出推理过程。大模型可以依照示例答案，逐步进行推理。众多工作表明，给出少量样本后进行提问，大模型犯错的概率将显著降低，如图 6.5 所示。

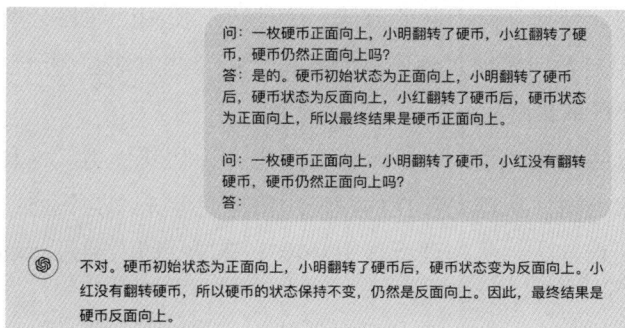

图 6.5　思维链（少样本）

在智能体中，思维链方法可以分解任务，逐步进行计划与决策，以增强智能体解决问题的可靠性。例如，对于一个"将枕头放到沙发上"的任务，大语言模型根据感知获得的信息，利用自身的推理能力，将任务拆分为 4 个子任务，并给出任务的执行方式（如检查抽屉、架子、橱柜和保险箱以找到枕头的位置），如图 6.6 所示。

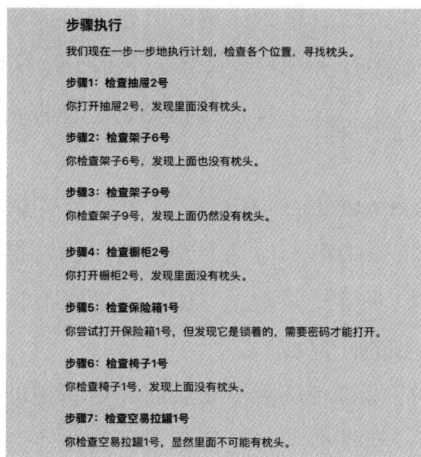

图 6.6　思维链方法分解任务

规划是面对复杂挑战时的常用策略。它帮助智能体组织思维、设定目标并确定实现这些目标的步骤。在具体实现中，规划可以包含以下两个步骤。

计划制订：智能体将复杂任务分解成更易于管理的子任务，并且在此阶段提出不同的实现方案。智能体的计划制订有不同的方法，一些方法使用一次性分解再按顺序执行的方案，而 CoT 系列采用自适应策略，逐步规划并执行；一些方法强调分层规划，而另一些方法则采用多路规划并选取最优路径。

计划反思：智能体完成计划制订后，需要反思并评估其优劣。这种反思一般来自三个方面：借助内部反馈机制，从预先存在的模型中汲取见解来增强策略；与人类互动，并吸收人类的反馈融入规划方法；从物理或虚拟环境中获得反馈，通过行动后的观察修改和完善计划。

5. 迁移性和泛化性

利用 LLM 丰富的知识库和强大的迁移与泛化能力，智能体应当超越特定领域或任务的限制，展现出灵活的动态学习能力，以增强其通用性。经过微调后，智能体可以快速推广到新的任务。

- 对未知任务的泛化：随着模型规模与训练数据的增大，大语言模型在解决未知任务上表现出了惊人的潜力。通过指令微调的大模型，在数学、医学、法律、对人类动机和情感的理解等多领域任务上，都取得了不亚于专家模型的成绩。一些研究指出，通过不断增加模型的大小以及丰富训练指令的多样性，这种零样本泛化能力有望得到进一步的增强。
- 上下文学习（in-context learning，ICL）：大模型具有从上下文的少量示例中进行类比学习的能力。通过将原始输入与几个完整的示例连接起来，作为丰富上下文的提示，大模型的性能可以获得显著增强。ICL 的过程不涉及微调或参数更新，大大降低了模型迁移到新任务的计算成本。
- 持续学习：智能体的持续学习是指不断获取和更新技能的过程。持续学习的一个核心挑战是灾难性遗忘：当模型学习新任务时，它往往会丢失以前任务中的知识。专有领域的智能体应当尽量避免丢失通用领域的知识。目前主要有三种方式应对这一

258

挑战：引入先前模型的常用术语、近似先验数据分布、设计具有任务自适应参数的
架构。

6. 感知模块

人类通过多模态的方式感知世界，同样，对于 LLM 智能体来说，接收各种来源、形式
的信息至关重要。除了大语言模型自有的文本感知能力外，多模态的感知可以帮助智能体
更深入地认知环境，从而做出更为明智的决策。

视觉输入通常包含有关世界的大量信息，包括对象的属性、空间关系、场景布局等智
能体周围的信息。然而，大语言模型本身并不具备视觉的感知能力，常见的处理视觉的方
法有以下几种：

- 图像字幕（image captioning）：这种方法为图像输入生成相应的文本描述，并直接与
  文本指令链接，输入到智能体中。这种方法的优势是具有高度可解释性，并且由于
  不需要额外的训练，可以节省大量计算资源。然而，字幕生成的过程中可能会丢失
  很多潜在的信息。
- 视觉编码器：采用 Transformer 对视觉信息进行压缩编码，其中最具代表性的方法
  是 ViT/VQVAE。通过将图像划分为固定大小的块作为 Transformer 的输入，计算它
  们之间的自注意力，这种方法可以整合整个图像的信息，高效感知视觉信息。

听觉也是人类感知中的重要组成部分。借助大语言模型优秀的工具调用能力，智能体
可以通过级联的方式调用现有的音频处理工具集，从而感知音频信息。例如，AudioGPT 利
用 FastSpeech、GenerSpeech、Whisper 等模型，在文本转语音、风格迁移、语音识别等任务
中取得了优异的结果。

现实世界中的信息远不止文本、视觉和听觉。触觉、嗅觉等感知能力也可以帮助智能
体获得物体更丰富的属性；对环境的温度、湿度和明暗程度的感知可以帮助它们做出更符
合环境的决策；采用激光雷达、GPS、惯性测量单元等感知模块可以帮助智能体做出更高效
的行动。

7. 行动模块

智能体的行动模块赋予它响应、适应乃至改造环境的能力，使得智能体可以像人类一

样执行多种多样的行动。该模块接收来自控制模块的指令序列,并据此执行相应的动作,从而与环境进行有效的交互。

除了大语言模型所固有的文本输出能力外,智能体还具备使用工具和进行具身行动的能力。这些能力不仅提升了智能体的功能多样性和专业性,更为其在物理世界中扎根提供了坚实的基础。通过这些能力,智能体能够更好地适应各种复杂环境,并有效地完成各种任务。

工具是工具使用者能力的延伸,使用工具可以帮助智能体突破大语言模型的局限性,更高效地完成复杂任务,并提供更高质量的结果。幻觉、可解释性、健壮性等问题一直是基于大语言模型的智能体面临的挑战。尽管具有强大的知识储备和专业能力,但上下文提示的影响,以及专业领域的知识缺乏,都会导致智能体产生错误的幻觉知识。此外,由于决策过程的未知性,智能体在医疗等高风险领域的信任度较低。并且,智能体对轻微输入修改的健壮性不足也限制了其应用。而应用工具则可以很好地解决这些问题。

- 工具理解:智能体可以利用大语言模型强大的零样本和少样本学习能力,通过两种方式理解工具:一是利用零样本提示,它们描述了工具功能和参数;二是借助少样本提示,它们提供了特定工具的使用场景和相应的方法演示。

- 工具学习:目前,主要的工具学习方法包括从演示中学习和从反馈中学习。智能体模仿人类专家的行为,并根据环境和人类的反馈进行调整。此外,也可以通过元学习、课程学习等方式让智能体在使用各种工具方面具备泛化能力,帮助智能体理解简单工具和复杂工具之间的关系,快速将已有知识转移到新工具中。

- 工具制造:现有的工具通常是为了人类的使用而设计的,智能体需要更加模块化,并且具有合适的输入/输出格式的工具。基于大模型的智能体可以通过生成可执行程序,或集成现有工具"自给自足"地制造工具,从而提高其自主性和独立性。

工具可以扩展智能体的行动空间。在工具的帮助下,智能体可以在推理和规划阶段利用各种外部资源,获得具有专业性、可靠性、多样性的高质量信息。例如,基于搜索的工具可以借助外部数据库、知识图和网页提高智能体可访问的知识的范围和质量,而特定领域的工具可以增强智能体在相应领域的专业知识。

另外,非文本输出的工具可以使智能体动作的方式多样化,从而扩展基于 LLM 的智能体的应用场景。例如，通过调用语音生成、图像生成等专家模型获得多模态的行动方式。因此，如何让智能体成为优秀的工具使用者，即学会如何有效地利用工具，是非常重要且有前景的方向。

具身行动是指智能体主动感知、理解物理环境、在与之互动的过程中改造环境并更新自身状态的能力。具身行动是虚拟智能与物理现实的互通桥梁，使智能体能够以与人类相似的方式与世界互动，并理解世界。

根据智能体在任务中的自主程度，或者说动作的复杂程度，LLM 智能体有三种原子行动：观察、操纵和导航。

- 观察（observation）：观察是智能体获取环境信息和更新状态的主要方式，对于提高后续具体行动的效率起着至关重要的作用。具身智能体观察环境的各种输入，通过视觉 Transformer（ViT）、音频嵌入式编码等方式，汇聚成多模态信号。观察可以帮助智能体在环境中定位自身位置、感知对象物品和获取其他环境信息。

- 操纵（manipulation）：具身智能体的操作任务通常包括对象的重新排列、桌面操作和移动操作。例如，厨房智能体需要完成从抽屉中取出物品并将其交给用户、清洁桌面等任务。

- 导航（navigation）：智能体根据任务目标变换自身位置并根据环境信息更新自身状态。导航任务通常涉及多角度和多对象观察，以及基于当前探索的长视野操纵。在导航之前，实体主体必须先建立关于外部环境的内部地图，这些地图通常采用拓扑图、语义图或占用图的形式。导航通常是一项长期任务，智能体即将到来的状态受到其过去行为的影响，需要内存缓冲区和摘要机制作为历史信息的参考。

通过组合这些原子行动，智能体可以完成更为复杂的任务。以“厨房第二层抽屉里有什么”这一问题为例，智能体需要精确地“导航”至厨房的准确位置，利用自身的“操纵”能力打开抽屉，并在“观察”其中放置的物品后，才能给出确切的回答。在这一过程中，智能体巧妙地融合了“观察”“操纵”和“导航”这三类原子行动，以应对这一复杂问题的挑战。

受限于物理世界硬件的高成本和具身数据集缺乏等问题，目前具身行动的研究仍主要集中于游戏平台等虚拟沙盒环境中。因此，一方面人们期待有一种更贴近现实的任务范式和评价标准，另一方面，也需要大家在高效构建相关数据集上面有更多的探索。

当前，具身智能的研究已经取得了令人瞩目的成果。Google DeepMind 发布的机器人模型 RT-2（robotic transformer 2），可以对机器人数据中从未见过的物体或场景执行操作任务；Meta 公司推出的 ASC（自适应性技能协调）方法在现实环境中涉及机器人移动和操纵的复杂任务中取得了 98%的成功率。

2023 世界机器人大会上，2000 年图灵奖获得者、中国科学院院士、清华大学交叉信息研究院院长姚期智在谈及机器人发展时表示：未来的 AGI 需要有具身的实体，同真实的物理世界相交互完成各种任务，这样才能给产业带来真正更大的价值。

6.2.2　多智能体系统

尽管基于大模型的单智能体在文本理解和生成方面表现出色，但它们仍然像是自然界中的孤岛，各自为战。这些智能体缺乏与其他智能体协同合作并从社交互动中汲取知识的能力。这种固有的局限性制约了它们从多轮人际反馈中学习和提升性能的潜力。此外，在需要多个智能体协作和信息共享的复杂场景中，它们的应用效果也大打折扣。早在 1986 年，马文·明斯基就在其著作《心智的社会》中提出了前瞻性的预测。他引入了一种新的智能理论，认为智能源自众多具有特定功能的较小智能体之间的相互作用。例如，某些智能体可能专长于模式识别，而其他智能体则可能擅长决策或生成解决方案。随着分布式人工智能的兴起，这一理念已经转化为实际行动。

多智能体系统（MAS）作为研究的重点领域之一，专注于探索如何有效地协调和整合一组智能体以共同解决问题。早期的一些专用通信语言，如 KQML，被设计用于支持智能体之间的消息传递和知识共享。然而，这些语言的消息格式较为固定，语义表达能力也相对有限。21 世纪以来，将强化学习算法（如 Q 学习）与深度学习相结合，已成为开发能在复杂环境中运行 MAS 的突出技术。如今，基于大模型的 MAS 构建方法开始展现出显著的潜力。智能体之间的自然语言通信变得更加优雅、易于人类理解，从而极大地提高了交互效率。

具体来说，基于 LLM 的多智能体系统展现出多重优势。正如唐纳德•克努斯所阐述的，"任何大型项目的成功都依赖于有效的分工。通过将复杂问题分解成可管理的任务，我们可以利用专业技能，实现更高的效率"。遵循这一分工原则，具备专业技能和领域知识的单个智能体能够专注于特定任务。一方面，通过细化分工，智能体在处理特定任务时的技能得到不断提升。另一方面，将复杂任务拆解为若干子任务，有助于减少不同进程间切换所需的时间。最终，多个智能体之间的有效分工能够完成比无专业化时更大的工作量，从而显著提升整个系统的效率和输出质量。

在本节中，我们首先梳理多智能体存在的关系类型，接下来对多智能体系统的规划类型进行介绍。

1. 多智能体关系类型

协作多智能体系统在实际应用中是最受欢迎的模式。在这样的系统里，各个智能体均能够评估其他智能体的需求和能力，并积极地寻求协作行动和信息共享。这种方式带来了诸多潜在优势，比如提升任务效率、改进集体决策，以及解决那些单个智能体无法独立应对的复杂现实问题，从而实现协同互补的目标。在当前大模型多智能体系统中，智能体间的通信主要采用自然语言，这被视为最自然且易于人类理解的交互方式。我们将现有的协作多智能体应用分为两大类：无序合作和有序合作。

无序合作是一种存在三个或更多智能体的系统中，各智能体均可自由表达观点和意见的合作方式。这些智能体可以提供关于当前任务的反馈和建议，以共同修改响应。在此类合作中，整个讨论流程是自由的，没有特定的顺序或标准化的协作流程。ChatLLM 便是这一概念的典型实例，ChatLLM 是一种基于聊天语言模型的协作系统，旨在实现多智能体之间的无序、灵活协作。与传统的结构化协作不同，无序协作允许智能体在不固定的流程和规则下进行互动和任务分配，以应对复杂、多变的环境。ChatLLM 包含前向聚合机制、基于语言的反向传播机制和 Dropout 机制。在前向聚合机制中，领导模型接收员工模型的输出和问题描述作为输入，通过汇总员工的不同观点形成自己的独立思考。在基于语言的反向传播机制中，如果领导模型的输出不正确，它会指示每个员工模型修改其思路，进而改进它们的响应。Dropout 机制通过限制每个模型接收的信息量，防止模型被过量信息淹没。

在 ChatLLM 中，每个智能体被视为神经网络中的一个节点，模拟前向和后向传播过程，后续层的智能体会处理来自所有先前智能体的输入，并将其向前传播。文献 *ChatLLM Network: More Brains, More Intelligence* 探讨了如何通过让多个对话式语言模型进行交互、提供反馈和共同思考，来增强模型的整体决策能力。

为了解决这种自由讨论可能带来的混乱，有人提出了在多智能体系统中引入专用协调智能体的方案。这类协调智能体将负责整合和组织所有智能体的响应，以更新最终答案。然而，这一方案面临着整合大量反馈数据和提取有价值见解的重大挑战。另一方面，多数投票也被视为一种有效的决策方法。尽管如此，目前关于如何将这一机制有效集成到多智能体系统中的研究仍然有限。

有序合作是一种多智能体系统的协作模式，其中智能体遵循特定的规则，如按顺序逐个表达意见。在这种模式下，下游智能体仅需关注上游智能体的输出，从而显著提高任务完成效率。整个讨论过程高度组织且有序，我们将这种协作方式称为有序合作。值得注意的是，即使只有两个智能体通过来回交互以会话方式参与，这样的系统也归属于有序合作的范畴。

CAMEL 是一个双智能体协作系统的成功范例，它展示了有序合作的有效性。CAMEL 架构在 2023 年发表在 NeurIPS 上的论文 *CAMEL: Co-Designing AI Models and eDRAMs for Efficient On-Device Learning* 中进行了详细描述。在这个系统中，智能体分别扮演 AI 用户和 AI 助手的角色，其中 AI 用户提供指令，而 AI 助手则通过提供具体解决方案响应这些请求。通过多轮对话，这些智能体能够自主协作，共同满足用户的指令需求。此外，有些研究人员已经将双智能体合作的思想融入一个智能体的操作中。这种智能体能够在快速和深思熟虑的思维过程之间灵活切换，并在各自的专业领域中表现出色。这种整合不仅提升了智能体的单独性能，也为更复杂的多智能体系统提供了有益的参考。

为了推动智能体之间更为高效的协作，研究人员希望智能体能够从成功的人类合作范例中汲取经验。受软件开发中经典瀑布模型的启发，MetaGPT 将智能体的输入/输出标准化为工程文档，从而使多个智能体之间的协作更加结构化，这得益于将先进的人类过程管理经验融入智能体提示中。MetaGPT 由 Sirui Hong 等研究人员提出，是一个结合大语言模型进行多智能体协作的元编程框架。然而，在 MetaGPT 的实际应用过程中，也发现了多智能体合作的一些潜在威胁。例如，如果没有制订相应的规则，多个智能体之间的频繁交互可能会无限放大微小的误差。在软件开发领域，这可能导致出现不完整函数、缺失依赖关系以及难以被人眼察觉的错误等问题。为了解决这些问题，引入交叉验证或及时的外部反馈等技术可能会对提升智能体输出的质量产生积极的影响。

依据博弈论相关概念，引导智能体之间的相互竞争，相比协作合作方式，能够使得系统行为更为强健和高效。在充满竞争的环境下，智能体之间可以通过动态交互迅速调整各自策略，力求选择出最为有利或合理的行动来应对其他智能体所带来的变化。竞争关系已经存在许多成功的应用实例，最有名的当数 AlphaGo Zero 在围棋领域的重大突破，它便是通过自我对弈的过程实现的。

类似地，在大模型多智能体系统中，竞争、论证和辩论等元素的引入，也可以自然地激发智能体间的变革与进步。通过对抗性交互，智能体能够放弃固有的观念，进行更为深入的反思，从而提高响应的质量。已有研究深入探讨了大模型智能体在欺骗能力方面的基本特性，结果显示，当多个智能体以"一报还一报"的方式展开论证时，每个智能体都能从其他智能体那里获得丰富的外部反馈，进而纠正自身的偏见。

因此，多智能体对抗系统在需要高质量响应和精确决策的场景中具有广泛的应用前景。在推理任务中，研究者引入了辩论的概念，使智能体能够对同伴的反应做出回应。当这些反应与智能体自身的判断相悖时，便会触发"心理"层面的论证，进而推动解决方案的精细化过程。此外，还有研究构建了基于角色扮演的多智能体裁判团队，通过自发的辩论评估 LLM 生成的文本质量，其表现甚至达到了与人类评估者相当的水平。

虽然，多智能体对抗系统已经展现出了相当可观的潜力，但是这类系统本质上依赖于大模型的性能，也因此面临着一系列根本性的挑战。首先，在长时间的辩论过程中，大模型有限的上下文窗口无法涵盖全部输入信息。其次，随着智能体数量的增多，计算开销也显著上升。再者，多智能体之间的协商有时可能会达成错误的共识，而所有智能体却对此深信不疑。由此可见，多智能体系统的发展尚未达到成熟和可行的阶段。为了推动智能体的进步，适时地引入人工干预以弥补智能体的不足，无疑是一个明智的选择。

2. 多智能体规划范式

在 MAS 领域，规划扮演着至关重要的角色，因为它能够引导多个智能体完成共同的目标。目前，已经涌现出众多规划方法，每种方法都拥有独特的优势和限制。总体而言，多智能体的规划方法可以分为集中规划分散执行（CPDE）和分散规划分散执行（DPDE）两种范式，这两种范式在多智能体系统的协作方面展现出了不同的特点和应用潜力。

集中规划分散执行是一种多智能体系统中的规划方法。在 CPDE 范式下，规划任务是集中完成的，而执行任务则是分散进行的。在 CPDE 范式中，一个中央大模型负责为系统中所有智能体进行统一的规划。这就要求大模型必须全面考虑每个智能体的目标、能力以及约束条件，并为它们制订出合适的行动方案。一旦最终规划完成，每个智能体将独立执行各自分配的任务，而无须再与中央大模型进行任何进一步的交互。

这种方法的优势在于它能够从全局角度出发，优化整体性能。因为中央大模型可以全面考虑所有智能体的需求和资源情况。然而，CPDE 范式也存在一定的局限性。首先，集中式规划过程可能会导致计算复杂度的显著增加，特别是在需要管理大量智能体和复杂任务时。其次，如果所有智能体都依赖同一个中央大模型进行规划，那么整个系统可能容易受到单点故障和通信延迟的影响。最后，CPDE 可能并不适合那些需要实时响应和高度适应性的场景，因为中央大模型可能无法迅速地对环境变化做出反应。

相较于 CPDE，DPDE 呈现出一种截然不同的运作模式。在 DPDE 系统中，每个智能体都配备有独立的大模型，负责各自的行动规划。这意味着每个智能体都能依据自身的目标、能力以及所掌握的本地信息，独立地制订出行动方案。在执行阶段，智能体则通过本地通信与协商协调各自的行为，从而强化彼此间的协作。

DPDE 的优势显而易见，它赋予了系统更强的健壮性和可扩展性。由于每个智能体都是独立进行规划和执行的，这就大大减轻了中央大模型的计算负担。此外，DPDE 系统还展现出了更高的适应性，因为每个智能体都能根据本地信息迅速调整自身的行为，这一特性使得 DPDE 系统在面对动态和不确定的环境时表现得更为出色。

然而，DPDE 也并非毫无局限。其主要挑战之一在于如何达到全局最优，因为每个智能体的规划都是基于本地信息进行的，这可能导致它们无法从全局角度做出最优决策。此外，在大型系统中，协调和通信的开销可能会相当大，这有可能对整体性能产生负面影响。尽管如此，智能体之间的信息交换对于促进多智能体合作仍然是至关重要的。

6.3　智能体的潜在应用

大模型智能体拥有广阔且深远的应用前景，它们不仅可以在日常生活和工作中为我们提供便捷，还可以在许多专业领域发挥不可替代的作用。目前，大模型智能体的应用已经逐步渗透到自然科学、社会、经济学、医学、计算机、机器人等多个学科领域。在本节中，我们将探讨大模型智能体在各专业领域的应用情况，并对未来发展的趋势方向进行简要分析。

6.3.1　自然科学

在自然科学领域，大模型智能体逐步应用于数学、化学、生物学等诸多学科。凭借其卓越的推理、检索与交互能力，这些智能体能够协助人类攻克复杂的科学难题，模拟试验过程，从而极大地提升了自然科学研究的效率，为研究者带来了更为丰硕的科研成果。

1. 数学

基于大模型的数学智能体，主要凭借其强大的推理能力，为理论推导提供坚实支撑，深入探究、揭示、解决和推演各类数学问题。进一步讲，通过利用智能体的工具使用能力，研究者能够攻克更为复杂的数学难题。P≠NP 问题可以简要表述为：是否存在一个 NP 类问题，它可以在多项式时间内由确定性图灵机解决，即 P 类问题是否等于 NP 类问题？基于严格的"苏格拉底"推理推导 P≠NP 问题是一种逻辑论证方法，通过一系列问答形式的推理提供了 P≠NP 的合理解释。以基于 GPT-4 的智能体为例，它可完成基于严密"苏格拉底"推理的 P≠NP 问题的推导过程，展现出其在解决重大数学问题上的潜力。此外，基于 GPT-4 的智能体还可应用于形式定理证明领域，通过将其作为状态回溯搜索策略的核心组件，GPT-4 智能体能够在搜索过程中自动选择证明策略，并从外部数据库中检索所需的公理和定义，从而极大地提升了定理证明的效率和准确性。

大模型智能体在数学研究工作中已经展现出极为广阔的应用前景，它们有望在理论推导和符号与数值计算两个方面发挥重要作用。大模型智能体能够深入理解基础科学领域的主流理论，如数学和物理学，并为人类在进一步推导和验证方面提供有力支持。通过智能体的辅助，科学家们能够更高效地推进科学探究，不断拓展人类对自然世界的认知边界。大模型智能体在符号和数值计算方面表现出色，可为研究人员提供解决各类数学难题的有力工具。这些智能体能够执行广泛的数学程序，如求解方程、积分、微分等，且表现出极高的准确性和效率。更进一步地，多智能体系统可以通过协同工作，将复杂的数学问题细化为多个子问题，从而显著提高计算效率和精度，为数学研究带来新的突破。

尽管大模型智能体在数学理论推导和计算方面已经取得了显著的成就，但我们仍需不断完善这些大模型与智能体的数学推理能力，并设计出更为有效的数学知识表示方法，这将有助于提升它们在解决复杂数学问题时的准确性和效率。此外，对于大模型智能体在解决数学问题方面的可解释性和可靠性，我们同样需要给予高度的重视。探索能够增强智能体可解释性的补充方法至关重要，这样才能为用户提供更为清晰、可靠的解决方案。与此同时，对智能体推理结果的监督和验证也是必不可少的，这将确保它们在实际应用中的可靠性，从而推动数学研究的进步与发展。

2. 化学

在当前化学和材料科学的研究领域中，大模型的应用日益广泛。其中，由卡内基梅隆大学的研究团队开发的 Coscientist 系统便充分利用了大模型的强大功能，通过与网络、文档搜索、代码执行多个模块的互动，能够自主地进行现实世界化学实验的设计、规划与执行，从而获得解决复杂问题所需的知识，极大地推动了科学研究的效率。另外，ChatMOF 作为一种致力于预测和生成金属有机框架的系统，其由智能体、工具包和评估者三大核心组件构成，这些组件协同工作，高效地处理数据检索、属性预测和结构生成等任务。ChemCrow 平台则通过访问丰富的化学相关数据库，在生物合成、药物发现以及材料设计等领域广泛执行各类化学任务，从而加速了科研的进程。

此外，大模型智能体还展现出了巨大的潜力，未来有望在更多方面为化学和材料科学的研究带来新的突破。在分子模拟与化学反应优化方面，大模型智能体在化学和材料科学研究中发挥着重要作用，它们能够通过模拟分子结构和化学反应，深入探索各种反应途径和条件。这一过程有助于精确定位合成新材料的策略，或找到提升现有材料性能的有效方法，从而为药物研发等领域提供有力支持。在化学实验自动化与智能化方面，大模型智能体在促进化学实验自动化方面表现出色，它们能够检索信息、查询专业数据库，并根据特定要求设计和实施定制化的实验计划，这不仅大大简化了实验流程，还有助于获取化学反应和材料特性的宝贵数据。此外，多智能体系统的协作与实验数据和经验的共享，进一步提高了实验的效率和准确性。在材料设计与优化方面，大模型智能体为模拟和优化材料属性提供了强大工具，它们能够自主探索不同的材料组合和结构，并利用大模型的强大泛化能力模拟和预测新材料的性能，这使得智能体能够发现具有特殊性能的创新材料，从而加速材料设计过程，提高整体研发效率。

尽管当前大模型智能体在化学科学研究中已取得了一定的成果，但如何进一步提升模型的准确性和可靠性仍是摆在我们面前的一项重大挑战。未来的研究重点应放在增强大模型处理复杂化学和材料问题的能力上，以期在预测和生成化学反应、材料性质等方面达到更高的精确度。

3. 生物学

目前，大模型智能体在生物学领域的研究尚处于起步阶段。其中，BioPlanner 是一种用来对大模型智能体进行自动评估的方法，包含一套生物学领域数据集与伪代码表示。通过将大语言模型的自然语言方案转换为伪代码，可评估大模型在生物学领域理解用户高水平描述并将一系列伪代码函数重构为完整伪代码的能力，被用于衡量大模型在生物学领域的协议生成和规划任务上的表现。OceanGPT 是海洋领域的首个大模型智能体，擅长处理各种海洋科学任务。依托其提出的 DoInstruct 框架，可以自动获取大量的海洋领域指令数据，并基于多智能体协作生成执行指令，展现了大模型在特定科学领域的应用潜力。

大模型智能体在生物学领域的应用探索包含如下几个具有广阔前景的方向。

● 在生态系统建模方向，大模型智能体能够模拟生态系统内部物种间的相互作用以及环境对它们的影响，为研究人员深入理解生态系统的结构和功能提供有力支持。通过模拟不同生物个体、种群智能体的行为和相互作用，我们可以分析生态系统的稳定性、多样性以及进化过程，从而揭示自然界的奥秘。

- 在群体行为与集体智能方向，借助大模型智能体模拟群体内的行为和相互作用，我们可以更清晰地阐明群体行为、集体智能、群体遗传学以及进化等基本概念。特别是通过模拟多个分子或生物群体智能体的行为和相互作用，我们能够深入探究群体行为的形成、协调、适应以及进化过程，进而更好地理解控制整个系统功能的内在机制。

- 在细胞生物学与分子生物学方向，大模型智能体在模拟细胞内的分子机制和信号通路方面具有显著优势，有助于我们深入研究生物分子间的相互作用和调控机制。通过模拟不同药物在细胞内的行为和相互作用，我们可以更深入地分析细胞内信号转导、基因表达调节以及代谢途径等关键生物过程，为生物医学研究提供新的思路和方法。

尽管当前大模型智能体在化学和材料科学研究中已取得了一定的进展，但如何进一步提升模型的准确性和可靠性仍是面临的一项重大挑战。为了优化预测和生成化学反应、材料性质等方面的精确性，未来的研究应着重于增强大模型处理复杂化学和材料问题的能力。

6.3.2　社会科学

目前，大模型智能体在模拟人类行为和社会互动方面发挥着重要作用。大模型智能体可以依靠交互能力，利用多个智能体实现对人类行为的真实模拟。借助提示工程技术，可构建一个能够模拟现实世界社交网络数据的大模型多智能体系统，可涵盖情感、态度及交互行为等多种信息。由大模型驱动的社交智能体可通过自身执行不良行为危害如 Twitter 的社交网络社区。此外，利用大模型智能体的推理与认知能力，可模拟不同场景中对各类社会行为动态所产生的深远影响。具体而言，Lyfe Agents 是一款多智能体系统，通过对智能体的自我动机与社会能力进行全面评估，证明了智能体在社会科学领域应用的低成本与实时响应特性，展现了大模型智能体在该领域的使用价值。LLM-Mob 巧妙地借助了大模型出色的语言理解与推理能力分析人类流动数据，并提出了历史停留和情境停留的概念，以捕捉人类流动过程中的长期和短期依赖关系，并通过使用预测目标的时间信息实现时间感知预测。上述大模型智能体在社会科学领域的应用尝试为智能体在模拟人类行为和社会互动领域提供丰富的方法和框架。由于社会科学需要多角色参与，多智能体系统是社会科学领域应用的主要智能体架构形式。多智能体系统可模拟人类交流和思维的能力，参与多方群体聊天，学习社会互动形式，处理复杂的记忆与规划任务，并以与人类相似的行为模式发表社会意见。

然而，大模型智能体在社会科学领域的应用仍然存在一系列挑战：如何有效地在模拟环境中训练出与社会规范相符的语言模型，进而提高智能体在社交互动中的适应性和准确性；如何在多方群体聊天中确保智能体能够维持流畅的轮流对话和连贯性，从而提升模拟人类行为和社会交互的真实感；如何满足为每位人类参与者提供多样化和个性化的模拟体验需求，以更贴切地反映现实社会的多元现象等。未来的研究可继续深入探索这些挑战，并提出更为有效的方法，以不断提升大模型智能体在模拟人类行为和社会交互领域的表现。

6.3.3　经济学

目前，在经济学领域，大模型智能体的研究也在逐渐成为热点。这些智能体在不同的经济场景中展现出强大的潜力，为经济学研究提供了新的视角和方法。大模型智能体能够模拟各类经济场景中的行为模式，通过与实际人类行为的对比，可深入研究部分经济行为，提供新颖的经济学见解。在委托代理冲突方面，研究发现在简单的在线购物任务中，大模型智能体可能会偏离其主要目标，这提供了委托代理冲突的直接证据，这一研究强调了在经济原则指导下进行对齐过程的重要性。大模型智能体还能在拍卖场景中拥有出色的表现，通过有效地管理预算，保持长期目标，并通过明确的激励机制提高适应性，从而在拍卖中取得更好的成果。

在金融交易方面，大模型智能体也发挥着重要作用。AlphaGPT 为 Alpha 挖掘引入了一个交互式框架，该框架采用启发式方法理解定量研究人员所利用的概念，并生成具有创新性、洞察力和高效性的 Alpha。TradingGPT 则提出了一种新型的基于大模型的多智能体系统框架，该框架通过模拟人类认知过程提升金融交易决策的准确性。这种方法使智能体能够优先处理关键任务、整合历史行为和市场见解，并参与智能体间的讨论，从而提高响应速度和准确性。

鉴于大模型智能体在文本理解和复杂决策方面的卓越能力，它们在经济学和金融领域展现出巨大的潜力。相关探索可能涵盖以下几个领域：首先是市场模拟与仿真，通过构建基于 LLM 的智能体模拟不同市场参与者的行为，如供应商、需求方、竞争对手以及监管机构，能够预测并模拟产品价格、市场份额、市场结构以及交易完成率等各类数据。其次是金融市场分析，大模型智能体可以模拟金融市场中的各类参与者，如投资者、金融机构和监管机构，从而为市场波动和风险提供深刻的见解。例如，模拟投资者的交易行为和市场信息的传播过程，有助于预测股票价格、汇率和利率的波动。再者是宏观经济与政策模拟，利用大模型智能体，我们可以对财政和货币政策的实施过程进行建模，涉及政府、企业、个人等多元化的经济主体，这使得我们能够预测宏观经济指标的变化，如国内生产总值、通货膨胀率和失业率等。最后是社会经济网络分析，通过模拟社会经济网络中的信息传播、资源分配和信任构建等过程，大模型智能体能够更深入地理解网络经济的演变及其影响。具体来说，涉及消费者、企业和政府等不同角色的模拟，可以提供对网络效应、信息不对称以及市场失灵等问题的深刻洞察。

在经济学领域，大模型智能体常被用于模拟人类或经济参与者的决策过程。在这一过程中，智能体的交互动作空间和状态具有举足轻重的地位，它们直接关乎实验结果的准确性和有效性。然而，如何有效地表征这些交互动作空间和智能体状态，以便更精确地模拟经济行为者的决策过程，仍是一个亟待解决的难题。

与此同时，提升大模型智能体的拟人化可信度也是一项重大挑战。在进行大规模的宏观经济分析时，我们可能需要运用大量的大模型智能体，这无疑会对系统性能构成严峻挑战。为了应对这一难题，我们可以考虑采用强化学习方法。通过这种方法，可以对大模型的交互过程进行更为精细的控制，并可减少不必要的交互，从而在确保分析准确性的同时，有效降低系统负担。

6.3.4　医学

尽管大模型在其他领域已得到广泛应用，但在医学领域基于大模型的智能体研究和应用案例仍然相对较少。不过，已有一些开创性的工作开始涌现，为这一领域带来了新的可能。通过将人类行为因素融入流行病模型中，可以使得智能体在疫情背景下模拟出多波次的流行病传播模式。这种模式与近年来我们观察到的疾病传播模式高度吻合，从而为了解疾病传播动态和开发有效控制策略提供了有力的工具。通过将智能体结合生物医学专业知识，可有效地解决大模型在处理医学问题时可能出现的幻觉问题。同时，将生物信息学技术融入其中，可进一步提升大模型智能体的实际应用效果和可靠性。

我们认为，大模型智能体在医学领域也具备巨大的应用潜力。在疾病传播和流行病学建模方向上，通过模拟不同智能体在疾病传播过程中的角色和相互作用，如感染者、易感者、康复者等，以及他们的流动、社交行为和疾病状态变化等复杂过程，能够更深入地揭示疾病传播的内在规律，并据此制订出更为有效的防控策略。在药物发现与优化方向上，大模型智能体能够模拟药物发现过程中的筛选、优化和评估等环节，从而协助研究人员发现具有特定疗效和应用前景的新药物。具体来说，大模型智能体可以模拟药物分子、靶标蛋白以及生物过程之间的相互作用，进而探究药物的结构与活性关系、药物动力学以及药代动力学等关键属性。

然而，值得注意的是，医学和药物研究领域涉及的生物系统极为复杂，因此在确保模型精度的同时解决这些复杂性问题仍然是一个重大的挑战。尽管如此，大模型智能体在医学领域的广阔前景和巨大潜力仍然令人充满期待。

6.3.5　计算机科学

在计算机科学领域，单智能体和多智能体系统均存在许多成熟的应用案例，这些案例主要包含智能交互、代码生成与测试、游戏、推荐系统方向。

1. 智能交互

大模型智能体在智能交互领域已有较多应用尝试，利用多模态大模型的多模态分析能力，对代码、屏幕语义等信息进行分析与理解，通过执行一系列的操作命令，实现用户与计算机的自动交互需求。大模型智能体系统可通过运用自然语言命令对大语言模型进行精准指导，从而使其能够高效地完成各项计算机任务。此外，采用屏幕语义识别技术，智能体可识别计算机操作界面的各类按钮、选项、输入框等元素的功能，进而执行交互操作。Mobile-Env 智能体系统基于 Android 移动设备环境，为智能体提供了面向 Android 操作系统的屏幕语义识别能力，可实现视图层次结构的解析，并与 Android 应用程序进行交互。Mind2Web 结合多个针对 HTML 语言进行微调的大模型，使其能够在实际场景中高效地总结冗长的 HTML 代码，并从中提取出有价值的信息。WebGum 通过引入包含 HTML 截图的多模态语料库，进一步赋予了智能体视觉感知能力。通过同时微调语言和视觉编码器，显著提升了智能体对网页内容的全面理解能力。SheetCopilot 则通过促进自然语言与电子表格的交互，将复杂的用户请求转化为可执行的操作步骤，从而大大简化了电子表格的使用流程。WebAgent 巧妙融合了领域专家大语言模型和通用大语言模型，实现了在真实网站上的自主导航功能。

2. 代码生成与测试

随着大模型的快速发展，其在代码生成与软件开发领域的应用日益广泛。这些模型不仅能够理解自然语言编写的需求描述，还能自动生成相应的代码实现，从而极大地提高了软件开发的效率和质量。在这一背景下，涌现出了许多大模型智能体系统，它们通过不同的方式和方法，进一步拓展了大模型在代码生成方面的能力。在代码生成领域，GPT-Engineer 就是一个典型的例子，它凭借出色的适应性和扩展性，允许大模型智能体根据给定的提示生成整个代码库。这一特性使得开发者能够更加灵活地应对各种编程需求。在探索 LLM 驱动的端到端软件开发框架方面，ChatDev 也取得了显著的成果。该框架涵盖了需求分析、代码开发、系统测试和文档生成等多个环节，旨在提供一个统一、高效且具有成本效益的软件开发范式。此外，CAAFE 则利用大模型在表格数据集上生成和执行特征工程的代码，从而简化了特征工程这一复杂而烦琐的任务。AutoGen 提出了一种全新的基于自主大模型的智能体系统，该系统能够根据提示生成整个代码库，为开发者提供了一种全新的代码生成方式。在代码测试领域，LLift 通过精心设计的智能体系统，依托提示词实现全面的软件测试自动化。RCAgent 则是一款工具增强型智能体，专为云环境中实用且注重隐私的工业级原因分析而设计。

3. 游戏

游戏通常需要玩家在充分理解游戏规则的基础上，做出正确的操作选择，并与游戏环境进行持续且深入地交互。这种交互模式与智能体设计的核心理念不谋而合，从而使得游戏领域成为大模型智能体应用的重要潜在方向。大模型智能体不仅具备深刻理解复杂游戏规则的能力，更能通过自主学习和实践，不断提升其在游戏中的表现，甚至在某些方面达到或超越人类玩家的水平。以下是一些基于大模型的游戏智能体系统的典型案例，它们通过不同的方式和方法，展示了 LLM 在游戏领域的强大潜力。GITM 通过将一个长期且复杂的目标分解为一系列低级的键盘和鼠标操作，实现了一种高效且灵活的操作框架。这种框架使得大模型智能体能够更好地应对游戏中的各种挑战。VOYAGER 则是一个在"我的世界"游戏中不断探索世界、获取各种技能并做出发现的终身学习智能体，它完全由大模型驱动，展示了 LLM 在开放世界游戏中的无限可能。此外，利用智能体的交互性与模拟人类行为的强大能力，大模型智能体也可用于桌游领域，目前已有大模型智能体运用在狼人杀游戏的实际案例，证明了大模型智能体存在战略行为，不仅展示了大模型智能体在策略游戏中的应用潜力，还为我们提供了一种新的研究思路。MindAgent 则提出了一种新颖的游戏场景和相关的基准，该场景促进了多智能体协作效率的评估，并能够同时监督参与游戏的多个智能体，为研究和评估多智能体协作提供了新的工具和平台。

4. 推荐系统

在当今信息爆炸的时代，推荐系统的重要性日益凸显。为了提供更加精准、个性化的推荐服务，研究人员不断探索将大模型应用于推荐系统的可能性。RecAgent 和 Agent4Rec 就是其中的两个典型案例，它们通过不同的方式将大模型与推荐系统相结合，展现出了强大的潜力和应用价值。RecAgent 将大模型作为智能体的"大脑"，并结合推荐模型作为辅助工具，从而构建出一个通用、交互性强的推荐系统。而 Agent4Rec 则采用了不同的架构，包含用户配置文件、记忆和执行模块，通过网页交互方式为用户提供个性化的电影推荐。这两个系统都充分展示了大模型智能体在推荐系统领域的巨大潜力和应用价值，为未来的推荐系统研究提供了新的思路和方向。

尽管大模型智能体在计算机科学领域已取得一些显著的进展，但仍存在诸多研究方向和待解决的挑战。举例而言，在代码生成与测试环节，大模型的编程能力至关重要，如何进一步提升大模型智能体生成代码的质量及其测试结果的准确性，是一个值得深入探讨的话题。在网络安全、推荐系统等其他相关领域中，如何充分发挥大模型智能体的优势并有效应对现有问题，仍有待进一步的研究与实践。对于智能交互方面，大模型智能体需要掌握更多工具的使用技巧，以实现功能的多样化与全面化。此外，通过构建具备自适应学习能力的大模型智能体系统，有望使其在不断变化的计算机科学问题面前持续提升性能，从而更好地应对未来的挑战。

6.3.6 机器人

从广义上来说，机器人就是一个典型的多智能体系统，通过多智能体的协作，完成人类指定的命令。随着大模型的出现与高速发展，大模型智能体已成为机器人任务规划的主要构成部件。这类智能体显示出在提升自动化水平、支持多样化应用及高效执行任务方面的显著潜能，为未来的科研方向提供了丰富灵感。LLM-Planner 作为一个典型例子，它利用大模型的能力，为实体机器人提供了高效的任务规划能力。在更为复杂的任务环境中，如多机器人协同作业，TaPA 是一种可在受物理场景限制的现实世界场景下进行任务规划的智能体系统。其创新之处在于，它允许智能体通过匹配场景中的对象和视觉感知模型生成可执行的计划，从而提高了实际应用的可行性。3D-LLM 智能体系统能够接收 3D 点云及其特征作为输入，并执行一系列相关的 3D 任务。这种对三维数据的处理能力在机器人视觉和导航等领域具有广泛应用前景。在机器人协作方面，ProAgent 的卓越表现值得关注。它能够预测队友的决策，并据此调整自己的计划，从而提升协作推理的效率，这种动态适应性在多变的任务环境中尤为重要。

展望未来，大模型智能体在多机器人协同控制、无人机飞行与控制等系统中有着广阔的研究空间与应用价值。这些系统需要处理复杂的交互、适应多变的环境，并做出实时决策，这要求智能体具备快速响应和多模态处理能力。随着技术的不断进步，我们期待这些挑战能够被逐步克服，释放出大模型智能体在机器人领域应用的全部潜力。

6.4　落 地 案 例

智能体行业的落地应用实践已经涵盖了诸多领域，包括金融、医疗、零售、培训等。尽管智能体在各个行业都有广泛的应用，但仍然存在一些挑战，如数据隐私和安全性、算法偏见、技术成本以及人类与智能体的合作与沟通等。解决这些问题需要加强数据保护、制订公平原则、降低成本并提高智能体的交互性。智能客服和数据分析是智能体落地应用的主要方向，可用于提高客户服务效率和预测市场趋势。在本节中，将详细介绍智能体在系统填报、算法与场景编排领域的应用情况。

6.4.1　系统填报助手

在数字化浪潮中，尽管许多流程已经实现了电子化，但手写文本数据仍然在某些场合占据重要地位，尤其是在需要快速记录、签名确认或处理纸质文档的情境中。然而，将这些手写数据转化为电子格式并准确填报到线上系统，一直是一个既耗时又易错的挑战。幸运的是，随着大模型智能体的崛起，为纸质文件的数字化系统填报流程提供了新的解决路径。基于上述背景，我们构建了一个全新的基于大模型 RPA 智能体的系统填报助手，包含 PDF 结构化信息识别与理解、OCR 识别、特殊字符识别、内容纠错和表格内容识别、基于正则的语义识别和 RPA 流程规划三大核心技术板块。

1. PDF 结构化信息识别和理解

在深入探索 PDF 文档处理的过程中，我们不仅要关注文档的基本内容，更要对其结构进行细致地分析。PDF 作为专用于阅读而设计的文件格式，其页面布局和元素组织对于信息的传达至关重要。为了全面理解 PDF 文档，我们首先需要识别其页面布局，这包括定位文本框、图片区域、页眉页脚等关键部分。这种识别不仅仅是简单的分类，更是对页面元素之间关系的确定，从而还原文档的整体结构框架。通过精确识别这些布局元素，我们能够进一步识别文档中的结构化信息。例如，在一份财务报表中，通过识别表格的边框、标题行和数据行，我们可以准确地提取出表格中的数据。同时，理解这些结构化信息的语义同样关键。语义理解能够帮助我们明确数据之间的关联和含义，比如识别出"总收入"与"净利润"之间的计算关系，或者"姓名"与"职位"之间的对应关系。

2. OCR 识别、特殊字符识别、内容纠错和表格内容识别

在处理非电子化的纸质文档或图像文件时，光学字符识别（OCR）技术成为不可或缺的工具。OCR 技术能够从扫描的文档图像中提取出文本信息，将这些图像中的文字转换成可编辑和可搜索的文本格式，如图 6.7 所示。然而，OCR 的识别过程并非完美无缺，尤其是在面对特殊字符时。比如，在文档中出现的对勾、叉号或其他非标准字符，这些都需要特殊的识别算法来准确识别。除了特殊字符的识别，对识别内容的纠错也是关键一环。由于扫描质量、字体样式、打印清晰度等多种因素的影响，OCR 识别的结果可能会包含错误或遗漏。因此，我们需要利用内容纠错技术，通过上下文分析、字典比对等方法，对识别结果进行校验和修正。在 OCR 处理过程中，表格内容的识别尤为复杂。表格通常包含大量的结构化数据，且格式多样。为了准确识别和理解表格中的内容，我们需要结合表格的边框、分隔线、表头等视觉特征，以及表格数据的逻辑关系，进行综合分析和处理。

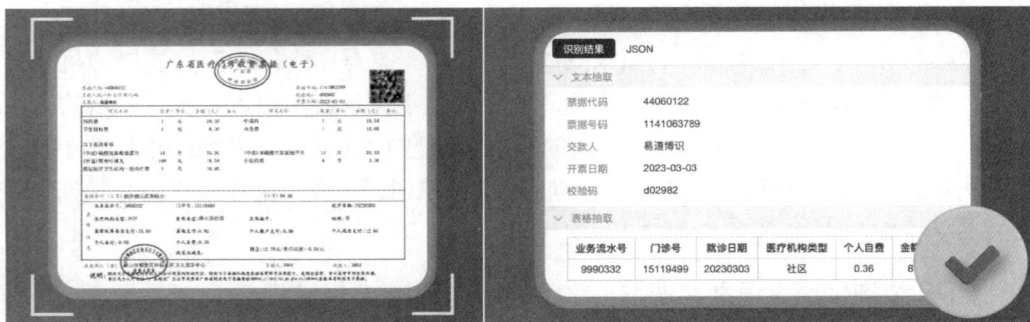

图 6.7　OCR 识别

3. 基于正则的语义识别和 RPA 流程规划

在现代办公自动化领域中，基于正则表达式的语义识别和 RPA 流程规划技术发挥着越来越重要的作用。正则表达式作为一种强大的文本处理工具，能够帮助我们精确地匹配和提取特定格式的文本信息。通过定义一系列的正则规则，我们可以实现对 PDF 文档中关键信息的自动识别和提取。同时，对目标软件的界面元素进行深入分析也是 RPA 流程规划的关键步骤。这包括识别软件界面中的按钮、输入框、下拉菜单等交互元素，并理解它们的功能和操作流程。基于这些分析，我们可以构建出自动化的操作流程，实现目标内容的自动填报。最终，通过整合 PDF 手写内容拾取、自动填报与 RPA 工具的自动调用等技术，我们能够完成目标软件表单的自动填写任务。这不仅包括在文本框中输入信息、选择下拉菜单选项等基本操作，还包括更复杂的逻辑判断、条件分支和循环执行等高级功能。这种自动化的表单填写能力极大地提高了工作效率和准确性，降低了人为错误的风险，为现代办公带来了革命性的变革。

我们构建的系统填报助手，在销售、医疗、教育、政府服务等众多领域展现出了卓越的应用潜力。在销售领域，该系统助力销售人员高效整理并填报销售数据，从而提升了工作效率和客户满意度。在医疗领域，该系统犹如医生的得力助手，能够迅速将手写病历转化为电子文档，极大地简化了病历存储和查询流程，为医生节省了大量宝贵时间。在教育领域，该系统更是教师的贴心小帮手，它可以快速准确地录入学生的作业和考试答案，助力教师高效完成批改和评估工作。在政府服务领域，系统填报助手则能够协助工作人员轻松处理大量的手写申请和报告，有效提升了公共服务的质量和效率。

6.4.2　算法与场景编排助手

如图 6.8 所示，算法与场景编排助手智能体落地于 AI 视频管理平台，应用于监控场景下的违规动作识别和物体检测，是一款创新的智能化工具，可以解放用户的手动配置工作，能够直译用户指令，生成完整的执行路径。它包含意图识别、场景编排和结果反馈三大核心板块。

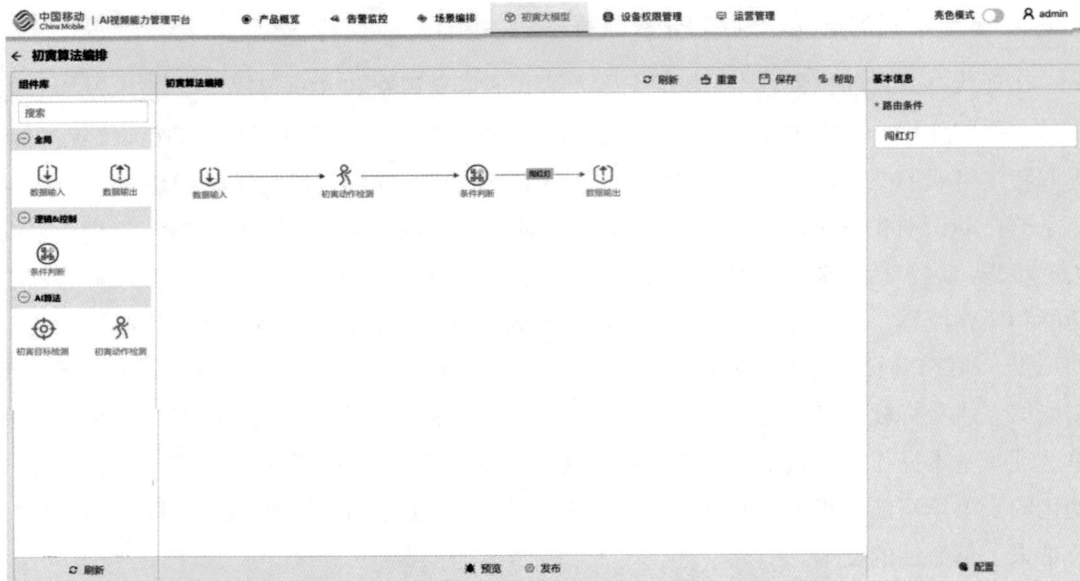

图 6.8　算法与场景编排助手智能体

　　首先，在意图识别板块中，智能体依托先进的深度学习技术，精确理解用户意图，无论是复杂的问题查询还是具体的任务指示，都能迅速做出精准识别。为了全面覆盖用户指令，团队构建了一个包含广泛用户行为模式的常用指令数据集。结合实际监控环境的特点，明确了主要的功能域和操作情境，并借助已有的日志数据，挖掘出用户高频执行的任务及其对应的指令形式。在此基础上，基于语言大模型分析用户指令的语法结构和词汇特点，包括用户的口语化表达、缩略语和同义替换等情况，进而形成了详尽的用户指令清单，每一条指令都明确对应一项或多项实际操作步骤。例如，"检查是否有人在打电话"可关联到特定动作识别；"有没有危险物品"则指向物体检测。同时，团队结合语音识别大模型的初步标注，并辅以人工精细校对，对指令数据集进行了详细的意图分类标注（如动作识别类、物体检测类）以及实体属性标注（如动作类型、物体种类、人员等），以此构建起一个全面、典型且针对性强的用户指令数据仓库，有力地促进了智能体算法对于用户需求的快速适应和响应效果的提升。

　　随后，在场景编排模块中，基于对用户意图的精准解析，实现了全流程的高度自动化管理。一旦确认用户的意图，智能体便会立即调动内在的逻辑推理引擎和情境模型，针对不同意图，动态构建相应的场景流程。例如，当用户表示想要检测打电话违规动作时，智能体会自动触发检测流程，包括获取摄像头视频流、选择所需的时间段抓取视频片段、精确筛选图像并进行动作识别分析，直至生成翔实的检测报告等一系列紧密联动的操作步骤。

在场景编排模块有效地解析用户意图并制订了任务流程后，智能体进入算法调用与结果返回阶段。在这个环节，智能体凭借预先集成的多元化算法库，根据当前场景的具体需求智能匹配最为适宜的算法模型。例如，在物体检测场景中，可能调用基于 GLIP 的随心目标检测算法为用户寻找目标；而在动作识别场景下，则可能运用多模态大模型的动作识别算法将用户指令转化为高精度的动作识别流程。选定适用的算法后，智能体立即启动算法计算过程，将从场景编排模块获取的数据作为输入参数，通过云端高性能计算资源进行高效计算，并得出最终结果。接下来，智能体会以最直观、简洁的方式将结果整理并呈现给用户，这可能表现为文字反馈、图表展示、语音播报等形式。并且，智能体还会根据预设的服务质量标准和用户反馈机制，持续优化算法性能和结果输出的质量，确保在整个流程中，从意图识别、场景编排到算法调用再到结果返回，每一个环节都精准、高效且人性化，从而为用户提供卓越的智能体验。

6.5　小　　结

本章深入且全面地探讨了大模型的潜在挑战与机遇。我们从哲学的视角切入，追溯了智能体的起源与定义，阐述了其在人工智能领域的演进历程。接下来，我们介绍了单智能体系统通用概念框架，包含大脑、感知和动作三大主要组件。在此基础上，进一步介绍了多智能体系统的关系类型与规划范式。随后，我们探讨了大模型智能体在多个领域的广泛应用，涵盖了单智能体系统、多智能体系统以及人类与智能体的协作等场景。在本章的最后部分，我们结合了实际业务场景，介绍了几项智能体落地的相关案例。我们希望这些案例能够激发读者对智能体的兴趣和热情，并推动智能体技术的进一步发展和应用。